AWSではじめる

クラウド開発入門

コードを書いて学ぶエンジニア・科学者のためのハンズオン教材

真野 智之［著］

本書のサポートサイト

本書で使用されているサンプルファイルを掲載しております。
訂正・補足情報についてもここに掲載していきます。

https://book.mynavi.jp/supportsite/detail/9784839977603.html

- サンプルファイルのダウンロードにはインターネット環境が必要です。
- サンプルファイルはすべてお客様自身の責任においてご利用ください。
  サンプルファイルおよび動画を使用した結果で発生したいかなる損害や損失、その他いかなる事態についても、弊社および著作権者は一切その責任を負いません。
- サンプルファイルに含まれるデータやプログラム、ファイルはすべて著作物であり、著作権はそれぞれの著作者にあります。
  本書籍購入者が学習用として個人で閲覧する以外の使用は認められませんので、ご注意ください。
  営利目的・個人使用にかかわらず、データの複製や再配布を禁じます。
- 本書に掲載されているサンプルはあくまで本書学習用として作成されたもので、実際に使用することは想定しておりません。
  ご了承ください。

ご注意

- 本書での学習にはインターネット環境が必要です。
- 本書に登場するソフトウェアやURLの情報は、2021年8月段階での情報に基づいて執筆されています。
  執筆以降に変更されている可能性があります。
- 本書の制作にあたっては正確な記述につとめましたが、著者や出版社のいずれも、本書の内容に関して何らかの保証をするものではなく、内容に関するいかなる運用結果についても一切の責任を負いません。あらかじめご了承ください。
- 本書中の会社名や商品名は、該当する各社の商標または登録商標です。本書中では™および®は省略させていただいております。

まえがき

本書は，Amazon Web Services (AWS) を利用してビッグデータ解析・機械学習・ウェブアプリケーションの構築を行うための入門書である．とくに，AWS CDK と boto3 を利用することでコードを書く経験に重点を置き，クラウドの開発・運用方法を学んでいく．ハンズオンとして提供するプログラムは，研究・ビジネスでの応用を意識した，実用性の高いものを揃えた．クラウドの基礎概念を丁寧に学びつつ，すぐに読者自身の開発に応用が可能な入門書であることを約束する．

本書の対象読者

本書は，クラウドの初心者を対象とし，クラウドの基礎的な概念・技術を実践を通して解説していく．本書を読み進めるにあたり，要求する前提知識は大学初等程度の計算機科学の知識と，基礎的なプログラミングの経験のみである．クラウドの利用経験はゼロで問題ないが，もしウェブ開発・ハイパフォーマンスコンピューティング (HPC) の知識があればより素早く理解が深まるだろう．想定する読者としては，科学・エンジニアリングを専攻する大学生・大学院生，研究機関・企業で AI 研究・大規模データ解析に携わっている研究者，そしてウェブアプリケーションの開発・運用を行うエンジニアなどが挙げられる．

本書は，クラウドアプリケーションを構成するコードを書きながら，AWS の概念・テクニックを学ぶという，少しユニークなアプローチで書かれている．そのような意味で，AWS に触れたことはあるが，どのように実際の開発を行ったらよいかわからない，と感じている読者にも最適だろう．

なぜ AWS を学ぶのか？

AWS は，執筆時点においてパブリッククラウドプラットフォームの市場で一番のシェアと人気を誇っている．現在では，金融・流通・製造・エンターテイメント・教育など多くの分野の企業が，サービスを支える一部またはすべての計算機資源を AWS に依存しており，またそのような移行を行う企業・組織も増えている．また，科学研究の文脈でも，AWS 上でハイパフォーマンスコンピューティングのシステムを構成し，大規模データの解析から革新的な発見が生まれている．そのような発展の背後にあるのは，AWS が提供する，豊富な機能をカバーしつつプログラミングが容易な総合的なクラウドのエコシステムである．このエコシステムのおかげで，開発者はコストを最適化しつつ柔軟にスケールするクラウドシステムを最小限の労力で構築することができる．

本書を通じて AWS のエコシステムを深く理解し，自身の思い描くクラウドシステムを自由自在に構築できるような技術を身につけよう．

2021年8月　真野 智之

Contents

Chapter 1

はじめに

"AWS ではじめる クラウド開発入門"へようこそ！

本書は，クラウドコンピューティングの初学者を対象とし，クラウドのコアとなる概念・技術を，コードを書き実行する中で学んでいく実践的入門書である．

ハンズオンは，シンプルな仮想サーバーを作成する演習からはじめ，サーバーレスコンピューティングなどの最新のクラウド技術を網羅する．

最終的には，深層学習を用いたスケーラブルでモダンなクラウドアプリケーションを構築する．

Chapter 1 では，本書を読み進めるにあたって必要な準備や環境構築のガイダンスを行っていく．

では，早速はじめよう！

Chapter 1-1 本書の目的・内容

本書は，東京大学計数工学科で2020年度および2021年度のS1/S2タームに開講された"システム情報工学特論"の講義資料を元に修正・増補して書籍化したものである．

本書の目的はクラウドの初心者を対象とし，クラウドの基礎的な知識・概念を理解してもらうことにある．Amazon Web Services（以下，AWS）の提供するクラウド環境を実例として，具体的なクラウドの利用方法をハンズオンを通じて学ぶ．とくに，以下のような読者を想定して本書は執筆された．

- 科学・エンジニアリングを専攻する大学生・大学院生・研究者
- AWS でクラウドアプリケーションを構築したいエンジニア
- AWS で大規模データ解析を行いたいデータサイエンティスト

本書では，知識・理論の説明は最小限に留め，実践を行う中で必要な概念の解説を行う予定である．上に掲げたような読者が今後，それぞれの目的のためにクラウドを利用するときの，足がかりとなれば本書の目的は十分達成されたことになる．

本書は以下のような四部構成になっている．

Table 1-1. 本書の構成

	テーマ	ハンズオン
第一部（1章〜4章）	クラウドの基礎	●AWSに自分のサーバーを立ち上げる
第二部（5章〜8章）	クラウドを活用した機械学習	●AWS と Jupyter を使って始めるディープラーニング ●スケーラブルな自動質問回答ボットを作る ●並列化されたハイパーパラメータサーチの実装
第三部（9章〜12章）	サーバーレスアーキテクチャ入門	●Lambda, DynamoDB, S3 の演習 ●俳句を投稿するSNS "Bashoutter" を作る
第四部（13章〜15章）	発展編: 実用的なクラウドアプリケーションの構築にむけて	●boto3 道場 ●Bashoutter アプリの拡張 ●深層学習による自動アート生成サイトを作る

第一部は，クラウドの基礎となる概念・知識を解説する．セキュリティやネットワークなど，クラウドを利用する上で最低限おさえなければいけないポイントを説明する．ハンズオンでは，はじめての仮想サーバーを AWS に立ち上げる演習を行う．

第二部では，クラウド上で科学計算（とくに機械学習）を走らせるための入門となる知識・技術を解説する．あわせて，Docker とよばれる仮想計算環境の使用方法を紹介する．一つ目のハンズオンでは，AWS のクラウドで Jupyter Notebook を起動し簡単な機械学習の計算を走らせる課題を実践する．二つ目のハンズオンでは，深層学習を用いた自然言語処理により，質問に自動で回答を生成するボットを作成する．最後に，複数台の GPU インスタンスからなるクラスターを起動し，並列に深層学習のハイパーパラメータサーチを行う方法を紹介する．

第三部では，サーバーレスアーキテクチャとよばれる最新のクラウドのアーキテクチャを紹介する．これは，サーバーの処理能力を負荷に応じてより柔軟に拡大・縮小するための概念であり，それ以前（serverful としばしばよばれる）と質的に異なる設計思想をクラウドに導入するものである．ハンズオンでは，サーバーレスクラウドの主要なコンポーネントである Lambda, DynamoDB, S3 の演習を提供する．さらに，サーバーレスの技術を使用して簡単な SNS をクラウド上に作成する．

第四部は，第三部までで学んだ知識を集結し，実世界で運用されるようなクラウドアプリケーションを構築していくための道のりを提示する．一つ目のハンズオンでは，S3 と DynamoDB の発展的な利用方法を学ぶ．二つ目のハンズオンでは，第三部で作成した SNS アプリを拡張し，よりリアルなウェブサービスに仕上げる演習を行う．最後のハンズオンでは，深層学習を用いることで自動的にアートの生成を行うウェブサイトを構築し，そのようなサービスを世界に公開するという課題に取り組む．

これらの豊富なハンズオンにより，AWS 上にクラウドシステムを開発するための知識と技術が身につくはずである．いずれのハンズオンも，実用性を重視したものになっており，これらをベースにカスタマイズを施すことで様々な応用が可能である．

ハンズオンで使うプログラムのソースコードは以下のウェブページで公開している．提供しているプログラムの正確性には万全を期しているが，万が一バグが見つかった際はこのページでアナウンスを行う．また，ライブラリの将来の仕様変更に伴うコードの書き換えもこのページを利用して発信する．自身でどうしても解決できない問題があった場合は，GitHub の Issues に投稿してもらえれば，可能な範囲で回答を提供する予定である．
https://github.com/tomomano/learn-aws-by-coding-source-code

Chapter 1-2

本書のフィロソフィー

本書のフィロソフィーを一言で表すなら，"**ロケットで宇宙まで飛んでいって一度地球を眺めてみよう！**"である．

どういうことか？

ここでいう"地球"とは，クラウドコンピューティングの全体像のことである． 言うまでもなく，クラウドという技術は非常に広範かつ複雑な概念で，幾多の情報技術・ハードウェア・アルゴリズムが精緻に組み合わさってできた総体である． そして，今日では科学研究から日常のインフラ設備に至るまで，我々の社会の多くの部分がクラウド技術によって支えられている．

ここでいう"ロケット"とはこの講義のことである． この講義では，ロケットに乗って宇宙まで飛び立ち，地球（クラウド）の全体を自身の目で眺めてもらう． そのとき，ロケットの成り立ちや仕組み（背後にある要素技術やプログラムのソースコード）を深くは問わない． 将来，自分が研究などの目的でクラウドを利用することになったときに，改めて学んでもらえばよい． 本書の目的はむしろ，クラウドの最先端に実際に触れ，そこからどんな景色が見えるか（どんな応用が可能か）を実感してもらうことである．

そのような理由で，本書はクラウドの基礎から応用まで幅広いテーマを取り扱う． 第一部はクラウドの基礎から始め，第二部では一気にレベルアップし機械学習（深層学習）をクラウドで実行する手法を解説する． さらに第三部では，サーバーレス・アーキテクチャというここ数年のうちに確立した全く新しいクラウドの設計について解説する． 第四部では，これらの技術を集結し，深層学習を使ったウェブアプリケーションをサーバーレスの技術を用いてデプロイする．それぞれで本一冊分以上の内容に相当するものであるが，本書はあえてこれらを一冊にまとめ連続的に俯瞰するという野心的な意図をもって執筆された．

決して楽な搭乗体験ではないかもしれないが，このロケットにしがみついてきてもらえれば，とてもエキサイティングな景色が見られることを約束したい．

Figure 1-1. 宇宙からみた地球 (Image from NASA※1)

Chapter 1-3

AWSアカウント

本書では，ハンズオン形式で AWS のクラウドを実際に動かす演習を提供する． 自分でハンズオンを実行してみたい読者は，各自で AWS のアカウントの作成をしていただく． AWS のアカウントの作成の仕方は巻末付録 (A-2) に簡単に記載したので，必要に応じて参照していただきたい．

AWS には多くの機能に対して無料利用枠が設定されており，本書のいくつかのハンズオンは無料の範囲内で実行できる． 一方，ほかのハンズオン (とくに機械学習を扱うもの) では数ドル程度のコストが発生する． ハンズオンごとに発生するおおよそのコストについて記述があるので，注意をしながらハンズオンに取り組んでいただきたい．

また，大学などの教育機関における講義で AWS を使用するときは，AWS Educate※2 というプログラムを利用することも可能である． これは，講義の担当者が申請を行うことで，受講する学生に対し AWS クレジットが提供されるというプログラムである． AWS Educate を利用することで金銭的な負担なしに AWS を体験することができる． また，講義を経由せず個人でも AWS Educate に参加することも可能である． AWS Educate からは様々な学習教材が提供されているので，ぜひ活用してもらいたい．

※1 https://www.nasa.gov/image-feature/planet-of-clouds
※2 https://aws.amazon.com/jp/education/awseducate/

Chapter 1-4 環境構築

本書では，AWS 上にクラウドアプリケーションを展開するハンズオンを実施する． そこで紹介するプログラムを実行するためには，以下の計算機環境が必要である．インストールの方法については，巻末付録（Appendix）に記してある． 必要に応じて参照し，環境構築を各自実施していただきたい．

- **UNIX系コンソール**：ハンズオンで紹介するコマンドを実行したり，SSH でサーバーにアクセスするため，UNIX 系のコンソール環境が必要である． Mac または Linux のユーザーは，OS に標準搭載のコンソール（ターミナルともよばれる）を使用すればよい． Windows のユーザーは，Windows Subsystem for Linux（WSL）を使い，Linux の仮想環境のインストールを推奨する（A-6 参照）
- **Docker**：本書では Docker とよばれる仮想計算環境の利用方法を解説する． インストール手順については A-7 を参照のこと
- **Python**：Version 3.6 以上をインストールする．とくに，ハンズオンでは venv モジュールを使用する．venv の使い方は A-8 参照のこと
- **Node.js**：Version 12.0 以上 をインストールする
- **AWS CLI**：Version 2 をインストールする． インストール手順については A-4 参照のこと
- **AWS CDK**：Version 1.100 以上をインストールする． Version 2 以降には未対応である． インストール手順については A-5 参照のこと
- **AWS 認証鍵の設定**：AWS API をコマンドラインから呼ぶには，認証鍵（シークレットキー）が設定されている必要がある． 認証鍵の設定については A-3 参照のこと

1-4-1 ハンズオン実行用の Docker Image

Python, Node.js, AWS CDK など，ハンズオンのプログラムを実行するために必要なプログラム/ライブラリがインストール済みの Docker image を用意した． また，ハンズオンのソースコードもクローン済みである． Docker の使い方を知っている読者は，これを使えば，諸々のインストールをする必要なく，すぐにハンズオンのプログラムを実行できる．次のコマンドで起動する．

```
$ docker run -it tomomano/labc
```

この Docker image の使い方や詳細は A-9 に記載している．

Chapter 1-5 前提知識

本書を読むにあたり，要求する前提知識は大学初等程度の計算機科学の知識（OS，プログラミングなど）のみである．それ以上の前提知識はとくに仮定しない．クラウドの利用経験もゼロで問題ないが，以下の事前知識があるとよりスムーズに理解できるだろう．

- **Python の基本的な理解：**本書ではPythonを使ってプログラムの作成を行う．使用するライブラリは十分抽象化されており，関数の名前を見ただけで意味が明瞭なものがほとんどであるので，Python に詳しくなくても心配する必要はない

- **Linux コマンドラインの基礎的な理解：**クラウドを利用するとき，クラウド上に立ち上がるサーバーは基本的に Linux である．Linux のコマンドラインについて知識があると，トラブルシュートなどが容易になる．筆者のおすすめの参考書は The Linux Command Line by William Shotts[※3]である．ウェブで無料で読むことができるので，読んだことのない人はぜひ一読を

※3 http://linuxcommand.org/tlcl.php

Chapter 1-6

本書で使用する表記について

- コードやシェルのコマンドは **monospace letter** で記述する
- シェルに入力するコマンドは，それがシェルコマンドであると明示する目的で，先頭に **$** がつけてある．**$** はコマンドをコピー＆ペーストするときは除かなければならない． 逆に，コマンドの出力には **$** はついていない点に留意する

また，以下のような形式で注意やチップスを提供する．

(i)	追加のコメントなどを記す
💡	発展的な議論やアイディアなどを紹介する
⚠	陥りやすいミスなどの注意事項を述べる
(!)	絶対に犯してはならないミスを指摘する

Chapter 2

クラウド概論

Chapter 2 では，クラウドコンピューティングという技術とは一体何であるのか，その定義づけを行っていく.

また，クラウドを利用することで得られる利点を議論する.

加えて，クラウドを利用するうえで気を付けなければならない注意点を説明する.

Chapter 2-1

クラウドとは？

クラウドとはなにか？ クラウドという言葉は，それ自身がとても広い意味をもつので，厳密な定義付けを行うことは難しい．

学術的な意味でのクラウドの定義づけをするとしたら，NIST（米国・国立標準技術研究所）による The NIST Definition of Cloud Computing※1 が引用されることが多い．ここに記載されたクラウドの定義・モデルを図示したのが **Figure 2-1** である．

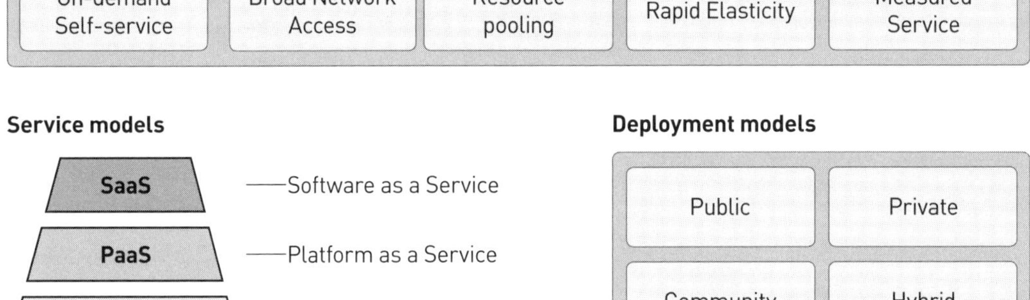

Figure 2-1. The NIST Definition of Cloud Computing

これによると，クラウドとは以下の要件が満たされたハードウェア/ソフトウェアの総体のことをいう．

- **On-demand self-service**：利用者のリクエストに応じて計算資源が自動的に割り当てられる
- **Broad network access**：利用者はネットワークを通じてクラウドにアクセスできる
- **Resource pooling**：クラウドプロバイダーは，所有する計算資源を分割することで複数の利用者に計算資源を割り当てる

※1 https://csrc.nist.gov/publications/detail/sp/800-145/final

- **Rapid elasticity**：利用者のリクエストに応じて，迅速に計算資源の拡大あるいは縮小を行うことができる
- **Measured service**：計算資源の利用量を計測・監視することができる

…と，いわれても抽象的でよくわからないかもしれない．もう少し具体的な話をする．

個人が所有する計算機で，CPU をアップグレードしようと思ったら，物理的に筐体を開け，CPUソケットを露出させ，新しいCPUに交換する必要があるだろう．あるいは，ストレージがいっぱいになってしまったら，古いディスクを抜き取り，新しいディスクを挿入する必要がある．計算機の場所を移動させたときには，新しい部屋の LAN ケーブルを差し込まないとネットワークには接続できない．

クラウドでは，これらの操作が**プログラムからのコマンドによって実行できる**．CPUが1000個欲しいと思ったならば，そのようにクラウドプロバイダーにリクエストを送ればよい．すると，数分もしないうちに 1000 CPUの計算資源が割り当てられる．ストレージを1TBから10TBに拡張しようと思ったならば，そのようにコマンドを送ればよい（これは，Google Drive や Dropbox などのサービスなどで馴染みのある人も多いだろう）．計算資源を使い終わったら，そのことをプロバイダーに伝えれば，割り当て分はすぐさま削除される．クラウドプロバイダーは，使った計算資源の量を正確にモニタリングしており，その量をもとに利用料金の計算が行われる．

このように，クラウドの本質は物理的なハードウェアの仮想化・抽象化であり，利用者はコマンドを通じて，**まるでソフトウェアの一部かのように，物理的なハードウェアの管理・運用を行うことができる**．もちろん，背後では，データセンターに置かれた膨大な数の計算機が大量の電力を消費しながら稼働している．クラウドプロバイダーはデータセンターの計算資源を上手にやりくりし，ソフトウェアとしてのインターフェースをユーザーに提供することで，このような仮想化・抽象化を達成しているわけである．クラウドプロバイダーの視点からすると，大勢のユーザーに計算機を貸し出し，データセンターの稼働率を常時100%に近づけることで，利益率の最大化を図っているのである．

著者の言葉で，クラウドの重要な特性を定義するならば，次のようになる．

クラウドとは計算機ハードウェアの抽象化である．つまり，物理的なハードウェアをソフトウェアの一部かのように自在に操作・拡大・接続することを可能にする技術である．

先述の The NIST Definition of Cloud Computing に戻ると，クラウドプロバイダーによるクラウドサービスの形態としては，次の三つが定義されている（**Figure 2-1**）．

- **Software as a Service (SaaS)**：クラウド上で実行されるアプリケーションをサービスとして利用者に提供する形態． 例として，Google Drive や Slack などが挙げられる． 利用者は，背後にあるクラウドのインフラ（ネットワークやサーバーなど）には直接触れず，アプリケーションとして提供されているクラウドサービスを享受する
- **Platform as a Service (PaaS)**：顧客の作成したアプリケーション（多くの場合データベースと API リクエスト処理を行うサーバーのコードから構成される）をデプロイする環境をサービスとして利用者に提供する形態． PaaS では利用者はクラウドのインフラに直接触れることはなく，計算負荷が増減したときのサーバーのスケーリングはクラウドプロバイダーによってなされる． 例としては，Google App Engine や Heroku などがある
- **Infrastructure as a Service (IaaS)**：クラウド上の計算インフラストラクチャーを従量課金制で利用者に提供する形態． 利用者は必要なネットワーク・サーバー・ストレージをプロバイダーから借り受け，そこに自身のアプリケーションを展開し，運用する． IaaS の例としては AWS EC2 などが挙げられる

本書が扱うのは，主に IaaS におけるクラウド開発である． すなわち，開発者がクラウドのインフラを直接操作し，所望のネットワーク・サーバー・ストレージなどを一から構成し，そこにアプリケーションを展開するというクラウド開発である． この意味において，クラウドの開発とは**クラウドインフラストラクチャーを定義・展開するプログラムを構築するステップ**と**インフラ上で実際に走るアプリケーションを作成するステップ**の二つに分けることができる． この二つは，プログラマーの技術としてはある程度分業を行うことが可能であるが，最も効率化・最適化されたクラウドシステムを構築するためには両方の理解が必須である． 本書では，前者（クラウドインフラの記述）に重きを置きつつ，アプリケーションレイヤーの話題も取り扱う． PaaS とは，開発者はアプリケーションレイヤーの開発に注力し，クラウドインフラの部分はクラウドプロバイダーに依存するという概念である． PaaS は，クラウドインフラの開発が不要になることで開発の時間が短縮されるが，細かなインフラの挙動はコントロールできないという限界がある． 本書では PaaS についてはとくに取り扱わない．

SaaS は本書の文脈では開発による"成果物"と捉えられるだろう． すなわち，IaaS を構成するプログラムを作成し展開することによって，一般の人が利用できるようなウェブ上の計算サービスやデータベースを提供することが開発の最終ゴールである． 本書のハンズオンではその実例として，シンプルな SNS の作成（Chapter 12）や深層学習を用いた画像合成サービスの構築（Chapter 15）などの演習を提供する．

なお，最近では Function as a Service（FaaS）やサーバーレスコンピューティングなども新たなクラウドのカテゴリとして認知されている．これらの概念については Chapter 10, Chapter 11 などの章で詳しく触れていく．本書を読み進める中で明らかになるように，クラウドの技術は日進月歩である．本書では実用的・教育的な観点から，従来的なクラウドの設計概念に触れたあと，サーバーレスなどの最新の技術も網羅するので，楽しみにしながら読み進めていただきたい．

最後に，The NIST Definition of Cloud Computing によると，クラウドの運用形態について次のような定義がなされている（**Figure 2-1**）．特定の組織・団体・企業の内部のみで使用されるクラウドを，**プライベートクラウド（private cloud）**とよぶ．たとえば，大学や研究機関では，その機関の構成員向けの大規模計算機サーバーが運用されていることが多い．プライベートクラウドは，組織の構成員ならば無料もしくは極めて割安のコストで計算を実行できる．しかし，使用できる計算資源の上限は限られる場合が多く，拡張時の柔軟性に欠ける場合もある．

一方，商用のサービスとして一般の顧客に向けたクラウドのことを，**パブリッククラウド（public cloud）**とよぶ．有名なパブリッククラウドプラットフォームの例を挙げると，Google社が提供する Google Cloud Platform（GCP）※2，Microsoft 社が提供する Azure※3，Amazon 社が提供する Amazon Web Services（AWS）※4などがある．パブリッククラウドを利用する場合は，プロバイダーの設定した利用料金を支払うことになる．その分，巨大なデータセンターを運用する企業の計算資源にアクセスすることができるので，計算のキャパシティは無尽蔵にあるといって過言でない．

第三のクラウドの運用形態として，コミュニティクラウド（community cloud）が挙げられる．これは，たとえば政府の省庁・機関など目的・役割を共有する団体・組織が共有して運用するクラウドを指す．最後に，ハイブリッドクラウド（hybrid cloud）という形態もあり，これはプライベート・パブリック・コミュニティクラウドの二つ以上の組み合わせによって構成されるクラウドのことである．データ保護の観点から，いくつかの機密データやプライバシーに関わる情報はプライベートクラウドに保持し，残りのシステムをパブリッククラウドに依存する，などの形態が想定される．

本書で説明するのは，基本的にパブリッククラウドを使ったクラウド開発である．とくに，Amazon Web Services（AWS）を使用して，具体的な技術と概念を学んでいく．一方で，サーバーのスケーリングや仮想計算環境などのテクニックはすべてのクラウドに共通な概念であるので，クラウドのプラットフォームが変わろうと一般に通用する知識も同時に身につくはずだ．

※2 https://cloud.google.com/
※3 https://azure.microsoft.com/
※4 https://aws.amazon.com/

Chapter 2-2
なぜクラウドを使うのか？

上述のように，クラウドとはプログラムを通じて自由に計算資源を操作することのできる計算環境である．ここでは，リアルなローカル計算環境と比べて，なぜクラウドを使うとよいことがあるのかについて述べたい．

1. 自由にサーバーのサイズをスケールできる

なにか新しいプロジェクトを始めるとき，あらかじめ必要なサーバーのスペックを知るのは難しい． いきなり大きなサーバーを買うのはリスクが高い． 一方で，小さすぎるサーバーでは，後のアップグレードが面倒である． クラウドを利用すれば，プロジェクトを進めながら，必要な分だけの計算資源を確保することができる．

2. 自分でサーバーをメンテナンスする必要がない

悲しいことに，コンピュータとは古くなるものである． 最近の技術の進歩の速度からすると，5年も経てば，もはや当時の最新コンピュータも化石と同じである． 5年ごとにサーバーを入れ替えるのは相当な手間である． またサーバーの停電や故障など不意の障害への対応も必要である． クラウドでは，そのようなインフラの整備やメンテナンスはプロバイダーが自動でやってくれるので，ユーザーが心配する必要がない．

3. 初期コスト0

自前の計算環境とクラウドの経済的なコストのイメージを示したのが **Figure 2-2** である． クラウドを利用する場合の初期コストは基本的に0である． その後，使った利用量に応じてコストが増大していく． 一方，自前の計算環境では，大きな初期コストが生じる． その分，初期投資後のコストの増加は電気利用料やサーバー維持費などに留まるため，クラウドを利用した場合よりも傾きは小さくなる． 自前の計算機では，ある一定期間後，サーバーのアップグレードなどによる支出が生じることがある． 一方，クラウドを利用する場合は，そのような非連続なコストの増大は基本的に生じない． クラウドのコストのカーブが，自前計算環境のコストのカーブの下にある範囲においては，クラウドを使うことは経済的なコスト削減につながる．

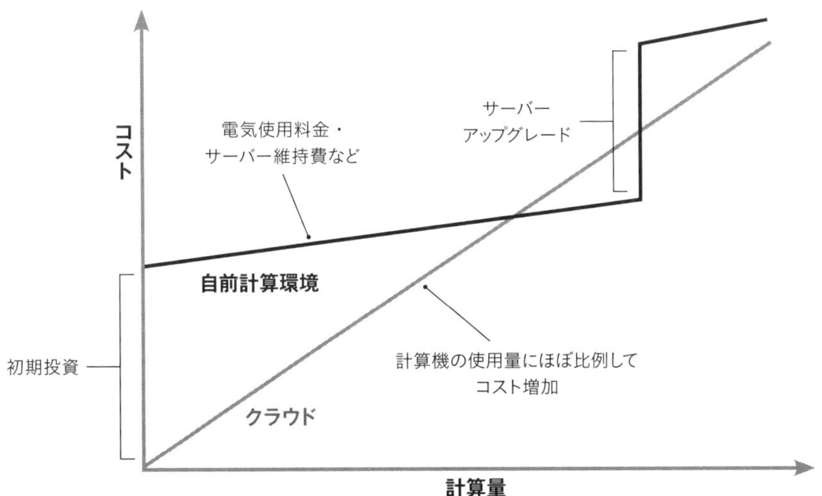

Figure 2-2. クラウドと自前計算機環境の経済的コストの比較

とくに，**1.** の点は研究の場面では重要であると筆者は感じる． 研究をやっていて，四六時中計算を走らせ続けるという場合は少ない． むしろ，新しいアルゴリズムが完成したときや、新しいデータが届いたとき，集中的・突発的に計算タスクが増大することが多いだろう． そういったときに，フレキシブルに計算力を増強させることができるのは，クラウドを使う大きなメリットである．

ここまでクラウドを使うメリットを述べたが，逆にデメリットというのも当然存在する．

1. クラウドは賢く使わないといけない

Figure 2-2 で示したコストのカーブにあるとおり，使い方によっては自前の計算環境のほうがコスト的に有利な場面は存在しうる． クラウドを利用するときは，使い終わった計算資源はすぐに削除するなど，利用者が賢く管理を行う必要があり，これを怠ると思いもしない額の請求が届く可能性がある．

2. セキュリティ

クラウドは，インターネットを通じて世界のどこからでもアクセスできる状態にあり，セキュリティ管理を怠ると簡単にハッキングの対象となりうる． ハッキングを受けると，情報流出だけでなく，経済的な損失を被る可能性がある．

3. ラーニングカーブ

上記のように，コスト・セキュリティなど，クラウドを利用するときに留意しなければならない点は多い． 賢くクラウドを使うには，十分なクラウドの理解が必要であり，そのラーニングカーブを乗り越える必要がある．

Column

Terminal の語源

Mac/Linuxなどでコマンドを入力するときに使用する，あの黒い画面のことを Terminal とよんだりする．この言葉の語源をご存知だろうか？

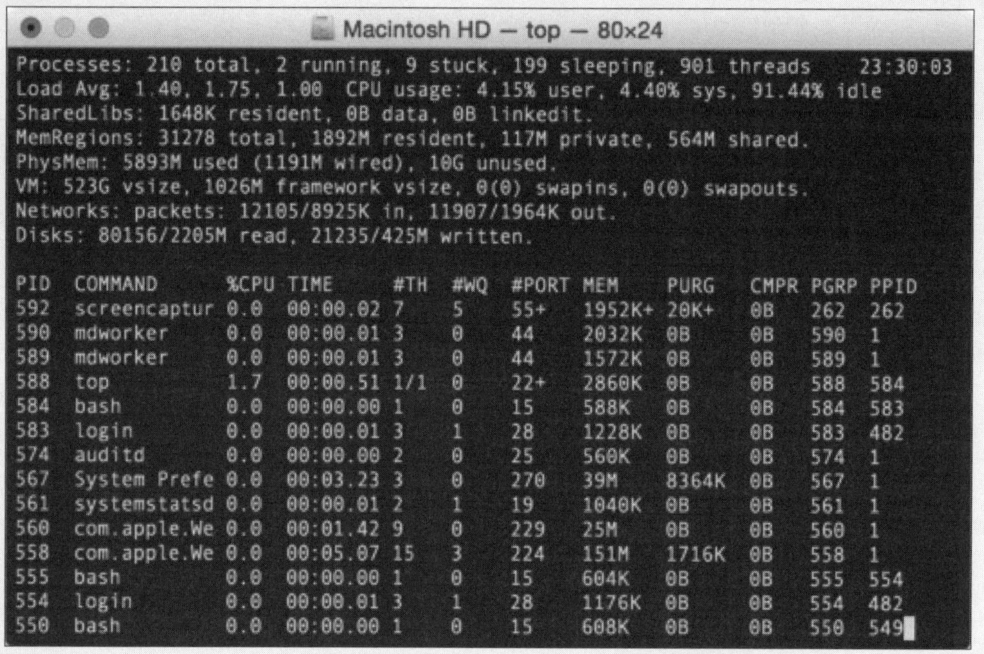

この言葉の語源は，コンピュータが誕生して間もない頃の時代に遡る． その頃のコンピュータというと，何千何万のという数の真空管が接続された，会議室一個分くらいのサイズのマシンであった． そのような高価でメンテが大変な機材であるから，当然みんなでシェアして使うことが前提となる． ユーザーがコンピュータにアクセスするため，マシンからは何本かのケーブルが伸び，それぞれにキーボードとスクリーンが接続されていた…これを Terminal とよんでいたのである．人々は，代わる代わるTerminalの前に座って，計算機との対話を行っていた．

時代は流れ，WindowsやMacなどのいわゆるパーソナルコンピュータの出現により，コンピュータはみんなで共有するものではなく，個人が所有するものになった．

最近のクラウドの台頭は，みんなで大きなコンピュータをシェアするという，最初のコンピュータの使われ方に原点回帰していると捉えることもできる． 一方で，スマートフォンやウェアラブルなどのエッジデバイスの普及も盛んであり，個人が複数の"小さな"コンピュータを所有する，という流れも同時に進行しているのである．

Chapter 3

AWS入門

Chapter 3 では，Amazon Web Services (AWS) についての導入を行う．
AWS とはどのようなクラウドプラットフォームなのか，コアとなる概念・用語を説明する．
また，AWS でクラウド開発を行っていくときに使用するツールやフレームワークを紹介する．
Chapter 3 以降のハンズオンを実行するうえで欠くことのできない知識が含まれるので，しっかりと理解して読み進めていただきたい．

Chapter 3-1

AWSとは？

本書では，クラウドの実践を行うプラットフォームとして，AWS を用いる． 実践にあたって，最低限必要な AWS の知識を本章では解説しよう．

AWS (Amazon Web Services)[※1]はAmazon社が提供する総合的なクラウドプラットフォームである． AWS は Amazon 社がもつ膨大な計算リソースを貸し出すクラウドサービスとして，2006 年に誕生した． 2021 年では，クラウドプロバイダーとして最大のマーケットシェア（約32%）を保持している[※2]． Netflix や Slack をはじめとした多くのウェブ関連のサービスで，一部または全てのサーバーリソースが AWS から提供されているとのことである． よって，知らないうちに AWS の恩恵にあずかっている人も少なくないはずだ．

最大のシェアをもつだけに，機能・サービスの幅広さはほかのクラウドプラットフォームと比べ抜きんでている． また，利用者数が多いことを反映して，公式あるいはサードパーティによる技術紹介記事が数多くウェブ上に存在しているだけでなく，ライブラリのユーザーコミュニティも大きく問題解決が捗るのも魅力の一つだ． 初期のころはウェブビジネスを行う企業がユーザーの大半を占めていたが，最近は大学などでの科学研究用途としても頻繁に用いられるようになってきている．

Column

AWS Cloud Credit for Research

AWS Cloud Credit for Research[※3] は AWS が提供している学生・研究者のための研究グラントだ．

申し込み手続きはシンプルで，オンラインのフォームから AWS のクラウドを使って行いたい研究のプロポーザルを提出するのみ． 採択されたプロジェクトには必要な分の AWS クレジット（AWS の利用料金に充てることのできる通貨）が与えられる． 申請は国籍・年齢を問わず受け付けているようなので，よい研究のアイディアがある読者はぜひ挑戦してみてはいかがだろうか？

※1 https://aws.amazon.com/jp/　※2 https://www.canalys.com/newsroom/global-cloud-market-Q121
※3 https://aws.amazon.com/government-education/research-and-technical-computing/cloud-credit-for-research/

Chapter 3-2

AWSの機能・サービス

Figure 3-1 は，執筆時点においてAWSで提供されている主要な機能・サービスの一覧である．

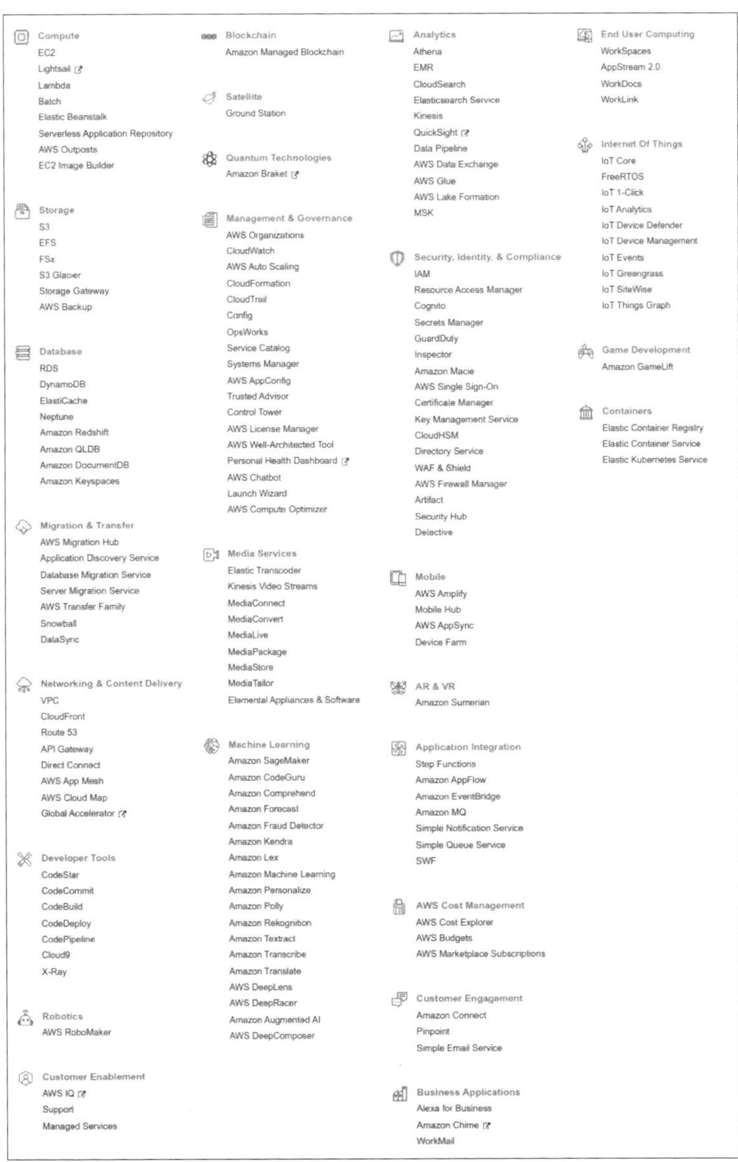

Figure 3-1. AWSで提供されている主要なサービス一覧

計算，ストレージ，データベース，ネットワーク，セキュリティなど，クラウドの構築に必要な様々な要素が独立したコンポーネントとして提供されている．基本的に，これらを組み合わせることで一つのクラウドシステムができあがる．また，機械学習・音声認識・AR/VR など，特定のアプリケーションにパッケージ済みのサービスも提供されている．これらを合計すると全部で170個以上のサービスが提供されているとのことである．

AWS の初心者が陥りがちなのは，**大量のサービスの数に圧倒され，どこから手をつけたらよいのかわからなくなる**，という状況である．たくさんのサービスの中から，どのサービスをどの順番で学んでいったらいいのか，その道筋すら明らかでなく，大きな参入障壁となっていることは間違いない．だが実のところ，AWS の**基本的な構成要素はそのうちの数個**のみに限られる．基本要素となる機能の使い方を知れば，AWS のおおよそのリソースを使いこなすことが可能になる．ほかの機能の多くは，基本の要素を組み合わせて特定のアプリケーションに特化したパッケージとして AWS が用意したものである．そのポイントを認知することが，AWS の学習の最初のステップである．

ここでは AWS 上でクラウドシステムを構築するときの基本となる構成要素を列挙する．これらは後のハンズオンで実際にプログラムを書きながら体験する．現時点では，名前だけでも頭の片隅に記憶してもらえればよい．

3-2-1 計算

EC2 (Elastic Compute Cloud)：様々なスペックの仮想マシンを作成し，計算を実行することができる．クラウドの最も基本となる構成要素である．Chapter 4, Chapter 5, Chapter 8 で詳しく触れる．

Lambda Function as a Service (FaaS)：小さな計算をサーバーなしで実行するためのサービス．サーバーレスアーキテクチャの章 (Chapter 10) で詳しく解説する．

3-2-2 ストレージ

EBS (Elastic Block Store)：EC2に付与することのできる仮想データドライブ．いわゆる"普通の"（一般的なOSで使われている）ファイルシステムを思い浮かべてくれたらよい．

S3 (Simple Storage Service)：Object Storage とよばれる，APIを使ってデータの読み書きを行う，いうなれば"クラウド・ネイティブ"なデータの格納システムである．サーバーレスアーキテクチャの章 (Chapter 10) で詳しく解説する．

3-2- 3 データベース

DynamoDB：NoSQL 型のデータベースサービス（知っている人は mongoDB などを思い浮かべたらよい）．サーバーレスアーキテクチャの章（Chapter 10）で詳しく解説する．

3-2- 4 ネットワーク

VPC (Virtual Private Cloud)：AWS 上に仮想ネットワーク環境を作成し，仮想サーバー間の接続を定義したり，外部からのアクセスなどを管理する．EC2 は VPC の内部に配置されなければならない．

API Gateway：API のエンドポイントとバックエンドのサービス（Lambda など）を接続するときに用いる，リバースプロキシとしての役割を担う．Chapter 12 で詳しく解説する．

3-3

Chapter 3-3

Region と Availability Zone

AWS を使用するときに知っておかなければならない重要な概念として，**リージョン (Region)** と **Availability Zone (AZ)** がある (**Figure 3-2**)． 以下ではこの概念について簡単に記述する．

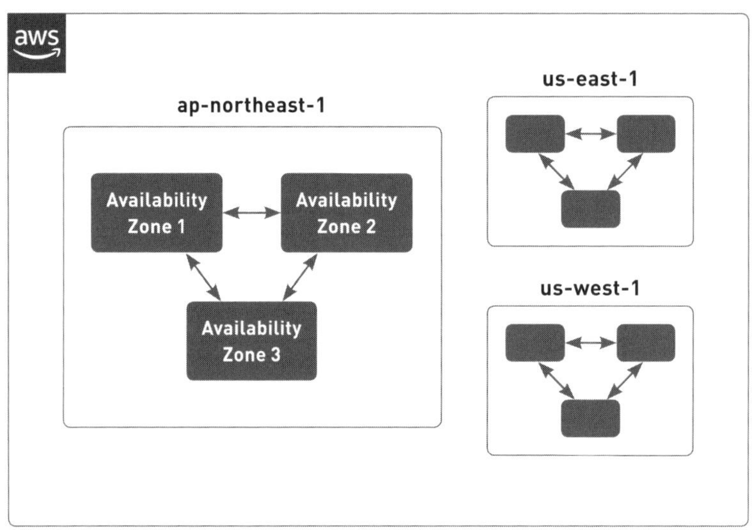

Figure 3-2. AWSにおける Region と Availability Zones

リージョン (Region) とは，おおまかに言うとデータセンターの所在地のことである．執筆時点において，AWS は世界の 25の国と地域でデータセンターを所有している※4． **Figure 3-3** は執筆時点で利用できるリージョンの世界地図を示している． 日本では東京と大阪にデータセンターがある． 各リージョンには固有の ID がついており，たとえば東京は **ap-northeast-1**，米国オハイオ州は **us-east-2**，などと定義されている．

※4 https://aws.amazon.com/about-aws/global-infrastructure/

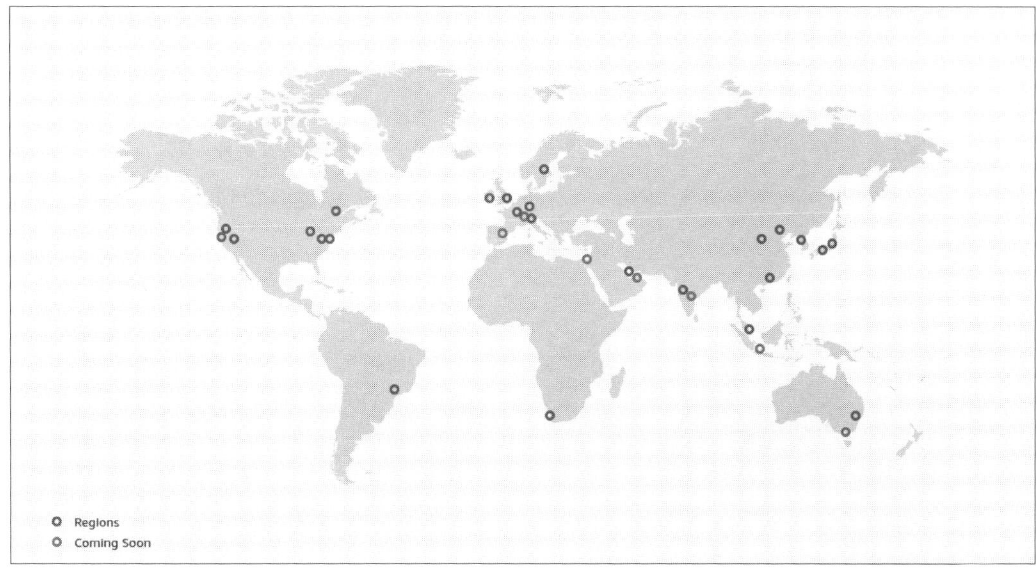

Figure 3-3. AWS のリージョン (画像出典：https://aws.amazon.com/about-aws/global-infrastructure/)

AWSコンソールにログインすると，画面右上のメニューバーでリージョンを選択することができる（**Figure 3-4**，点線で囲った箇所）．EC2, S3 などのAWSのリソースは，リージョンごとに完全に独立である．したがって，**リソースを新たにデプロイするとき，あるいはデプロイ済みのリソースを閲覧するときは，コンソールのリージョンが正しく設定されているか，確認する必要がある**．ウェブビジネスを展開する場合などは，世界の各地にクラウドを展開する必要があるが，個人的な研究・開発用途として用途として用いる場合は，最寄りのリージョン（i.e. 東京）を使えば基本的に問題ない．

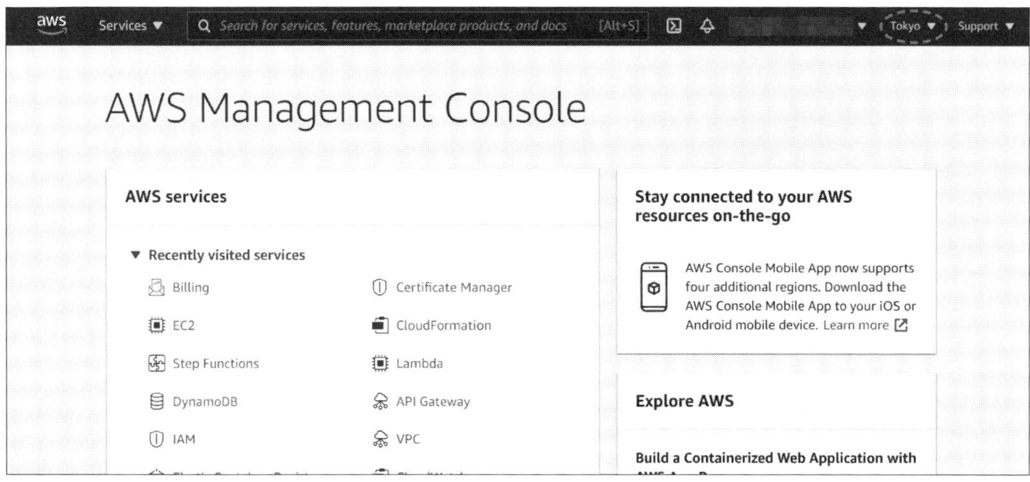

Figure 3-4. AWSコンソールでリージョンを選択

Avaialibity Zone (AZ) とは，リージョン内で地理的に隔離されたデータセンターのことである．それぞれのリージョンは2個以上のAZを有しており，もし一つのAZで火災や停電などが起きた場合でも，ほかのAZがその障害をカバーすることができる．また，AZ 間は高速な AWS 専用ネットワーク回線で結ばれているため，AZ 間のデータ転送は極めて早い．AZ は，ビジネスなどでサーバーダウンが許容されない場合などに注意すべき概念であり，個人的な用途で使う限りにおいてはあまり深く考慮する必要はない．言葉の意味だけ知っておけば十分である．

AWS を使用するとき，どこのリージョンを指定するのがよいのだろうか？インターネットの接続速度の観点からは，地理的に一番近いリージョンを使用するのが一般的によいだろう．一方，EC2 の利用料などはリージョンごとに価格設定が若干（10～20%程度）異なる．したがって，自分が最も頻繁に利用するサービスの価格が最も安く設定されているリージョンを選択する，というのも重要な視点である．また，いくつかのサービスは，特定のリージョンで利用できない場合もある．これらのポイントから総合的に判断して使用するリージョンを決めるとよい．

AWS Educate を利用している読者へ

執筆時点において，AWS Educate による Starter Account を使用している場合は **us-east-1** リージョン のみ利用できる※5．

Further reading

- AWS documentation "Regions, Availability Zones, and Local Zones"※6

※5 https://awseducate-starter-account-services.s3.amazonaws.com/AWS_Educate_Starter_Account_Services_Supported.pdf
※6 https://docs.aws.amazon.com/AWSEC2/latest/UserGuide/using-regions-availability-zones.html

Chapter 3-4 AWSでのクラウド開発

AWS のクラウドの全体像がわかってきたところで，次のトピックとして，どのようにしてAWS上にクラウドの開発を行い，展開していくかについての概略を解説しよう．

AWS のリソースを追加・編集・削除するなどの操作の実行には，**コンソールを用いる方法**と，**API を用いる方法**の，二つの経路がある．

3-4-1 コンソール画面からリソースを操作する

AWS のアカウントにログインすると，最初に表示されるのが **AWS コンソール**である（**Figure 3-5**）．

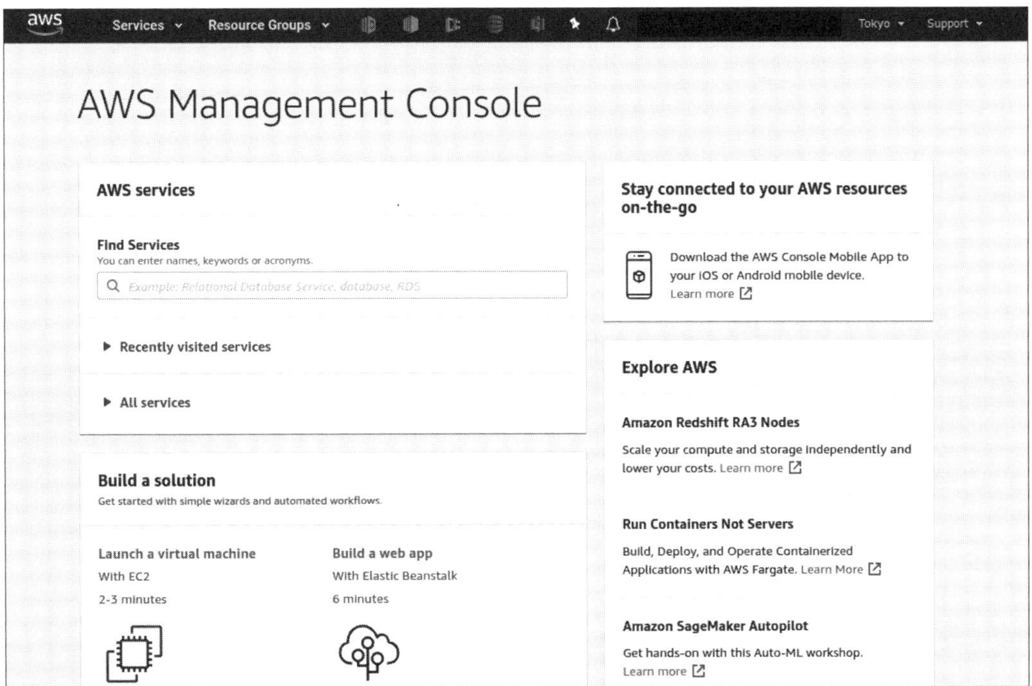

Figure 3-5. AWSマネージメントコンソール画面

コンソールを使うことで，EC2 のインスタンスを立ち上げたり，S3のデータを追加・削除したり，ログを閲覧したりなど，AWS上のあらゆるリソースの操作を GUI (Graphical User Interface) を通して実行することができる．**初めて触る機能をポチポチと試したり，デバッグを行うときなどにとても便利である**．

コンソールはさらっと機能を試したり，開発中のクラウドのデバッグをするときには便利なのであるが，実際にクラウドの開発をする場面でこれを直接いじることはあまりない．むしろ，次に紹介する API を使用して，プログラムとしてクラウドのリソースを記述することで開発を行うのが一般的である．そのような理由で，本書ではAWSコンソールを使った AWS の使い方はあまり触れない．AWS のドキュメンテーションには，たくさんの チュートリアル[※7]が用意されており，コンソール画面から様々な操作を行う方法が記述されているので，興味がある読者はそちらを参照されたい．

3-4- 2 APIからリソースを操作する

API (Application Programming Interface) を使うことで，コマンドをAWSに送信し，クラウドのリソースの操作をすることができる．API とは，端的に言えば AWS が公開しているコマンドの一覧であり，**GET**，**POST**，**DELETE** などの **REST API** から構成されている (REST API については Chapter 9-3 で簡単に解説する)．が，直接REST APIを入力するのは面倒であるので，その手間を解消するための様々なツールが提供されている．

AWS CLI[※8]は，UNIX コンソールから AWS API を実行するための CLI (Command Line Interface) である．

CLIに加えて，様々なプログラミング言語での SDK (Software Development Kit) が提供されている．以下に一例を挙げる．

- Python ⇒ **boto3**[※9]
- Ruby ⇒ **AWS SDK for Ruby**[※10]
- Node.js ⇒ **AWS SDK for Node.js**[※11]

※7　https://aws.amazon.com/jp/getting-started/hands-on/?awsf.getting-started-category=*all&awsf.getting-started-level=*all&awsf.getting-started-content-type=*all
※8　https://docs.aws.amazon.com/cli/latest/index.html
※9　https://boto3.amazonaws.com/v1/documentation/api/latest/index.html
※10　https://aws.amazon.com/jp/sdk-for-ruby/　※11　https://aws.amazon.com/jp/sdk-for-javascript/

具体的なAPIの使用例を見てみよう.

S3に新しい保存領域 (**Bucket (バケット)** とよばれる) を追加したいとしよう. AWS CLIを使った場合は, 次のようなコマンドを打てばよい.

```
$ aws s3 mb s3://my-bucket --region ap-northeast-1
```

上記のコマンドは, **my-bucket** という名前のバケットを, **ap-northeast-1** のリージョンに作成する.

Pythonからこれと同じ操作を実行するには, **boto3** ライブラリを使って, 次のようなスクリプトを実行する.

```
import boto3

s3_client = boto3.client("s3", region_name="ap-northeast-1")
s3_client.create_bucket(Bucket="my-bucket")
```

もう一つ例をあげよう. 新しいEC2のインスタンス (インスタンスとは, 起動状態にある仮想サーバーの意味である) を起動するには, 次のようなコマンドを打てばよい.

```
$ aws ec2 run-instances --image-id ami-xxxxxxxx --count 1 --instance-type t2.micro --key-name MyKeyPair --security-group-ids sg-903004f8 --subnet-id subnet-6e7f829e
```

このコマンドにより, t2.micro[※12] というタイプ (1 vCPU, 1.0 GB RAM) のインスタンスが起動する. ここではその他のパラメータの詳細の説明は省略する (Chapter 4 のハンズオンで詳しく解説する).

Pythonから上記と同じ操作を実行するには, 次のようなスクリプトを使う.

```
import boto3

ec2_client = boto3.client("ec2")
ec2_client.run_instances(
    ImageId="ami-xxxxxxxxx",
    MinCount=1,
    MaxCount=1,
```

※12 https://aws.amazon.com/ec2/instance-types/t2/

```
    KeyName="MyKeyPair",
    InstanceType="t2.micro",
    SecurityGroupIds=["sg-903004f8"],
    SubnetId="subnet-6e7f829e",
)
```

以上の例を通じて，APIによるクラウドのリソースの操作のイメージがつかめてきただろうか？ コマンド一つで，新しい仮想サーバーを起動したり，データの保存領域を追加したり，任意の操作を実行できるわけである．基本的に，このようなコマンドを複数組み合わせていくことで，自分の望むCPU・RAM・ネットワーク・ストレージが備わった計算環境を構築することができる．もちろん，逆の操作（リソースの削除）も API を使って実行できる．

3-4-3 ミニ・ハンズオン：AWS CLI を使ってみよう

ここでは，ミニ・ハンズオンとして，AWS CLI を実際に使ってみる．AWS CLI は先述のとおり，AWS 上の任意のリソースの操作が可能であるが，ここでは一番シンプルな，S3 を使ったファイルの読み書きを実践する（EC2の操作は少し複雑なので，第一回ハンズオンで行う）．aws s3 コマンドの詳しい使い方は 公式ドキュメンテーションを参照※13．

> AWS CLI のインストールについては，A-4 を参照．

> 以下に紹介するハンズオンは，基本的に S3 の無料枠※14の範囲内で実行することができる．

> 以下のコマンドを実行する前に，AWSの認証情報が正しく設定されていることを確認する．これには ~/.aws/credentialsのファイルに設定が書き込まれているか，環境変数（**AWS_ACCESS_KEY_ID, AWS_SECRET_ACCESS_KEY, AWS_DEFAULT_REGION**）が定義されている必要がある．詳しくはA-4を参照．

※13 https://docs.aws.amazon.com/cli/latest/reference/s3/index.html#cli-aws-s3
※14 https://aws.amazon.com/free/?all-free-tier.sort-by=item.additionalFields.SortRank&all-free-tier.sort-order=asc

まずは，S3にデータの格納領域（バケット（Bucket）とよばれる）を作成するところから始めよう．

```
$ bucketName="mybucket-$(openssl rand -hex 12)"
$ echo $bucketName
$ aws s3 mb "s3://${bucketName}"
```

S3のバケットの名前は，AWS 全体で一意的でなければならないことから，このコマンドではランダムな文字列を含んだバケットの名前を生成し，**bucketName** という変数に格納している．そして，**aws s3 mb**（**mb** は make bucket の略）によって，新しいバケットを作成する．

次に，バケットの一覧を取得してみよう．

```
$ aws s3 ls

2020-06-07 23:45:44 mybucket-c6f93855550a72b5b66f5efe
```

先ほど作成したバケットがリストにあることを確認できる．

本書のノーテーションとして，コマンドラインに入力するコマンドは，それがコマンドであると明示する目的で先頭に＄がつけてある．＄はコマンドをコピー＆ペーストするときは除かなければならない．逆に，コマンドの出力は＄なしで表示されている．

次に，バケットにファイルをアップロードする．

```
$ echo "Hello world!" > hello_world.txt
$ aws s3 cp hello_world.txt "s3://${bucketName}/hello_world.txt"
```

このコマンドでは **hello_world.txt** というダミーのファイルを作成して，それをアップロードした．

それでは，バケットの中にあるファイルの一覧を取得してみる．

```
$ aws s3 ls "s3://${bucketName}" --human-readable

2020-06-07 23:54:19   13 Bytes hello_world.txt
```

先ほどアップロードしたファイルがたしかに存在することがわかる.

最後に，使い終わったバケットを削除する.

```
$ aws s3 rb "s3://${bucketName}" --force
```

rb は remove bucket の略である. デフォルトでは，バケットの中にファイルが存在すると削除できない. 空でないバケットを強制的に削除するには **--force** のオプションを付ける.

以上のように，AWS CLI を使って S3 バケットに対しての一連の操作を実行できた. EC2 や Lambda, DynamoDB などについても同様に AWS CLI を使ってあらゆる操作を実行できる.

Amazon Resource Name (ARN)

AWS 上のあらゆるリソースには，Amazon Resource Name (ARN) という固有の ID が付与されている. ARN は **arn:aws:s3:::my_bucket/** のようなフォーマットで記述され, ARN を使用することで, 特定の AWS リソース (S3 のバケットや EC2 のインスタンス) を一意的に参照することができる.

S3 バケットや EC2 インスタンスなどには ARN に加えて，人間が読みやすい名前を定義することも可能である. この場合は, ARN または名前のどちらを用いても同じリソースを参照することが可能である.

Chapter 3-5

CloudFormation と AWS CDK

3-5

3-5- 1 CloudFormation による Infrastructure as Code(IaC)

前節で述べたように，AWS API を使うことでクラウドの**あらゆる**リソースの作成・管理が可能である．よって，原理上は，API のコマンドを組み合わせていくことで，自分の作りたいクラウドを設計することができる．

しかし，ここで実用上考慮しなければならない点が一つある． AWS API には大きく分けて，**リソースを操作する**コマンドと，**タスクを実行する**コマンドがあることである（**Figure 3-6**）．

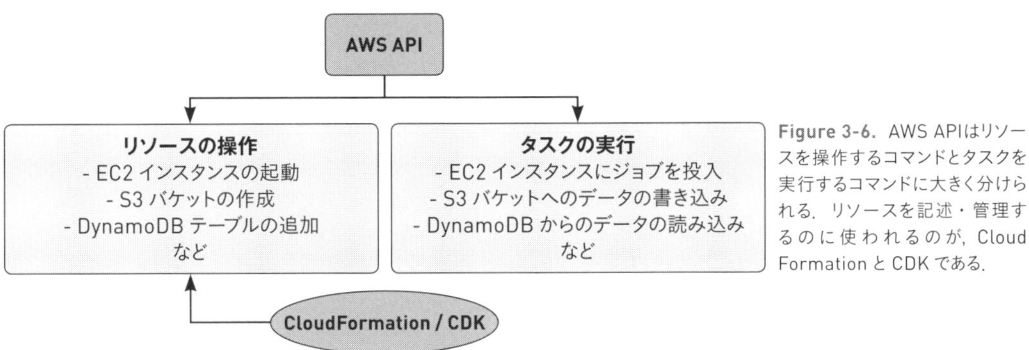

Figure 3-6. AWS APIはリソースを操作するコマンドとタスクを実行するコマンドに大きく分けられる．リソースを記述・管理するのに使われるのが，Cloud Formation と CDK である．

リソースを操作するとは，EC2のインスタンスを起動したり，S3のバケットを作成したり，データベースに新たなテーブルを追加する，などの**静的なリソースを準備する** 操作を指す． "ハコ"を作る操作とよんでもよいだろう．このようなコマンドは，**クラウドのデプロイ時にのみ，一度だけ実行されればよい**．

タスクを実行するコマンド とは，EC2 のインスタンスにジョブを投入したり，S3 のバケットにデータを読み書きするなどの操作を指す． これは，EC2 や S3 などのリソース（"ハコ"）を前提として，その内部で実行されるべき計算を記述するものである． 前者に比べてこちらは**動的な操作**を担当する，と捉えることもできる．

そのような観点から，**インフラを記述するプログラム**と**タスクを実行するプログラム**はある程度分けて管理されるべきである．クラウドの開発は，クラウドの（静的な）リソースを記述するプログラムを作成するステップと，インフラ上で動く動的な操作を行うプログラムを作成するステップの二段階に分けて考えることができる．

AWSでの静的リソースを管理するための仕組みが，CloudFormation※15 である．CloudFormationとは，CloudFormation の文法に従ったテキストファイルを使って，AWSのインフラを記述する仕組みである．CloudFormation を使って，たとえば，EC2のインスタンスをどれくらいのスペックで，何個起動するか，インスタンス間はどのようなネットワークで結び，どのようなアクセス権限を付与するか，などのリソースの要件を逐次的に記述することができる．一度 CloudFormation ファイルができ上がれば，それにしたがったクラウドシステムをコマンド一つで AWS 上に展開することができる．また，CloudFormation ファイルを交換することで，全く同一のクラウド環境を他者が簡単に再現することも可能になる．このように，本来は物理的な実体のあるハードウェアを，プログラムによって記述し，管理するという考え方を，**Infrastructure as Code (IaC)** とよぶ．

CloudFormation を記述するには，基本的に **JSON**（JavaScript Object Notation）とよばれるフォーマットを使う．次のコードは，JSONで記述された CloudFormation ファイルの一例（抜粋）である．

```
"Resources" : {
  ...
  "WebServer": {
    "Type" : "AWS::EC2::Instance",
    "Properties": {
      "ImageId" : { "Fn::FindInMap" : [ "AWSRegionArch2AMI", { "Ref" : "AWS::Region" },
                        { "Fn::FindInMap" : [ "AWSInstanceType2Arch", { "Ref" : "InstanceType"
}, "Arch" ] } ] },
      "InstanceType"   : { "Ref" : "InstanceType" },
      "SecurityGroups" : [ {"Ref" : "WebServerSecurityGroup"} ],
      "KeyName"        : { "Ref" : "KeyName" },
      "UserData" : { "Fn::Base64" : { "Fn::Join" : ["", [
                       "#!/bin/bash -xe\n",
                       "yum update -y aws-cfn-bootstrap\n",

                       "/opt/aws/bin/cfn-init -v ",
                       "         --stack ", { "Ref" : "AWS::StackName" },
                       "         --resource WebServer ",
                       "         --configsets wordpress_install ",
                       "         --region ", { "Ref" : "AWS::Region" }, "\n",
```

※15　https://aws.amazon.com/jp/cloudformation/

```
                    "/opt/aws/bin/cfn-signal -e $? ",
                    "         --stack ", { "Ref" : "AWS::StackName" },
                    "         --resource WebServer ",
                    "         --region ", { "Ref" : "AWS::Region" }, "\n"
        ]]}}
      },
      ...
    },
    ...
},
```

ここでは，"WebServer" という名前のつけられた EC2 インスタンスを定義している．かなり長大で複雑な記述であるが，これによって所望のスペック・OSをもつEC2インスタンスを作成することが可能になる．

3-5- 2 AWS CDK

前節で紹介した CloudFormation は，見てわかるとおり大変記述が複雑であり，またそれのどれか一つにでも誤りがあってはいけない． また，基本的に"テキスト"を書いていくことになるので，プログラミング言語で使うような変数やクラスといった便利な概念が使えない（厳密には，CloudFormation にも変数に相当するような機能は存在する）． また，記述の多くの部分は繰り返しが多く，自動化できる部分も多い．

そのような悩みを解決してくれるのが，AWS Cloud Development Kit (CDK) ※16である． **CDKは Python などのプログラミング言語を使って CloudFormation を自動的に生成してくれるツールである**． CDK は2019年にリリースされたばかりの比較的新しいツールで，日々改良が進められている (GitHub リポジトリ※17のリリースを見ればその開発のスピードの速さがわかるだろう)． CDK は TypeScript (JavaScript) , Python, Java など複数の言語でサポートされている．

CDKを使うことで，CloudFormation に相当するクラウドリソースの記述を，より親しみのあるプログラミング言語を使って行うことができる． かつ，典型的なリソース操作に関してはパラメータの多くの部分を自動で決定してくれるので，記述しなければならない量もかなり削減される．

次に Python を使った CDK のコードの一例 (抜粋) を示す．

※16 https://aws.amazon.com/cdk/
※17 https://github.com/aws/aws-cdk/releases

```
from aws_cdk import (
    core,
    aws_ec2 as ec2,
)

class MyFirstEc2(core.Stack):

    def __init__(self, scope, name, **kwargs):
        super().__init__(scope, name, **kwargs)

        vpc = ec2.Vpc(
            ... # some parameters
        )

        sg = ec2.SecurityGroup(
            ... # some parameters
        )

        host = ec2.Instance(
            self, "MyGreatEc2",
            instance_type=ec2.InstanceType("t2.micro"),
            machine_image=ec2.MachineImage.latest_amazon_linux(),
            vpc=vpc,
            ...
        )
```

このコードは，一つ前に示したJSONを使ったCloudFormationと実質的に同じことを記述している．とても煩雑だったCloudFormationファイルに比べて，CDKとPythonを使うことで格段に短く，わかりやすく記述できることがわかるだろう．

本書の主題は，**CDKを使って，コードを書きながらAWSの概念や開発方法を学んでいくことである**．後の章ではCDKを使って様々なハンズオンを実施していく．早速，最初のハンズオンでは，CDKを使ってEC2インスタンスを作成する方法を学んでいこう．

Further reading

● AWS CDK Examples※18：CDKを使ったプロジェクトの例が多数紹介されている．ここにある例をテンプレートに自分のアプリケーションの開発を進めるとよい

※18　https://github.com/aws-samples/aws-cdk-examples

Chapter 4
Hands-on #1：初めての EC2 インスタンスを起動する

Chapter 4 では，最初のハンズオンとして CDK を使って EC2 インスタンスを作成する演習を行う．
作成したインスタンスに SSH でログインし，仮想サーバーの中で遊んでみよう．
このハンズオンを終えれば，自分だけのサーバーを AWS 上に立ち上げ，自由に計算を走らせるための知識と技術が身につく．
ここから始まる長く楽しいクラウド開発の最初の一歩を踏み出そう！

Chapter 4-1 準備

まずは，ハンズオンを実行するための環境を整える．これらの環境整備は，後のハンズオンでも前提となるものなので確実にミスなく行っていただきたい．

- **AWS Account：**ハンズオンを実行するには個人の AWS アカウントが必要である．AWSアカウントの取得については A-2 を参照のこと
- **Python と Node.js：**本ハンズオンを実行するには，Python（3.6 以上），Node.js（12.0 以上）がインストールされていなければならない
- **AWS CLI：**AWS CLI のインストールについては，A-4 を参照．ここに記載されている認証鍵の設定も済ませておくこと
- **AWS CDK：**AWS CDK のインストールについては，A-5 を参照
- **ソースコードのダウンロード：**本ハンズオンで使用するプログラムのソースコードを，以下のコマンドを使って GitHub からダウンロードする

```
$ git clone https://github.com/tomomano/learn-aws-by-coding-source-code.git
```

本章のハンズオンのソースコードは handson/ec2-get-started ※1 のディレクトリにある．

Docker を使用する場合

Python, Node.js, AWS CDK など，ハンズオンのプログラムを実行するために必要なプログラム/ライブラリがインストール済みの Docker image を用意した．また，ハンズオンのソースコードもパッケージ済みである．Docker の使い方を知っている読者は，これを使えば，諸々のインストールをする必要なく，すぐにハンズオンのプログラムを実行できる．使用方法については A-9 を参照のこと．

ハンズオン1は，基本的に AWS の無料枠※2 の範囲内で実行することができる．

※1 https://github.com/tomomano/learn-aws-by-coding-source-code/tree/main/handson/ec2-get-started
※2 https://aws.amazon.com/free/?all-free-tier.sort-by=item.additionalFields.SortRank&all-free-tier.sort-order=asc

Chapter 4-2
SSH

SSH (secure shell) は Unix 系のリモートサーバーに安全にアクセスするためのツールである．本ハンズオンでは，SSH を使って仮想サーバーにアクセスする．SSH に慣れていない読者のため，簡単な説明をここで行おう．

SSH による通信はすべて暗号化されているので，機密情報をインターネットを介して安全に送受信することができる．本ハンズオンで，リモートのサーバーにアクセスするための SSH クライアントがローカルマシンにインストールされている必要がある．SSH クライアントは Linux/Mac には標準搭載されている．Windows の場合は WSL をインストールすることで SSH クライアントを利用することを推奨する（A-6 を参照）．

SSH コマンドの基本的な使い方を次に示す．**<host name>** はアクセスする先のサーバーの IP アドレスや DNS によるホストネームが入る．**<user name>** は接続する先のユーザー名である．

```
$ ssh <user name>@<host name>
```

SSH は平文のパスワードによる認証を行うこともできるが，より強固なセキュリティを施すため，**公開鍵暗号方式（Public Key Cryptography）による認証**を行うことが強く推奨されており，EC2 はこの方法でしかアクセスを許していない．公開鍵暗号方式の仕組みについては各自勉強してほしい．本ハンズオンにおいて大事なことは，**EC2 インスタンスが公開鍵（Public key）を保持し，クライアントとなるコンピュータ（読者自身のコンピュータ）が秘密鍵（Private key）を保持する**，という点である．EC2 のインスタンスには秘密鍵を持ったコンピュータのみがアクセスすることができる．逆に言うと，秘密鍵が漏洩すると第三者もサーバーにアクセスできることになるので，**秘密鍵は絶対に漏洩することのないよう注意して管理する**．

SSH コマンドでは，ログインのために使用する秘密鍵ファイルを -i もしくは **--identity_file** のオプションで指定することができる．たとえば，次のように使う．

```
$ ssh -i Ec2SecretKey.pem <user name>@<host name>
```

Chapter 4-3

アプリケーションの説明

このハンズオンで作成するアプリケーションの概要を **Figure 4-1** に示す.

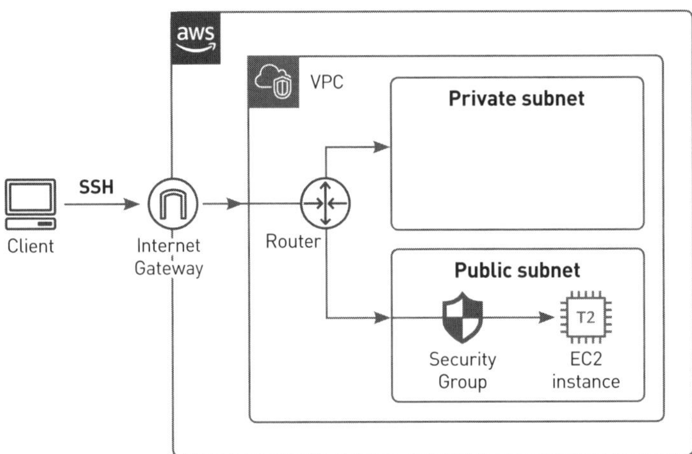

Figure 4-1. ハンズオン#1で作製するアプリケーションのアーキテクチャ

このアプリケーションではまず, **VPC (Virtual Private Cloud)** を使ってプライベートな仮想ネットワーク環境を立ち上げている. そのVPCの public subnet の内側に, **EC2 (Elatic Compute Cloud)** の仮想サーバーを配置する. さらに, セキュリティのため, **Security Group** によるEC2インスタンスへのアクセス制限を設定している. このようにして作成された仮想サーバーに, SSHを使ってアクセスし, 簡単な計算を行う.

Figure 4-1 のようなアプリケーションを, CDKを使って構築する. 早速ではあるが, 今回のハンズオンで使用するプログラムを見てみよう (handson/ec2-get-started/app.py).

```
class MyFirstEc2(core.Stack):

    def __init__(self, scope: core.App, name: str, key_name: str, **kwargs) -> None:
        super().__init__(scope, name, **kwargs)

        ❶
        vpc = ec2.Vpc(
            self, "MyFirstEc2-Vpc",
```

```
        max_azs=1,
        cidr="10.10.0.0/23",
        subnet_configuration=[
            ec2.SubnetConfiguration(
                name="public",
                subnet_type=ec2.SubnetType.PUBLIC,
            )
        ],
        nat_gateways=0,
    )

    ❷
    sg = ec2.SecurityGroup(
        self, "MyFirstEc2Vpc-Sg",
        vpc=vpc,
        allow_all_outbound=True,
    )
    sg.add_ingress_rule(
        peer=ec2.Peer.any_ipv4(),
        connection=ec2.Port.tcp(22),
    )

    ❸
    host = ec2.Instance(
        self, "MyFirstEc2Instance",
        instance_type=ec2.InstanceType("t2.micro"),
        machine_image=ec2.MachineImage.latest_amazon_linux(),
        vpc=vpc,
        vpc_subnets=ec2.SubnetSelection(subnet_type=ec2.SubnetType.PUBLIC),
        security_group=sg,
        key_name=key_name
    )
```

❶まずはVPCを定義する.

❷次に，security group (SG) を定義している． ここでは，任意のIPv4のアドレスからの，ポート22 (SSHの接続に使用される) への接続を許可している． それ以外の接続は拒絶される.

❸最後に，上記で作ったVPCとSGが付与されたEC2インスタンスを作成している． インスタンスタイプは **t2.micro** を選択し，Amazon Linux※3をOSとして設定している.

それぞれについて，もう少し詳しく説明しよう.

※3 https://aws.amazon.com/amazon-linux-ami/

4-3

4-3- 1 VPC (Virtual Private Cloud)

VPC は AWS 上にプライベートな仮想ネットワーク環境を構築するツールである．高度な計算システムを構築するには，複数のサーバーを連動させて計算を行う必要があるが，そのような場合に互いのアドレスなどを管理する必要があり，そういった目的でVPCは有用である．

本ハンズオンでは，サーバーは一つしか起動しないので，VPCの恩恵はよく分からないかもしれない．しかし，EC2インスタンスは必ずVPCの中に配置されなければならない，という制約があるので，このハンズオンでもミニマルなVPCを構成している．

VPC のアイコン

興味のある読者のために，VPCのコードについてもう少し詳しく説明しよう．

```
vpc = ec2.Vpc(
    self, "MyFirstEc2-Vpc",
    max_azs=1,
    cidr="10.10.0.0/23",
    subnet_configuration=[
        ec2.SubnetConfiguration(
            name="public",
            subnet_type=ec2.SubnetType.PUBLIC,
        )
    ],
    nat_gateways=0,
)
```

- **max_azs=1**：このパラメータは，前章で説明した avaialibility zone (AZ) を設定している．このハンズオンでは，とくにデータセンターの障害などを気にする必要はないので **1** にしている

- **cidr="10.10.0.0/23"**：このパラメーターは，VPC内のIPv4のレンジを指定している．CIDR記法については，Wikipedia[※4]などを参照．**10.10.0.0/23** は **10.10.0.0** から **10.10.1.255** までの512個の連続したアドレス範囲を指している．つまり，このVPCでは最大で512個のユニークな

※4 https://en.wikipedia.org/wiki/Classless_Inter-Domain_Routing

IPv4アドレスが使えることになる．今回はサーバーは一つなので512個は明らかに多すぎるが，VPCはアドレスの数はどれだけ作成しても無料なので，多めに作成した

- **subnet_configuration=…**：このパラメータは，VPCにどのようなサブネットを作るか，を決めている．サブネットの種類には **private subnet** と **public subnet** の二種類がある．private subnet は基本的にインターネットとは遮断されたサブネット環境である．インターネットと繋がっていないので，セキュリティは極めて高く，VPC 内のサーバーとのみ通信を行えばよい EC2 インスタンスはここに配置する．Public subnet とはインターネットに繋がったサブネットである．本ハンズオンで作成するサーバーは，外からSSHでログインを行いたいので，Public subnet 内に配置する．より詳細な記述は 公式ドキュメンテーション ※5を参照

- **natgateways=0**：これは少し高度な内容なので省略する（興味のある読者は 公式ドキュメンテーション※6を参照）．が，**これを0にしておかないと，NAT Gateway の利用料金が発生してしまうので，注意！**

4-3-2 Security Group

Security group（SG）は，EC2 インスタンスに付与することのできる仮想ファイアーウォールである．たとえば，特定の IP アドレスから来た接続を許可・拒絶したり（インバウンド・トラフィックの制限），逆に特定のIPアドレスへのアクセスを禁止したり（アウトバウンド・トラフィックの制限）することができる．

コードの該当部分を見てみよう．

```
sg = ec2.SecurityGroup(
    self, "MyFirstEc2Vpc-Sg",
    vpc=vpc,
    allow_all_outbound=True,
)
sg.add_ingress_rule(
    peer=ec2.Peer.any_ipv4(),
    connection=ec2.Port.tcp(22),
)
```

本ハンズオンでは，SSH による外部からの接続を許容するため，**sg.add_ingress_rule（peer=ec2.Peer.any_ipv4（），connection=ec2.Port.tcp（22））** により，すべての IPv4 アドレスからのポート

※5　https://docs.aws.amazon.com/vpc/latest/userguide/VPC_Subnets.html#vpc-subnet-basics
※6　https://docs.aws.amazon.com/vpc/latest/userguide/vpc-nat-gateway.html

22番へのアクセスを許容している．また，SSH で EC2 インスタンスにログインしたのち，インターネットからプログラムなどをダウンロードできるよう，**allow_all_outbound=True** のパラメータを設定している．

> SSH はデフォルトでは22番ポートを使用するのが慣例である．

> セキュリティ上の観点からは，SSHの接続は自宅や大学・職場など特定の地点からの接続のみを許す方が望ましい．

4-3-3 EC2 (Elastic Compute Cloud)

EC2 は AWS 上に仮想サーバーを立ち上げるサービスである．個々の起動状態にある仮想サーバーのことをインスタンス (instance) とよぶ (しかし，口語的なコミュニケーションにおいては，サーバーとインスタンスという言葉は相互互換的に用いられることが多い)．

EC2 のアイコン

EC2 では用途に応じて様々なインスタンスタイプが提供されている．**Table 4-1** に，代表的なインスタンスタイプの例を挙げる (執筆時点での情報)．EC2 のインスタンスタイプのすべてのリストは公式ドキュメンテーション "Amazon EC2 Instance Types"※7 でみることができる．

Table 4-1. EC2 instance types

Instance	vCPU	Memory (GiB)	Network bandwidth (Gbps)	Price per hour ($)
t2.micro	1	1	-	0.0116
t2.small	1	2	-	0.023
t2.medium	2	4	-	0.0464
c5.24xlarge	96	192	25	4.08
c5n.18xlarge	72	192	100	3.888
x1e.16xlarge	64	1952	10	13.344

※7 https://aws.amazon.com/ec2/instance-types/

Table 4-1 からわかるように，CPU は1から96コアまで，メモリーは 1GB から 2TB 以上まで，ネットワーク帯域は最大で100Gbpsまで，幅広く選択することができる．また，時間あたりの料金は，CPU・メモリーの占有数にほぼ比例する形で増加する．EC2 はサーバーの起動時間を秒単位で記録しており，**利用料金は使用時間に比例する形で決定される**．たとえば，**t2.medium** のインスタンスを10時間起動した場合，0.0464 × 10 = 0.464 ドルの料金が発生する．

> AWS には 無料利用枠[※8]というものがあり，**t2.micro** であれば月に750時間までは無料で利用することができる．

> **Table 4-1** の価格は **us-east-1** のものである．リージョンによって多少価格設定が異なる．

> 上記で t2.micro の $0.0116 / hour という金額は，On-demand インスタンスというタイプを選択した場合の価格である．EC2 ではほかに，Spot instance[※9]とよばれるインスタンスも存在する．Spot instance は，AWSのデータセンターの負荷が増えた場合，ユーザーのプログラムが実行中であってもAWSの判断により強制シャットダウンされる，という不便さを抱えているのだが，その分大幅に安い料金設定になっている．AWS で一時的に生じた余剰な空きCPUをユーザーに割安で貸し出す，という発想である．科学計算やウェブサーバーなどの用途でコストを削減する目的で，Spot Instance を活用する事例も多数報告されている．

EC2 インスタンスを定義しているコードの該当部分を見てみよう．

```
host = ec2.Instance(
    self, "MyFirstEc2Instance",
    instance_type=ec2.InstanceType("t2.micro"),
    machine_image=ec2.MachineImage.latest_amazon_linux(),
    vpc=vpc,
    vpc_subnets=ec2.SubnetSelection(subnet_type=ec2.SubnetType.PUBLIC),
    security_group=sg,
    key_name=key_name
)
```

ここでは，**t2.micro** というインスタンスタイプを選択している．さらに，**machine_image** として，Amazon Linux[※10]を選択している（Machine image は OS と似た概念である．Machine image については，Chapter 5 でより詳しく触れる）．さらに，上で定義した VPC，SG をこのインスタンスに付与している．

以上が，今回使用するプログラムの簡単な解説であった．ミニマルな形のプログラムではあるが，仮想サーバーを作成するのに必要なステップがおわかりいただけただろうか？

※8　https://aws.amazon.com/free/?all-free-tier.sort-by=item.additionalFields.SortRank&all-free-tier.sort-order=asc
※9　https://docs.aws.amazon.com/AWSEC2/latest/UserGuide/using-spot-instances.html
※10　https://aws.amazon.com/amazon-linux-ami/

4-4

Chapter 4-4 プログラムを実行する

さて，ハンズオンのコードの理解ができたところで，プログラムを実際に実行してみよう．繰り返しになるが，Chapter 4-1 での準備ができていることが前提である．

4-4-1 Python の依存ライブラリのインストール

まずは，Python の依存ライブラリをインストールする．以下では，Python のライブラリを管理するツールとして，venv[※11]を使用する．

まずは，**handson/ec2-get-started** のディレクトリに移動しよう．

```
$ cd handson/ec2-get-started
```

ディレクトリを移動したら，**venv** で新しい仮想環境を作成し，インストールを実行する．

```
$ python3 -m venv .env
$ source .env/bin/activate
$ pip install -r requirements.txt
```

これで Python の環境構築は完了だ．

> ⓘ **venv** の簡単な説明は A-7 に記述してある．

> ⚠ 環境によっては **pip** ではなく **pip3** あるいは **python3 -m pip** に置き換える必要がある．

※11　https://docs.python.org/3/library/venv.html

4-4-2 AWSのシークレットキーをセットする

AWS CLIおよびAWS CDKを使うには，AWSのシークレットキーが設定されている必要がある．シークレットキーの発行についてはA-3を参照のこと．シークレットキーを発行したら，A-4を参照し，コマンドラインの設定を行う．

手順をここに短く要約すると，一つ目の方法は **AWS_ACCESS_KEY_ID** などの環境変数を設定するやり方である．もう一つの方法は，**~/.aws/credentials** に認証情報を保存しておく方式である．シークレットキーの設定はAWS CLI/CDKを使用するうえで共通のステップになるので，しっかりと理解しておくように．

4-4-3 SSH鍵を生成

EC2インスタンスにはSSHを使ってログインする．EC2インスタンスを作成するのに先行して，今回のハンズオンで専用に使うSSHの公開鍵・秘密鍵のペアを準備する必要がある．

次のAWS CLIコマンドにより，**HirakeGoma** という名前のついた鍵を生成する．

```
$ export KEY_NAME="HirakeGoma"
$ aws ec2 create-key-pair --key-name ${KEY_NAME} --query 'KeyMaterial' --output text > ${KEY_
NAME}.pem
```

このコマンドを実行すると，現在のディレクトリに **HirakeGoma.pem** というファイルが作成される．これが，サーバーにアクセスするための秘密鍵である．SSHでは，秘密鍵は **~/.ssh/** というディレクトリに配置するのが一般的であるので，鍵ファイルの移動を行おう．さらに，秘密鍵が書き換えられたり第三者に閲覧されないよう，ファイルのアクセス権限を **chmod** により **400** に設定する（400はファイルの所有ユーザーに限定して読み込みの操作が実行できる，という意味である）．

```
$ mv HirakeGoma.pem ~/.ssh/
$ chmod 400 ~/.ssh/HirakeGoma.pem
```

4-4- 4 デプロイを実行

これまでのステップで，EC2 インスタンスをデプロイするための準備が整った！ 早速，次のコマンドによりアプリケーションを AWS にデプロイしよう．**-c key_name="HirakeGoma"**というオプションで，先ほど生成した**HirakeGoma**という名前の鍵を使うよう指定している．

```
$ cdk deploy -c key_name="HirakeGoma"
```

このコマンドを実行すると，VPC，EC2 などがAWS上に展開される． そして，コマンドの出力の最後に **Figure 4-2** のような出力が得られるはずである． **出力の中で InstancePublicIp に続く数字が，起動したインスタンスのパブリック IP アドレスである**． IP アドレスはデプロイごとにランダムなアドレスが割り当てられる．

```
✓ MyFirstEc2

Outputs:
MyFirstEc2.InstancePublicIp = 54.238.112.5
MyFirstEc2.InstancePublicDnsName = ec2-54-238-112-5.ap-northeast-1.compute.amazonaws.com

Stack ARN:
arn:aws:cloudformation:ap-northeast-1:606887060834:stack/MyFirstEc2/46ed0490-aa2d-
```

Figure 4-2. CDKデプロイ実行後の出力

4-4- 5 SSH でログイン

早速，SSH で接続してみよう．

```
$ ssh -i ~/.ssh/HirakeGoma.pem ec2-user@<IP address>
```

-i オプションで，先ほど生成した秘密鍵を指定している． EC2 インスタンスにはデフォルトで **ec2-user** という名前のユーザーが作られているので，それを使用する． 最後に，**<IP address>** の部分は自身が作成したEC2インスタンスのIPアドレスで置き換える（**12.345.678.9** など）．

ログインに成功すると，**Figure 4-3** のような画面が表示される． リモートのサーバーにログインしているので，プロンプトが **[ec2-user@ip-10-10-1-217 ~]$** のようになっていることを確認しよう．

```
(.env) tomoyuki@eiffel:01-ec2$ ssh -i ~/.ssh/HirakeGoma.pem ec2-user@54.238.112.5
Last login: Tue Jun  9 09:18:09 2020 from 157.82.122.171

       __|  __|_  )
       _|  (     /   Amazon Linux AMI
      ___|\___|___|

https://aws.amazon.com/amazon-linux-ami/2018.03-release-notes/
5 package(s) needed for security, out of 7 available
Run "sudo yum update" to apply all updates.
[ec2-user@ip-10-10-1-217 ~]$ _
```

Figure 4-3. SSH で EC2 インスタンスにログイン

おめでとう！　これで，めでたくAWS上にEC2仮想サーバーを起動し，リモートからアクセスできるようになった！

4-4-6 起動した EC2 インスタンスで遊んでみる

せっかく新しいインスタンスを起動したので，少し遊んでみよう．ログインした EC2 インスタンスで，次のコマンドを実行してみよう．CPU の情報を取得することができる．

```
$ cat /proc/cpuinfo

processor       : 0
vendor_id       : GenuineIntel
cpu family      : 6
model           : 63
model name      : Intel(R) Xeon(R) CPU E5-2676 v3 @ 2.40GHz
stepping : 2
microcode       : 0x43
cpu MHz         : 2400.096
cache size      : 30720 KB
```

次に，実行中のプロセスやメモリの消費を見てみよう．

```
$ top -n 1

top - 09:29:19 up 43 min,  1 user,  load average: 0.00, 0.00, 0.00
Tasks:  76 total,   1 running,  51 sleeping,   0 stopped,   0 zombie
Cpu(s):  0.3%us,  0.3%sy,  0.1%ni, 98.9%id,  0.2%wa,  0.0%hi,  0.0%si,  0.2%st
Mem:   1009140k total,   270760k used,   738380k free,    14340k buffers
Swap:        0k total,        0k used,        0k free,   185856k cached

  PID USER      PR  NI  VIRT  RES  SHR S %CPU %MEM    TIME+  COMMAND
    1 root      20   0 19696 2596 2268 S  0.0  0.3   0:01.21 init
```

```
    2 root      20   0       0      0      0 S  0.0  0.0   0:00.00 kthreadd
    3 root      20   0       0      0      0 I  0.0  0.0   0:00.00 kworker/0:0
```

t2.micro インスタンスなので，1009140k = 1GB のメモリーがあることがわかる．

次に，ストレージディスクの情報を見てみよう．

```
$ df -h
Filesystem      Size  Used Avail Use% Mounted on
/dev/xvda1      7.9G  1.2G  6.6G  15% /
```

全部で7.9GB のディスク領域があり，そのうち1.2GBが使用済みであることが確認できる．

今回起動したインスタンスには Python 2 はインストール済みだが，Python 3 は入っていない．Python 3.6 のインストールを行ってみよう． インストールは簡単である．

```
$ sudo yum update -y
$ sudo yum install -y python36
```

インストールした Python を起動してみよう．

```
$ python3
Python 3.6.10 (default, Feb 10 2020, 19:55:14)
[GCC 4.8.5 20150623 (Red Hat 4.8.5-28)] on linux
Type "help", "copyright", "credits" or "license" for more information.
>>>
```

Python のインタープリタが起動した！ **Ctrl + D** あるいは **exit()** と入力することで，インタープリタを閉じることができる．

さて，サーバーでのお遊びはこんなところにしておこう（興味があれば各自いろいろと試してみるとよい）． 次のコマンドでログアウトする．

```
$ exit
```

4-4-7 AWS コンソールから確認

これまでは，すべてコマンドラインから EC2 に関連する操作を行ってきた．EC2インスタンスの状態を確認したり，サーバーをシャットダウンするなどの操作は，AWS コンソールから実行することもできる．軽くこれを紹介しよう．

まず，ウェブブラウザを開いて AWS コンソールにログインする．ログインしたら，**Services** から **EC2** を検索（選択）する．次に，左のサイドバーの **Instances** とページをたどる．すると，**Figure 4-4** のような画面が得られるはずである．この画面で，自分のアカウントの管理下にあるインスタンスを確認できる．同様に，VPC・SG についてもコンソールから確認できる．

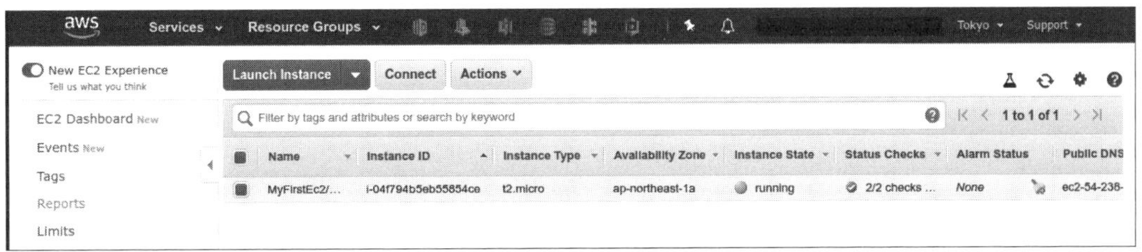

Figure 4-4. EC2 コンソール画面

> ⚠ コンソール右上で，正しいリージョン（今回の場合は ap-northeast-1, Tokyo）が選択されているか，注意する！

前章で CloudFormation について触れたが，今回デプロイしたアプリケーションも，CloudFormation のスタックとして管理されている．**スタック (stack)** とは，AWS リソースの集合のことを指す．今回の場合は，VPC/EC2/SG などがスタックの中に含まれている．コンソールで **CloudFormation** のページに行ってみよう（**Figure 4-5**）．

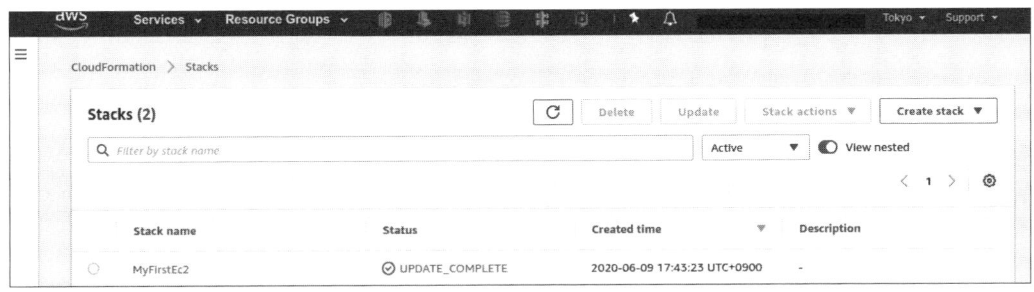

Figure 4-5. CloudFormation コンソール画面

"MyFirstEc2" という名前のスタックがあることが確認できる．クリックをして中身を見てみると，EC2, VPC などのリソースがこのスタックに紐付いていることがわかる．

4-4- 8 スタックを削除

これにて，第一回のハンズオンで説明すべき事柄はすべて完了した．最後に，使わなくなったスタックを削除しよう．スタックの削除には，二つの方法がある．

一つ目の方法は，前節の Cloudformation のコンソール画面で，"Delete" ボタンを押すことである（**Figure 4-6**）．すると，スタックの状態が "**DELETE_IN_PROGRESS**" に変わり，削除が完了するとCloudFormation のスタックの一覧から消える．

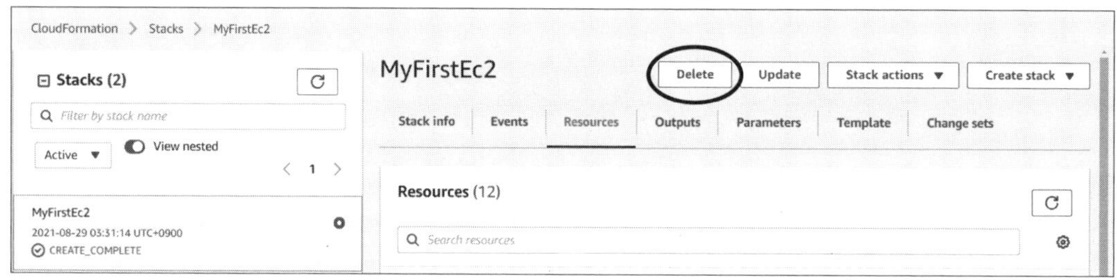

Figure 4-6. CloudFormationコンソール画面から，スタックを削除

二つ目の方法は，コマンドラインから行う方法である．先ほど，デプロイを行ったコマンドラインに戻ろう．そうしたら，次のコマンドを実行する．

```
$ cdk destroy
```

このコマンドを実行すると，，スタックの削除が始まる．削除した後は，VPC, EC2 など，すべて跡形もなく消え去っていることを自身で確かめよう．CloudFormation を用いることで関連するすべての AWS リソースを一度に管理・削除することができるので，大変便利である．

> **スタックの削除は各自で必ず行うこと！** 行わなかった場合，EC2 インスタンスの料金が発生し続けることになる！

また，本ハンズオンのために作成したSSH鍵ペアも不要なので，削除しておく．まず，EC2側に登録してある公開鍵を削除する． これも，コンソールおよびコマンドラインの二つの方法で実行できる．

コンソールから実行するには，**EC2** の画面に行き，左のサイドバーの **Key Pairs** を選択する． 鍵の一覧が表示されるので，**HirakeGoma** とある鍵にチェックを入れ，画面右上の **Actions** から，**Delete** を実行する（**Figure 4-7**）．

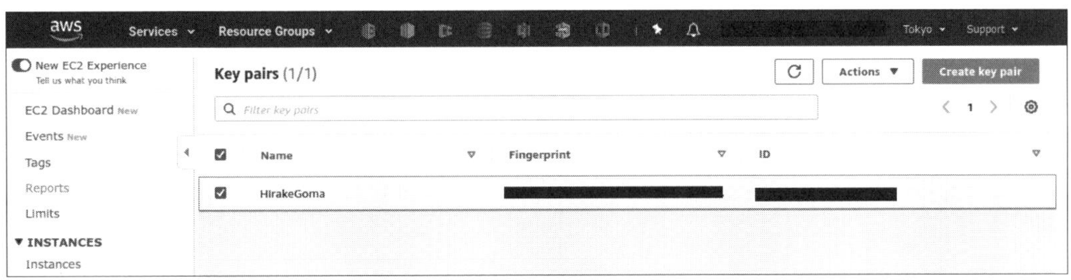

Figure 4-7. EC2でSSH鍵ペアを削除

コマンドラインから実行するには， 次のコマンドを使う．

```
$ aws ec2 delete-key-pair --key-name "HirakeGoma"
```

最後に， ローカルのコンピュータから鍵を削除する．

```
$ rm -f ~/.ssh/HirakeGoma.pem
```

これで， クラウドの片付けもすべて終了だ．

> ⓘ なお， 頻繁にEC2インスタンスを起動したりする場合は， いちいちSSH鍵を削除する必要はない．

4-5

Chapter 4-5
小括

ここまでが，本書の第一部の内容である． 盛りだくさんの内容であったが，ついて来られたであろうか？

Chapter 2 では，クラウドの定義と用語の説明を行ったあと，なぜクラウドを使うのか，という点を議論した． 続いて Chapter 3 では，クラウドを学ぶ具体的なプラットフォームとして AWS を取り上げ，AWSを使用するにあたり最低限必要な知識と用語の説明を行った．さらに，Chapter 4 のハンズオンでは AWS CLI と AWS CDK を使って，自身のプライベートなサーバーを AWS 上に立ち上げる演習を行った．

これらを通じて，いかに簡単に（たった数行のコマンドで！）仮想サーバーを立ち上げたり，削除したりすることができるか，体験できただろう． 筆者は，Chapter 2 でクラウドの最も重要な側面はダイナミックに計算リソースを拡大・縮小できることである，と述べた． この言葉の意味が，ハンズオンを通じてより明らかになっただろうか？ ここで学んだ技術を少し応用するだけで，自分のウェブページをホストする仮想サーバーを作成したり，大量のコアを搭載した EC2 インスタンスを用意して科学計算を実行するなど，様々なアプリケーションが実現できる．

次章からは，今回学んだクラウドの技術を基に，より現実に即した問題を解くことを体験してもらう．お楽しみに！

Chapter 5

Hands-on #2：AWS で ディープラーニングを実践

計算機が発達した現代では，計算機によるシミュレーションやビッグデータの解析は，科学・エンジニアリングの主要な柱である．

これらの大規模な計算を実行するには，クラウドは最適である．

本章から始まる第二部では，どのようにしてクラウド上で科学計算・ビッグデータ解析を実行するのかを，ハンズオンとともに体験してもらう．

具体的な題材として，機械学習（深層学習）を取り上げ，いくつかのアプリケーションを実装しながら学んでいこう．

Chapter 5 では，その導入として，GPU 搭載型の EC2 インスタンスを利用する方法を解説し，Jupyter Notebook を用いて深層学習のプログラムを走らせる演習を行う．

Chapter 5-1

なぜ機械学習をクラウドで行うのか？

2010年頃に始まった第三次 AI ブームのおかげで，学術研究だけでなく社会・ビジネスの文脈でも機械学習に高い関心が寄せられている．とくに，**深層学習（ディープラーニング）**とよばれる多層のレイヤーからなるニューラルネットワークを用いたアルゴリズムは，画像認識や自然言語処理などの分野で圧倒的に高い性能を実現し，革命をもたらしている．

深層学習の特徴は，なんといってもそのパラメータの多さである．層が深くなるほど，層間のニューロンを結ぶ重みパラメータの数が増大していく．たとえば，最新の言語モデルである GPT-3[※1]には**1750億個**ものパラメータが含まれている．このような膨大なパラメータを有することで，深層学習は高い表現力と汎化性能を実現しているのである．

GPT-3 に限らず，最近の SOTA（State-of-the-art）の性能を達成するニューラルネットワークでは，百万から億のオーダーのパラメータを内包することは頻繁になってきている．そのような巨大なニューラルネットを訓練（最適化）させるのは，当然のことながら膨大な計算コストがかかる．結果として，一つの計算機では丸一日以上の時間がかかる場合も珍しくない．

深層学習の発展の速度は目覚ましく，研究・ビジネス両方の観点からも，いかにスループットよくニューラルネットワークの最適化を行えるかが鍵となってくる．そのような問題を解決するのにとても有効な手段が，クラウドである！ Chapter 4 でその片鱗を見たように，クラウドを使用することでゼロから数千に至るまでの数のインスタンスを動的に起動し，並列に計算を実行することができる．

さらに，深層学習を加速させる目的で，深層学習の演算に専用設計された計算チップ（GPU など）がある．クラウドを利用すると，そのような専用計算チップも無尽蔵に利用することができる．事実，先述した GPT-3 の学習も，詳細は明かされていないが，Microsoft 社のクラウドを使って行われたと報告されている．

※1 https://arxiv.org/abs/2005.14165

Chapter 5-2
GPU による深層学習の高速化

深層学習の計算で欠かすことのできない技術として，**GPU (Graphics Processing Unit)** について少し説明する．

GPU は，その名のとおり，元々はコンピュータグラフィックスを出力するための専用計算チップである．CPU (Central Processing Unit) に対し，グラフィックスの演算に特化した設計がなされている．身近なところでは，Xbox や PS5 などのゲームコンソールなどに搭載されているし，ハイエンドなノート型・デスクトップ型計算機にも搭載されていることがある．コンピュータグラフィックスでは，スクリーンにアレイ状に並んだ数百万個の画素をビデオレート (30 fps) 以上で処理する必要がある．そのため，GPU はコアあたりの演算能力は比較的小さいかわりに，チップあたり数百から数千のコアを搭載しており (**Figure 5-1**)，スクリーンの画素を並列的に処理することで，リアルタイムでの描画を実現している．

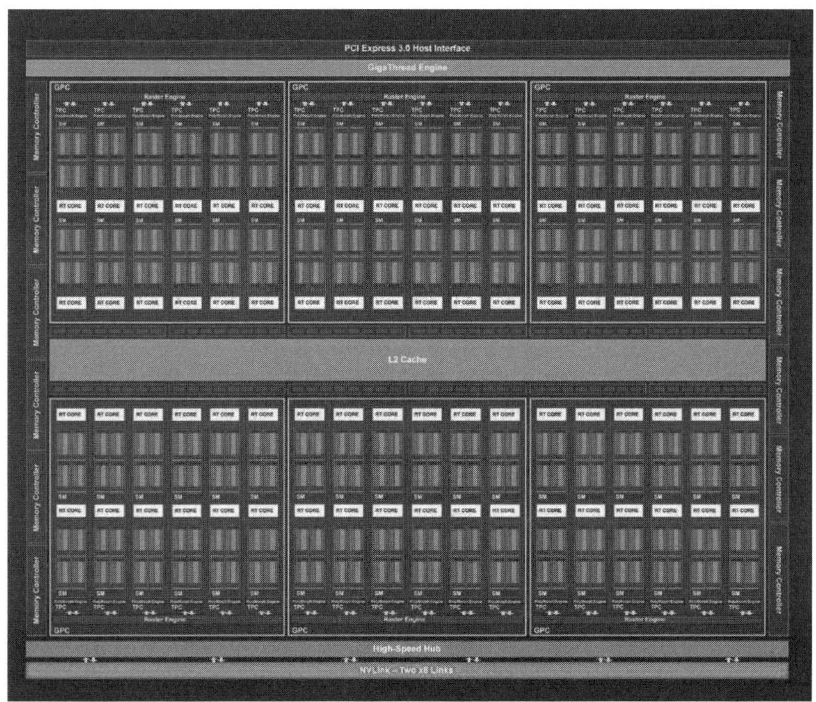

Figure 5-1. GPUのアーキテクチャ．GPUには数百から数千の独立した計算コアが搭載されている．
(画像出典：https://devblogs.nvidia.com/nvidia-turing-architecture-in-depth/)

このように，コンピュータグラフィクスの目的で生まれたGPUだが，2010年前後から，その高い並列計算能力をグラフィックス以外の計算（科学計算など）に用いるという流れ（**General-purpose computing on GPU; GPGPU**）が生まれた．GPUのコアは，その設計から，行列の計算など，単純かつ規則的な演算が得意であり，そのような演算に対しては数個程度のコアしかもたないCPUに比べて圧倒的に高い計算速度を実現することができる．現在ではGPGPUは分子動力学や気象シミュレーション，そして機械学習など多くの分野で使われている．

ディープラーニングで最も頻繁に起こる演算が，ニューロンの出力を次の層のニューロンに伝える**畳み込み（Convolution）**演算である（**Figure 5-2**）．畳み込み演算は，まさにGPUが得意とする演算であり，CPUではなくGPUを用いることで学習を飛躍的に（最大で数百倍程度）加速させることができる．

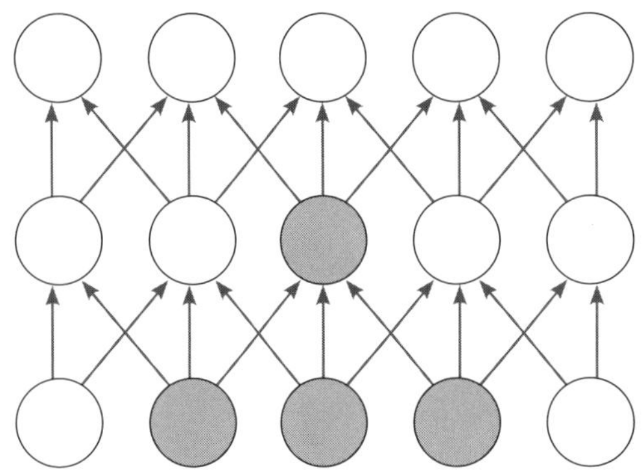

Figure 5-2. ニューラルネットワークにおける畳み込み演算

このようにGPUは機械学習の計算で欠かせないものであるが，なかなか高価である．たとえば，科学計算・機械学習に専用設計されたNVIDIA社のTesla V100というチップは，一台で約百万円の価格が設定されている．機械学習を始めるのに，いきなり百万円の投資はなかなか大きい．だが，クラウドを使えば，初期コスト0でGPUを使用することができる．

> 機械学習を行うのに，V100が必ずしも必要というわけではない．むしろ，研究者などでしばしば行われるのは，コンピュータゲームに使われるグラフィックス用のGPUを買ってきて（NVIDIA GeForceシリーズなど），開発のときはをそれを用いる，というアプローチである．グラフィックス用のいわゆる"コンシューマGPU"は，市場の需要が大きいおかげで，10万円前後の価格で購入することができる．V100と比べると，コンシューマGPUはコアの数が少なかったり，メモリーが小さかったりなどで劣る点があるが，それらを除いては計算能力にとくに制限があるわけではなく，開発の段階では十分な性能である場合がほとんどである．プログラムができあがって，ビッグデータの解析や，モデルをさらに大きくしたいときなどに，クラウドは有効だろう．

クラウドでGPUを使うには，GPUが搭載されたEC2インスタンスタイプ（**P3, P2, G3, G4** など）を選択しなければならない．**Table 5-1** に，代表的なGPU搭載のインスタンスタイプを挙げる（執筆時点での情報）．

Table 5-1. GPUを搭載したEC2インスタンスタイプ

Instance	GPUs	GPU model	GPU Mem (GiB)	vCPU	Mem (GiB)	Price per hour ($)
p3.2xlarge	1	NVIDIA V100	16	8	61	3.06
p3n.16xlarge	8	NVIDIA V100	128	64	488	24.48
p2.xlarge	1	NVIDIA K80	12	4	61	0.9
g4dn.xlarge	1	NVIDIA T4	16	4	16	0.526

Table 5-1 からわかるとおり，CPUのみのインスタンスと比べると少し高い価格設定になっている．また，古い世代のGPU（V100に対してのK80）はより安価な価格で提供されている．1インスタンスあたりのGPUの搭載数は1台から最大で8台まで選択することが可能である．

GPUを搭載した一番安いインスタンスタイプは，**g4dn.xlarge** であり，これには廉価かつ省エネルギー設計のNVIDIA T4が搭載されている．NVIDIA T4は，16GBのGPUメモリーが搭載されているなど，多くのアプリケーションで十分な計算能力を有しており，コストパフォーマンスの点で非常に優れている．後のハンズオンでは，このインスタンスを使用して，ディープラーニングの計算を行ってみる．

Table 5-1 の価格は **us-east-1** のものである．リージョンによって多少価格設定が異なる．

V100を一台搭載した **p3.2xlarge** の利用料金は一時間あたり$3.06である．V100が約百万円で売られていることを考えると，約3000時間（= 124日間），通算で計算を行った場合に，クラウドを使うよりもV100を自分で買ったほうがお得になる，という計算になる（実際には，自前でV100を用意する場合は，V100だけでなく，CPUやネットワーク機器，電気使用料も必要なので，百万円よりもさらにコストがかかる）．

GPT-3で使われた計算リソースの詳細は論文でも明かされていないのだが，Lambda社のブログ[※2]で興味深い考察が行われている（Lambda社は機械学習に特化したクラウドサービスを提供している）．

※2 https://lambdalabs.com/blog/demystifying-gpt-3/

記事によると，1750億のパラメータを訓練するには，一台のGPU（NVIDIA V100）を用いた場合，342年の月日と460万ドルのクラウド利用料が必要となる，とのことである．GPT-3のチームは，複数のGPUに処理を分散することで現実的な時間のうちに訓練を完了させたのであろうが，このレベルのモデルになってくるとクラウド技術の限界を攻めないと達成できないことは確かである．

Further reading

深層学習を詳しく勉強したい人には以下の参考書を推薦したい．深層学習の基礎的な概念や理論は普遍的であるが，この分野は日進月歩なので，常に最新の情報を取り入れることを忘れずに．

- **Deep Learning (Ian Goodfellow, Yoshua Bengio and Aaron Courville)** ※3 出版されてから数年が経つが，深層学習の理論的な側面を学びたいならばおすすめの入門書．ウェブで無料で読むことができる．日本語版も出版されている．実装についてはほとんど触れられていないので，理論家向けの本
- **ゼロから作る Deep Learning（斎藤 康毅）** ※4 合計三冊からなるシリーズ．理論と実装がバランスよく説明されていて，深層学習の入門書の決定版
- **Dive into Deep Learning (Aston Zhang, Zachary C. Lipton, Mu Li, and Alexander J. Smola)** ※5 深層学習の基礎から最新のアルゴリズムまでを，実装を通して学んでいくスタイルの本．ウェブで無料で読むことができる，1000ページ越えの超大作．これを読破することができれば，深層学習の実装で困ることはないだろう

※3 https://www.deeplearningbook.org/
※4 https://www.oreilly.co.jp/books/9784873117584/
※5 https://d2l.ai/

Chapter 5-3
準備

ハンズオン第二回では，GPU を搭載したEC2インスタンスを起動し，深層学習モデルの学習と推論を実行する演習を行う．

ハンズオンのソースコードは GitHub の handson/mnist※6 に置いてある．

本ハンズオンの実行には，第一回ハンズオンで説明した準備（Chapter 4-1）が整っていることを前提とする．それ以外に必要な準備はない．

> ⚠ 初期状態の AWS アカウントでは，GPU 搭載の Gタイプのインスタンスの起動上限が0になっていることがある．これを確認するには，AWS コンソールから EC2 の画面を開き，左のメニューから **Limits** を選択する．その中の **Running On-Demand All instances** という数字が G インスタンスの起動上限を表している．
>
> もし，これが 0 になっていた場合は，AWS の自動申請フォームから上限緩和のリクエストを送る必要がある．詳しくは 公式ドキュメンテーション "Amazon EC2 service quotas"※7 を参照のこと．

> ⚠ このハンズオンは，AWS の無料枠内では実行できない． **g4dn.xlarge** タイプの EC2 インスタンスを使うので，アメリカ東部（**us-east-1**）リージョンでは 0.526 $/hour のコストが発生する． 東京（**ap-northeast-1**）を選択した場合は 0.71 $/hour のコストが発生する．

> ⚠ AWS Educate Starter Account を使用している読者へ: 執筆時点においては，Starter Account には GPU 搭載型インスタンスを起動できないという制限が設けられている． したがって，Starter Account のユーザーはこのハンズオンを実行することはできない． 興味のある読者は，制限のない一般アカウントを自分自身で取得する必要があることに注意．

※6 https://github.com/tomomano/learn-aws-by-coding-source-code/tree/main/handson/mnist
※7 https://docs.aws.amazon.com/AWSEC2/latest/UserGuide/ec2-resource-limits.html

Chapter 5-4
アプリケーションの説明

このハンズオンで作成するアプリケーションの概要を **Figure 5-3** に示す.

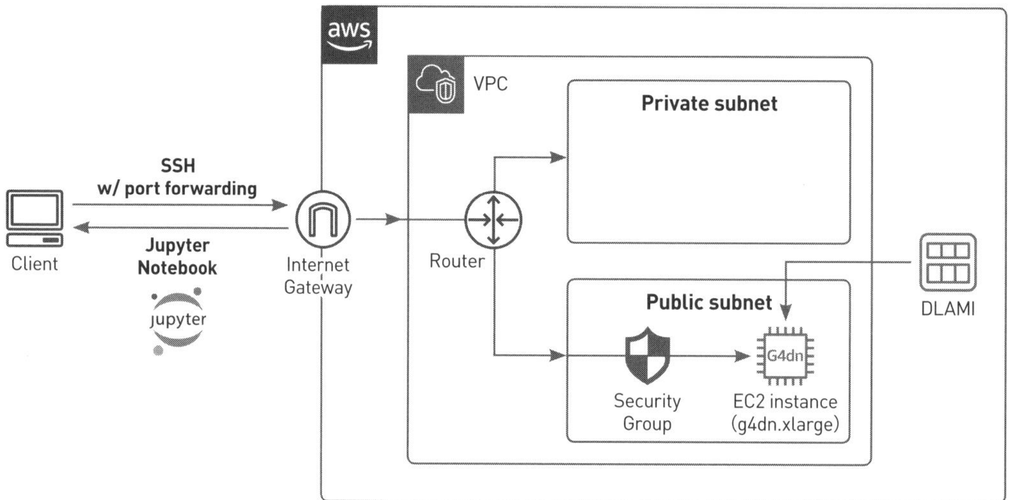

Figure 5-3. ハンズオン#2で作製するアプリケーションのアーキテクチャ

図の多くの部分が, 第一回ハンズオンで作成したアプリケーションと共通していることに気がつくだろう. 少しの変更で, 簡単にディープラーニングを走らせる環境を構築することができるのである！主な変更点は次の３点である.

- GPUを搭載した **g4dn.xlarge** インスタンスタイプを使用
- ディープラーニングに使うプログラムがあらかじめインストールされた DLAMI（後述）を使用
- SSHにポートフォワーディングのオプションつけてサーバーに接続し, サーバーで起動している Jupyter Notebook（後述）を使ってプログラムを書いたり実行したりする

ハンズオンで使用するプログラムのコードをみてみよう（handson/mnist/app.py）※8. コードは第一回目とほとんど共通である. 変更点のみ解説を行う.

※8 https://github.com/tomomano/learn-aws-by-coding-source-code/blob/main/handson/mnist/app.py

```
class Ec2ForDl(core.Stack):

    def __init__(self, scope: core.App, name: str, key_name: str, **kwargs) -> None:
        super().__init__(scope, name, **kwargs)

        vpc = ec2.Vpc(
            self, "Ec2ForDl-Vpc",
            max_azs=1,
            cidr="10.10.0.0/23",
            subnet_configuration=[
                ec2.SubnetConfiguration(
                    name="public",
                    subnet_type=ec2.SubnetType.PUBLIC,
                )
            ],
            nat_gateways=0,
        )

        sg = ec2.SecurityGroup(
            self, "Ec2ForDl-Sg",
            vpc=vpc,
            allow_all_outbound=True,
        )
        sg.add_ingress_rule(
            peer=ec2.Peer.any_ipv4(),
            connection=ec2.Port.tcp(22),
        )

        host = ec2.Instance(
            self, "Ec2ForDl-Instance",
            instance_type=ec2.InstanceType("g4dn.xlarge"), ❶
            machine_image=ec2.MachineImage.generic_linux({
                "us-east-1": "ami-060f07284bb6f9faf",
                "ap-northeast-1": "ami-09c0c16fc46a29ed9"
            }), ❷
            vpc=vpc,
            vpc_subnets=ec2.SubnetSelection(subnet_type=ec2.SubnetType.PUBLIC),
            security_group=sg,
            key_name=key_name
        )
```

❶ここで，**g4dn.xlarge** インスタンスタイプを選択している（第一回では，CPU のみの **t2.micro** だった）．**g4dn.xlarge** のインスタンスタイプは，Chapter5-2 ですでに触れたとおり，**NVIDIA T4** と呼ばれる廉価版モデルの GPU を搭載したインスタンスである．CPU は 4 core，メインメモリーは 16GB が割り当てられている．

❷ここでは，Deep Learning 用の諸々のソフトウェアがプリンストールされたAMI (Deep Learning Amazon Machine Image; DLAMI)※9 を選択している (第一回では，Amazon Linux というAMIを使用していた)．使用する AMI のIDは リージョンごとに指定する必要があり，ここでは **us-east-1** と **ap-northeast-1** でそれぞれ定義している．

DLAMI という新しい概念が出てきたので，説明しよう．

AMI が **us-east-1** と **ap-northeast-1** でしか定義されていないので，提供されているコードはこの二つのリージョンのみでデプロイ可能である．もしほかのリージョンを利用したい場合は，AMI の ID を自身で検索し，コードに書き込む必要がある．

5-4-1 DLAMI(Deep Learning Amazon Machine Image)

AMI (Amazon Machine Image) とは，大まかには OS (Operating System) に相当する概念である．当然のことながら，OS がなければコンピュータはなにもできないので，EC2 インスタンスを起動するときには必ずなにかの OS を"インストール"する必要がある．EC2 が起動したときにロードされる OS に相当するものが，AMI である．AMI には，たとえば Ubuntu※10 などの Linux 系 OS に加えて，Windows Server を選択することもできる．また，EC2 での使用に最適化された Amazon Linux※11 という AMI も提供されている．

しかしながら，AMI を単なる OS と理解するのは過剰な単純化である．AMI には，ベースとなる (空っぽの) OS を選択することもできるが，それに加えて，各種のプログラムがインストール済みの AMI も定義することができる．必要なプログラムがインストールされている AMI を見つけることができれば，自身でインストールを行ったり環境設定したりする手間が大幅に省ける．具体例を挙げると，ハンズオン第一回では EC2 インスタンスに Python 3.6 をインストールする例を示したが，そのような操作をインスタンスが起動するたびに行うのは手間である！

AMI は，AWS 公式のものに加えて，サードパーティから提供されているものもある．また，自分自身の AMI を作って登録することも可能である※12．AMI は EC2 のコンソールから検索することが可能である．

※9 https://docs.aws.amazon.com/dlami/latest/devguide/what-is-dlami.html
※10 https://ubuntu.com/ ※11 https://aws.amazon.com/amazon-linux-ami/
※12 https://docs.aws.amazon.com/AWSEC2/latest/UserGuide/creating-an-ami-instance-store.html

あるいは，AWS CLI を使って，次のコマンドでリストを取得することができる[※13]．

```
$ aws ec2 describe-images --owners amazon
```

ディープラーニングで頻繁に使われるプログラムがあらかじめインストールしてあるAMIが，**DLAMI (Deep Learning AMI)**[※14] である．DLAMI には **TensorFlow**, **PyTorch** などの人気の高いディープラーニングのフレームワーク・ライブラリがすでにインストールされているため，EC2 インスタンスを起動してすぐさまディープラーニングの計算を実行できる．

本ハンズオンでは，Amazon Linux 2 をベースにした DLAMI を使用する（AMI ID = ami-09c0c16fc46a29ed9）．AWS CLI を使って，このAMIの詳細情報を取得してみよう．

```
$ aws ec2 describe-images --owners amazon --image-ids "ami-09c0c16fc46a29ed9"
```

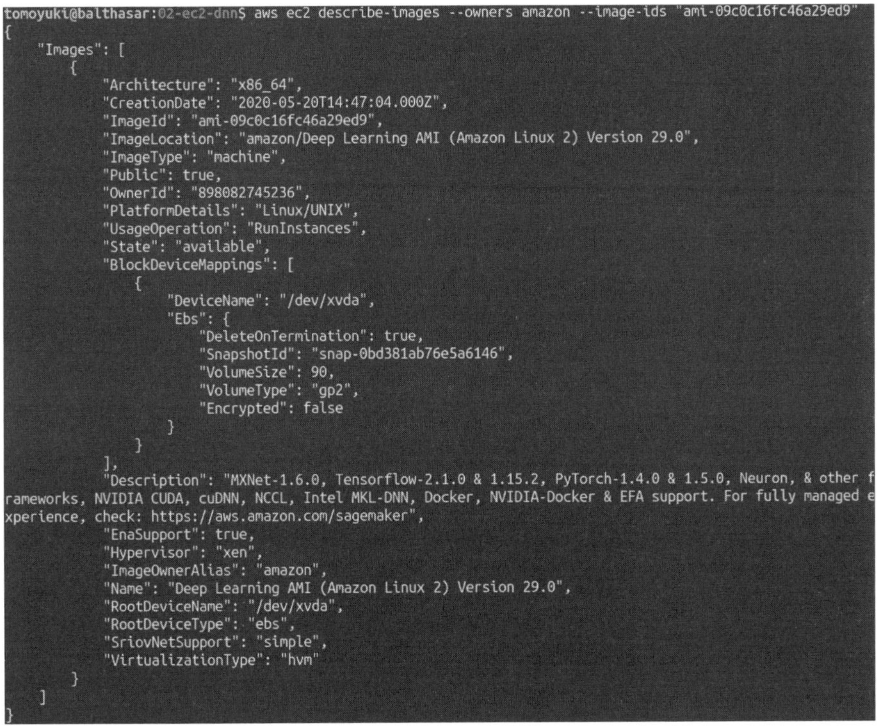

```
tomoyuki@balthasar:02-ec2-dnn$ aws ec2 describe-images --owners amazon --image-ids "ami-09c0c16fc46a29ed9"
{
    "Images": [
        {
            "Architecture": "x86_64",
            "CreationDate": "2020-05-20T14:47:04.000Z",
            "ImageId": "ami-09c0c16fc46a29ed9",
            "ImageLocation": "amazon/Deep Learning AMI (Amazon Linux 2) Version 29.0",
            "ImageType": "machine",
            "Public": true,
            "OwnerId": "898082745236",
            "PlatformDetails": "Linux/UNIX",
            "UsageOperation": "RunInstances",
            "State": "available",
            "BlockDeviceMappings": [
                {
                    "DeviceName": "/dev/xvda",
                    "Ebs": {
                        "DeleteOnTermination": true,
                        "SnapshotId": "snap-0bd381ab76e5a6146",
                        "VolumeSize": 90,
                        "VolumeType": "gp2",
                        "Encrypted": false
                    }
                }
            ],
            "Description": "MXNet-1.6.0, Tensorflow-2.1.0 & 1.15.2, PyTorch-1.4.0 & 1.5.0, Neuron, & other f
rameworks, NVIDIA CUDA, cuDNN, NCCL, Intel MKL-DNN, Docker, NVIDIA-Docker & EFA support. For fully managed e
xperience, check: https://aws.amazon.com/sagemaker",
            "EnaSupport": true,
            "Hypervisor": "xen",
            "ImageOwnerAlias": "amazon",
            "Name": "Deep Learning AMI (Amazon Linux 2) Version 29.0",
            "RootDeviceName": "/dev/xvda",
            "RootDeviceType": "ebs",
            "SriovNetSupport": "simple",
            "VirtualizationType": "hvm"
        }
    ]
}
```

Figure 5-4. AMI ID = ami-09c0c16fc46a29ed9 の詳細情報

※13 https://docs.aws.amazon.com/AWSEC2/latest/UserGuide/finding-an-ami.html
※14 https://docs.aws.amazon.com/dlami/latest/devguide/what-is-dlami.html

Figure 5-4 のような出力が得られるはずである．得られた出力から，この DLAMI には PyTorch のバージョン1.4.0 と 1.5.0 がインストールされていることがわかる．このDLAMIを使って，早速ディープラーニングの計算を実行してみよう．

DLAMIには具体的には何がインストールされているのだろうか？興味のある読者のために，簡単な解説をしよう（参考：公式ドキュメンテーション "What Is the AWS Deep Learning AMI?"）※15．

最も low-level なレイヤーとしては，GPU ドライバー がインストールされている．GPU ドライバーなしには OS は GPU とコマンドのやり取りをすることができない．次のレイヤーが CUDA ※16と cuDNN※17 である．CUDA は，NVIDIA 社が開発した，GPU 上で汎用コンピューティングを行うための言語であり，C++ 言語を拡張したシンタックスを備える．cuDNN は CUDA で書かれたディープラーニングのライブラリであり，n次元の畳み込みなどの演算が実装されている．ここまでが，"Base" とよばれるタイプの DLAMI の中身である．

これに加えて，"Conda" とよばれるタイプには，"Base" のプログラム基盤の上に，**TensorFlow** や **PyTorch** などのライブラリがインストールされている．さらに，Anaconda※18 による仮想環境を使うことによって，**TensorFlow** の環境・**PyTorch** の環境・**MxNet** の環境など，フレームワークを簡単に切り替えることができる（これについては，後のハンズオンで触れる）．また，Jupyter Notebook もインストール済みである．

※15 https://docs.aws.amazon.com/dlami/latest/devguide/what-is-dlami.html
※16 https://developer.nvidia.com/about-cuda
※17 https://developer.nvidia.com/cudnn
※18 https://docs.conda.io/projects/conda/en/latest/index.html

Chapter 5-5

スタックのデプロイ

スタックの中身が理解できたところで，早速スタックをデプロイしてみよう．デプロイの手順は，ハンズオン1とほとんど共通である． ここでは，コマンドのみ列挙する(# で始まる行はコメントである)． それぞれのコマンドの意味を忘れてしまった場合は，ハンズオン1に戻って復習していただきたい． シークレットキーの設定も忘れずに(A-4)．

```
# プロジェクトのディレクトリに移動
$ cd handson/mnist

# venv を作成し，依存ライブラリのインストールを行う
$ python3 -m venv .env
$ source .env/bin/activate
$ pip install -r requirements.txt

# SSH鍵を生成
$ export KEY_NAME="HirakeGoma"
$ aws ec2 create-key-pair --key-name ${KEY_NAME} --query 'KeyMaterial' --output text > ${KEY_
NAME}.pem
$ mv HirakeGoma.pem ~/.ssh/
$ chmod 400 ~/.ssh/HirakeGoma.pem

# デプロイを実行
$ cdk deploy -c key_name="HirakeGoma"
```

ハンズオン1で作成したSSH 鍵の削除を行わなかった場合は，SSH 鍵を改めて作成する必要はない． 逆に言うと，同じ名前のSSHがすでに存在する場合は，鍵生成のコマンドはエラーを出力する．

デプロイのコマンドが無事に実行されれば，**Figure 5-5** のような出力が得られるはずである．AWSにより割り振られたIPアドレス(**InstancePublicIp** に続く文字列)をメモしておこう．

```
✔  Ec2ForDl

Outputs:
Ec2ForDl.InstancePublicIp = 52.192.211.12
Ec2ForDl.InstancePublicDnsName = ec2-52-192-211-12.ap-northeast-1.compute.amazonaws.com

Stack ARN:
arn:aws:cloudformation:ap-northeast-1:606887060834:stack/Ec2ForDl/dd8361d0-
```

Figure 5-5.
CDKデプロイ実行後の出力

Chapter 5-6

ログイン

早速，デプロイしたインスタンスにSSHでログインしてみよう．ここでは，この後で使う Jupyter Notebook に接続するため，**ポートフォワーディング** (port forwarding) のオプション (**-L**) をつけてログインする．

```
$ ssh -i ~/.ssh/HirakeGoma.pem -L localhost:8931:localhost:8888 ec2-user@<IP address>
```

ポートフォワーディングとは，クライアントマシンの特定のアドレスへの接続を，SSH の暗号化された通信を介して，リモートマシンの特定のアドレスへ転送する，という意味である．このコマンドの **-L localhost:8931:localhost:8888** は，自分のローカルマシンの **localhost:8931** へのアクセスを，リモートサーバーの **localhost:8888** のアドレスに転送せよ，という意味である (**:** につづく数字はTCP/IPポートの番号を意味している)．リモートサーバーのポート8888には，後述する Jupyter Notebook が起動している．したがって，ローカルマシンの **localhost:8931** にアクセスすることで，リモートサーバーの Jupyter Notebook にアクセスすることができるのである (**Figure 5-6**)．このようなSSHによる接続方式を**トンネル接続**とよぶ．

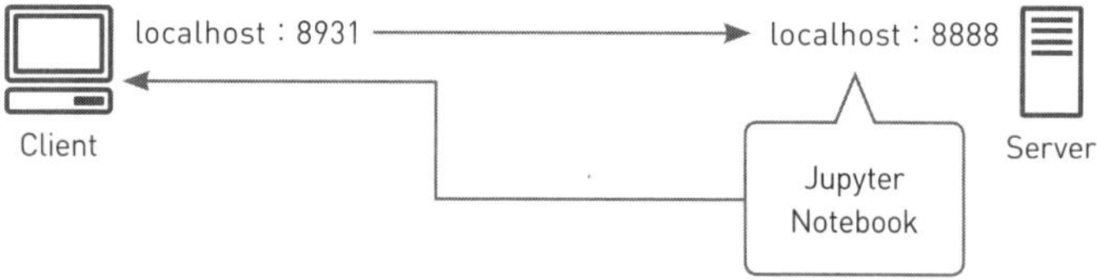

Figure 5-6. SSH のポートフォワーディングによる Jupyter Notebook へのアクセス

> ポートフォワーディングのオプションで，ポートの番号 (**:8931**, **:8888** など) には1から65535までの任意の整数を指定できる．しかし，たとえば ポート 22 (SSH) やポート 80 (HTTP) など，いくつかすでに使われているポート番号もあることに注意する．また，Jupyter Notebook はデフォルトではポート8888番を使用する．したがって，リモート側のポート番号は，8888を使うのがよい．

SSH ログインコマンドの **<IP address>** 部分は自身のインスタンスのIPアドレスを代入することを忘れずに.

本書の提供している Docker を使ってデプロイを実行した人へ

SSH によるログインは, **Docker の外**(すなわちクライアントマシン本体)から行わなければならない. なぜなら, Jupyter を開くウェブブラウザは Docker の外にあるからである.

そのとき, 秘密鍵を Docker の外にもってこなければならない. 手っ取り早い方法は, **cat ~/.ssh/HirakeGoma** と打って, 出力結果をコピーしてホストマシンのファイルに書き込む方法である. あるいは **-v** オプションをつけて, ファイルシステムをマウントしてもよい(詳しくは Docker 公式ドキュメンテーション "Use volumes"※19 を参照).

SSHによるログインができたら, 早速, **g4dn.xlarge** インスタンスから GPU の状態を確認してみよう. 次のコマンドを実行する.

```
$ nvidia-smi
```

Figure 5-7 のような出力が得られるはずである. 出力を見ると, Tesla T4 型のGPUが1台搭載されていることが確認できる. その他, CUDA のバージョン, GPU の負荷・メモリー使用率などの情報を確認できる.

```
[ec2-user@ip-10-10-1-172 ~]$ nvidia-smi
Sat Jun 13 04:55:22 2020
+-----------------------------------------------------------------------------+
| NVIDIA-SMI 440.33.01    Driver Version: 440.33.01    CUDA Version: 10.2     |
|-------------------------------+----------------------+----------------------+
| GPU  Name        Persistence-M| Bus-Id        Disp.A | Volatile Uncorr. ECC |
| Fan  Temp  Perf  Pwr:Usage/Cap|         Memory-Usage | GPU-Util  Compute M. |
|===============================+======================+======================|
|   0  Tesla T4            On   | 00000000:00:1E.0 Off |                    0 |
| N/A   31C    P8    11W /  70W |      0MiB / 15109MiB |      0%      Default |
+-------------------------------+----------------------+----------------------+

+-----------------------------------------------------------------------------+
| Processes:                                                       GPU Memory |
|  GPU       PID   Type   Process name                             Usage      |
|=============================================================================|
|  No running processes found                                                 |
+-----------------------------------------------------------------------------+
```

Figure 5-7. nvidia-smi の出力

※19 https://docs.docker.com/storage/volumes/

Chapter 5-7

Jupyter Notebook の起動

Jupyter Notebook※20 とは，インタラクティブに Python のプログラムを書いたり実行したりするためのツールである．Jupyter は GUI としてウェブブラウザを介してアクセスする形式をとっており，まるでノートを書くように，プロットやテーブルのデータも美しく表示することができる（**Figure 5-8**）．Python に慣れている読者は，きっと一度は使ったことがあるだろう．

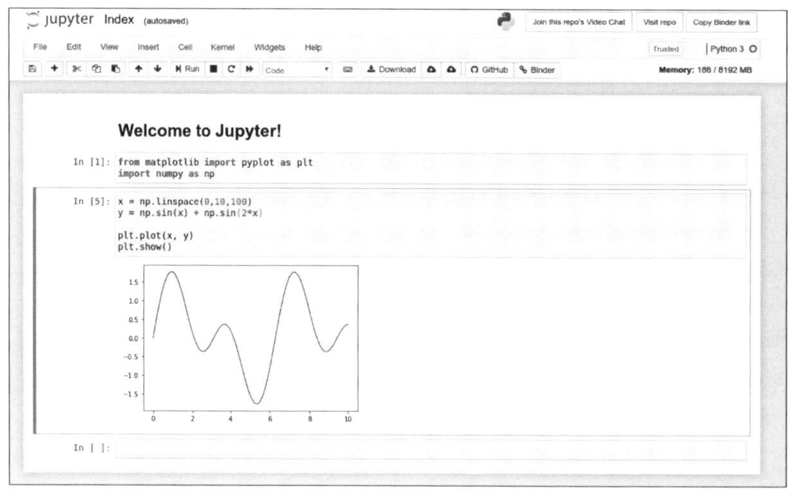

Figure 5-8.
Jupyter Notebook の画面

このハンズオンでは，Jupyter Notebook を使ってディープラーニングのプログラムをインタラクティブに実行していく．DLAMI にはすでに Jupyter がインストールされているので，特段の設定なしに使い始めることができる．

早速，Jupyter を起動しよう．SSHでログインした先の EC2 インスタンスで，次のコマンドを実行すればよい．

```
$ cd ~ # go to home directory
$ jupyter notebook
```

※20　https://jupyter.org/

このコマンドを実行すると，**Figure 5-9** のような出力が確認できるだろう． この出力から，Jupyter のサーバーが EC2 インスタンスの **localhost:8888** というアドレスに起動していることがわかる． また，**localhost:8888** に続く **?token=XXXX** は，アクセスに使うための一時的なトークンである．

```
[I 06:01:10.466 NotebookApp] The Jupyter Notebook is running at:
[I 06:01:10.466 NotebookApp] http://localhost:8888/?token=537fee42934a7db9d0540024260d305b08bb0bf9fc41c5a7
[I 06:01:10.466 NotebookApp]  or http://127.0.0.1:8888/?token=537fee42934a7db9d0540024260d305b08bb0bf9fc41c5a7
[I 06:01:10.466 NotebookApp] Use Control-C to stop this server and shut down all kernels (twice to skip confirmation).
[W 06:01:10.469 NotebookApp] No web browser found: could not locate runnable browser.
[C 06:01:10.469 NotebookApp]

    To access the notebook, open this file in a browser:
        file:///home/ec2-user/.local/share/jupyter/runtime/nbserver-11720-open.html
    Or copy and paste one of these URLs:
        http://localhost:8888/?token=537fee42934a7db9d0540024260d305b08bb0bf9fc41c5a7
     or http://127.0.0.1:8888/?token=537fee42934a7db9d0540024260d305b08bb0bf9fc41c5a7
```

Figure 5-9. Jupyter Notebook サーバーを起動

Jupyter Notebook を初回に起動するときは，起動に数分程度の時間がかかることがある． ほかの動作も起動直後は遅く，いくつかプログラムを走らせていくうちに俊敏に反応するようになってくる． これは，AWS の GPU 搭載型仮想マシンの運用方法に起因する現象だと考えられる．

先ほど，ポートフォワーディングのオプションをつけて SSH 接続をしているので，Jupyter の起動している **localhost:8888** には，ローカルマシンの **localhost:8931** からアクセスすることができる．

したがって，ローカルマシンから Jupyter にアクセスするには，ウェブブラウザ（Chrome, FireFox など）から次のアドレスにアクセスすればよい．

```
http://localhost:8931/?token=XXXX
```

?token=XXXX の部分は，上で Jupyter を起動したときに発行されたトークンの値に置き換える．

上記のアドレスにアクセスすると，Jupyter のホーム画面が起動するはずである（**Figure 5-10**）． これで，Jupyter の準備が整った！

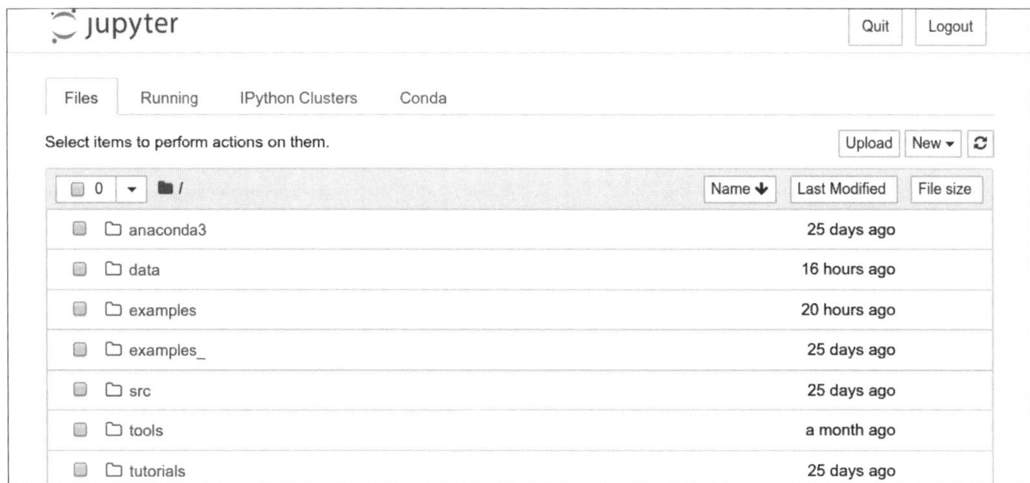

Figure 5-10. Jupyter ホーム画面

Jupyter Notebook の使い方(超簡易版)

- **Shift + Enter**: セルを実行
- **Esc**: **Command mode** に遷移
- メニューバーの "+" ボタン または Command mode で **A** ⇒ セルを追加
- メニューバーの "ハサミ" ボタン または Command mode で **X** ⇒ セルを削除
- ショートカットの一覧などは Ventsislav Yordanov 氏によるブログ※21 が参考になる

※21 https://towardsdatascience.com/jypyter-notebook-shortcuts-bf0101a98330

Chapter 5-8

PyTorchはじめの一歩

PyTorch※22 は Facebook AI Research LAB (FAIR) が中心となって開発を進めている，オープンソースのディープラーニングのライブラリである．PyTorch は 有名な例で言えば Tesla 社の自動運転プロジェクトなどで使用されており，執筆時点において最も人気の高いディープラーニングライブラリの一つである．本ハンズオンでは，PyTorch を使ってディープラーニングの実践を行う．

5-8

PyTorch の歴史のお話

Facebook は PyTorch のほかに Caffe2 とよばれるディープラーニングのフレームワークを開発していた（初代Caffe は UC Berkley の博士課程学生だった Yangqing Jia によって創られた）．Caffe2 は 2018年に PyTorch プロジェクトに合併された．

また，2019年12月，日本の Preferred Networks 社が開発していた Chainer※23 も開発を終了し，PyTorchの開発チームと協業していくことが発表された（詳しくはプレスリリースを参照）※24．PyTorch には，開発統合前から Chainer からインスパイアされた API がいくつもあり，Chainer の DNA は今も PyTorch に引き継がれているのである…!

本格的なディープラーニングの計算に移る前に，PyTorch ライブラリを使って，GPU で計算を行うとはどういうものか，その入り口に触れてみよう．

まずは，新しいノートブックを作成する．Jupyterのホーム画面の右上の "New" を押し，"conda_pytorch_p36" という環境を選択したうえで，新規ノートブックを作成する（**Figure 5-11**）．"conda_pytorch_p36" の仮想環境には，PyTorch がインストール済みである．

※22 https://pytorch.org/
※23 https://chainer.org/
※24 https://chainer.org/announcement/2019/12/05/released-v7-ja.html

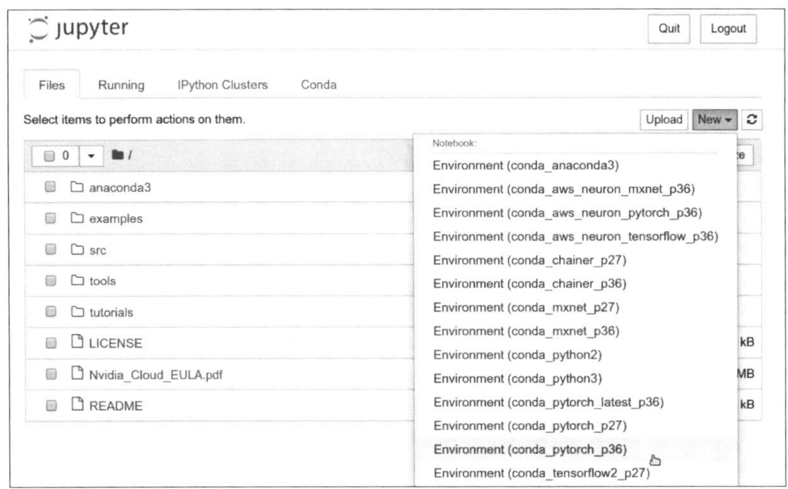

Figure 5-11. 新規ノートブックの作成．"conda_pytorch_p36"の環境を選択する．

ここでは，次のようなプログラムを書いて，実行していく（**Figure 5-12**）．

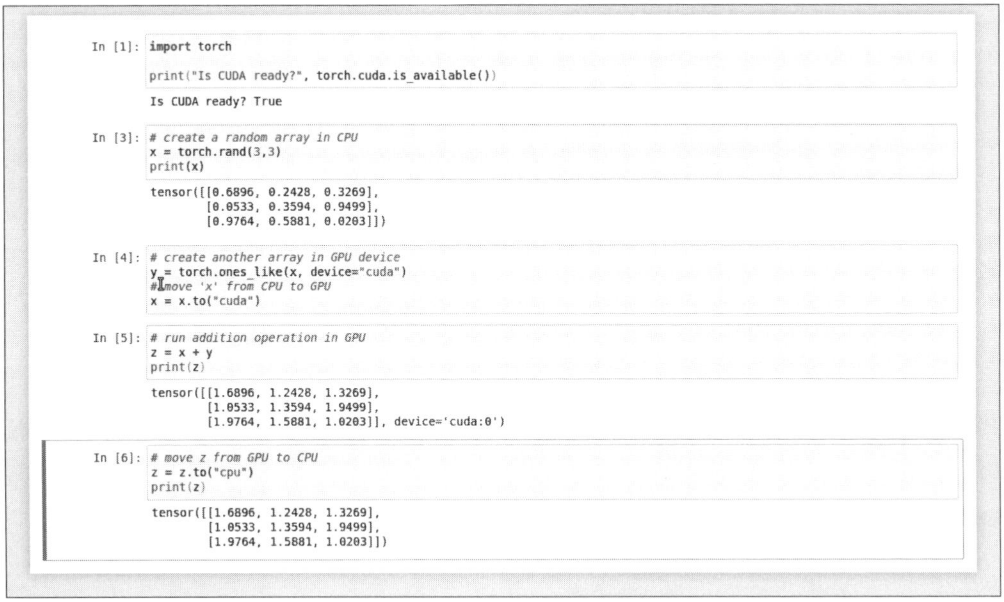

```
In [1]: import torch

        print("Is CUDA ready?", torch.cuda.is_available())

        Is CUDA ready? True

In [3]: # create a random array in CPU
        x = torch.rand(3,3)
        print(x)

        tensor([[0.6896, 0.2428, 0.3269],
                [0.0533, 0.3594, 0.9499],
                [0.9764, 0.5881, 0.0203]])

In [4]: # create another array in GPU device
        y = torch.ones_like(x, device="cuda")
        #move 'x' from CPU to GPU
        x = x.to("cuda")

In [5]: # run addition operation in GPU
        z = x + y
        print(z)

        tensor([[1.6896, 1.2428, 1.3269],
                [1.0533, 1.3594, 1.9499],
                [1.9764, 1.5881, 1.0203]], device='cuda:0')

In [6]: # move z from GPU to CPU
        z = z.to("cpu")
        print(z)

        tensor([[1.6896, 1.2428, 1.3269],
                [1.0533, 1.3594, 1.9499],
                [1.9764, 1.5881, 1.0203]])
```

Figure 5-12. PyTorch始めの一歩

まずは，PyTorchをインポートする．さらに，GPUが使える環境にあるか，確認する．

```
import torch
print("Is CUDA ready?", torch.cuda.is_available())
```

出力

```
Is CUDA ready? True
```

次に，3x3 のランダムな行列を **CPU 上に**作ってみよう.

```
x = torch.rand(3,3)
print(x)
```

出力

```
tensor([[0.6896, 0.2428, 0.3269],
        [0.0533, 0.3594, 0.9499],
        [0.9764, 0.5881, 0.0203]])
```

次に，行列を **GPU 上に**作成する.

```
y = torch.ones_like(x, device="cuda")
x = x.to("cuda")
```

そして，行列 x と y の加算を，**GPU上で**実行する.

```
z = x + y
print(z)
```

出力

```
tensor([[1.6896, 1.2428, 1.3269],
        [1.0533, 1.3594, 1.9499],
        [1.9764, 1.5881, 1.0203]], device='cuda:0')
```

最後に，GPU 上にある行列を，CPU に戻す.

```
z = z.to("cpu")
print(z)
```

出力

```
tensor([[1.6896, 1.2428, 1.3269],
        [1.0533, 1.3594, 1.9499],
        [1.9764, 1.5881, 1.0203]])
```

以上の例は，GPUを使った計算の初歩の初歩であるが，雰囲気はつかめただろうか？CPUとGPUで明示的にデータを交換するのが肝である．この例はたった3x3の行列の足し算なので，GPUを使う意味はまったくないが，これが数千，数万のサイズの行列になったとき，GPUは格段の威力を発揮する．

完成したJupyter Notebookはhandson/mnist/pytorch/pytorch_get_started.ipynb※25にある．Jupyterの画面右上の"Upload"からこのファイルをアップロードして，コードを走らせることが可能である．

しなしながら，勉強のときにはコードはすべて自分の手で打つことが，記憶に残りやすくより効果的である，というのが筆者の意見である．

実際にベンチマークを取ることでGPUとCPUの速度を比較をしてみよう．実行時間を計測するツールとして，Jupyterの提供する%time※26マジックコマンドを利用する．

まずはCPUを使用して，10000x10000の行列の行列積を計算した場合の速度を測ってみよう．先ほどのノートブックの続きに，次のコードを実行する．

```
s = 10000
device = "cpu"
x = torch.rand(s, s, device=device, dtype=torch.float32)
y = torch.rand(s, s, device=device, dtype=torch.float32)

%time z = torch.matmul(x,y)
```

出力は以下のようなものが得られるだろう．これは，行列積の計算に実時間で5.8秒かかったことを意味する（実行のたびに計測される時間はばらつくことに留意）．

```
CPU times: user 11.5 s, sys: 140 ms, total: 11.6 s
Wall time: 5.8 s
```

次に，GPUを使用して，同じ演算を行った場合の速度を計測しよう．

```
s = 10000
device = "cuda"
```

※25 https://github.com/tomomano/learn-aws-by-coding-source-code/blob/main/handson/mnist/pytorch/pytorch_get_started.ipynb
※26 https://ipython.readthedocs.io/en/stable/interactive/magics.html

```
x = torch.rand(s, s, device=device, dtype=torch.float32)
y = torch.rand(s, s, device=device, dtype=torch.float32)
torch.cuda.synchronize()

%time z = torch.matmul(x,y); torch.cuda.synchronize()
```

出力は以下のようなものになるだろう．GPU では 553ミリ秒 で計算を終えることができた！

```
CPU times: user 334 ms, sys: 220 ms, total: 554 ms
Wall time: 553 ms
```

> PyTorch において，GPU での演算は asynchronous（非同期）で実行される．その理由で，上のベンチマークコードでは，**torch.cuda.synchronize ()** というステートメントを埋め込んである．

> このベンチマークでは，**dtype=torch.float32** と指定することで，32bitの浮動小数点型を用いている．ディープラーニングの学習および推論の計算には，32bit型，場合によっては16bit型が使われるのが一般的である．これの主な理由として，教師データやミニバッチに起因するノイズが，浮動小数点の精度よりも大きいことがあげられる．32bit/16bit を採用することで，メモリー消費を抑えたり，計算速度の向上が達成できる．

上記のベンチマークから，GPUを用いることで，**約10倍のスピードアップ**を実現することができた．スピードアップの性能は，演算の種類や行列のサイズに依存する．行列積は，そのなかでも最も速度向上が見込まれる演算の一つである．

Chapter 5-9

実践ディープラーニング！MNIST手書き数字認識タスク

ここまで，AWS上でディープラーニングの計算をするための概念や前提知識をながながと説明してきたが，ついにここからディープラーニングの計算を実際に走らせてみる．

ここでは，機械学習のタスクで最も初歩的かつ有名な **MNIST データセットを使った数字認識**を扱う（**Figure 5-13**）．これは，0から9までの手書きの数字の画像が与えられ，その数字が何の数字なのかを当てる，というシンプルなタスクである．

Figure 5-13.
MNIST 手書き数字データセット

今回は，MNIST 文字認識タスクを，**畳み込みニューラルネットワーク（Convolutional Neural Network; CNN）**を使って解く．ソースコードは /handson/minist/pytorch/※27 にある mnist.ipynb と simple_mnist.py である．なお，このプログラムは，PyTorch の公式 Example Project 集※28 を参考に，多少の改変を行ったものである．

※27 https://github.com/tomomano/learn-aws-by-coding-source-code/tree/main/handson/mnist/pytorch
※28 https://github.com/pytorch/examples/tree/master/mnist

まずは，カスタムのクラスや関数が定義された **simple_mnist.py** をアップロードしよう（**Figure 5-14**）．画面右上の "Upload" ボタンをクリックし，ファイルを選択することでアップロードができる．この Python プログラムの中に，CNN のモデルや，学習の各イテレーションにおけるパラメータの更新などが記述されている．今回はこの中身を説明することはしないが，興味のある読者は自身でソースコードを読んでみるとよい．

Figure 5-14. simple_mnist.py をアップロード

simple_mnist.py をアップロードできたら，次に新しい notebook を作成しよう．"conda_pytorch_p36" の環境を選択することを忘れずに．

新しいノートブックが起動したら，まずは必要なライブラリをインポートしよう．

```
import torch
import torch.optim as optim
import torchvision
from torchvision import datasets, transforms
from matplotlib import pyplot as plt

# custom functions and classes
from simple_mnist import Model, train, evaluate
```

torchvision[※29] パッケージには，MNIST データセットをロードするなどの便利な関数が含まれている．また，今回のハンズオンで使うカスタムのクラス・関数（**Model**, **train**, **evaluate**）のインポートを行っている．

※29　https://pytorch.org/docs/stable/torchvision/index.html

次に，MNIST テストデータをダウンロードしよう．同時に，画像データの輝度の正規化も行っている．

```
transf = transforms.Compose([transforms.ToTensor(),
                             transforms.Normalize((0.1307,), (0.3081,))])

trainset = datasets.MNIST(root='./data', train=True, download=True, transform=transf)
trainloader = torch.utils.data.DataLoader(trainset, batch_size=64, shuffle=True)

testset = datasets.MNIST(root='./data', train=False, download=True, transform=transf)
testloader = torch.utils.data.DataLoader(testset, batch_size=1000, shuffle=True)
```

今回扱う MNIST データは 28x28 ピクセルの正方形の画像（モノクロ）と，それぞれのラベル（0 - 9 の数字）の組で構成されている．いくつかのデータを抽出して，可視化してみよう．**Figure 5-15** のような出力が得られるはずである．

```
examples = iter(testloader)
example_data, example_targets = examples.next()

print("Example data size:", example_data.shape)

fig = plt.figure(figsize=(10,4))
for i in range(10):
    plt.subplot(2,5,i+1)
    plt.tight_layout()
    plt.imshow(example_data[i][0], cmap='gray', interpolation='none')
    plt.title("Ground Truth: {}".format(example_targets[i]))
    plt.xticks([])
    plt.yticks([])
plt.show()
```

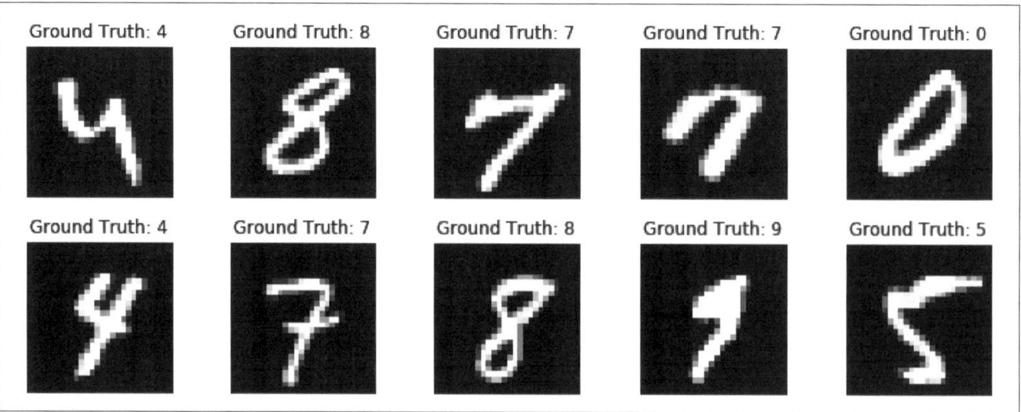

Figure 5-15. MNIST の手書き数字画像とその教師ラベル

次に，CNN のモデルを定義する．

```
model = Model()
model.to("cuda") # load to GPU
```

今回使う **Model** は **simple_mnist.py** の中で定義されている． このモデルは，**Figure 5-16** に示したような，2層の畳み込み層と2層の全結合層からなるネットワークである． 出力層（output layer）には Softmax 関数を使用し，損失関数（Loss function）には負の対数尤度関数（Negative log likelyhood; NLL）を使用している．

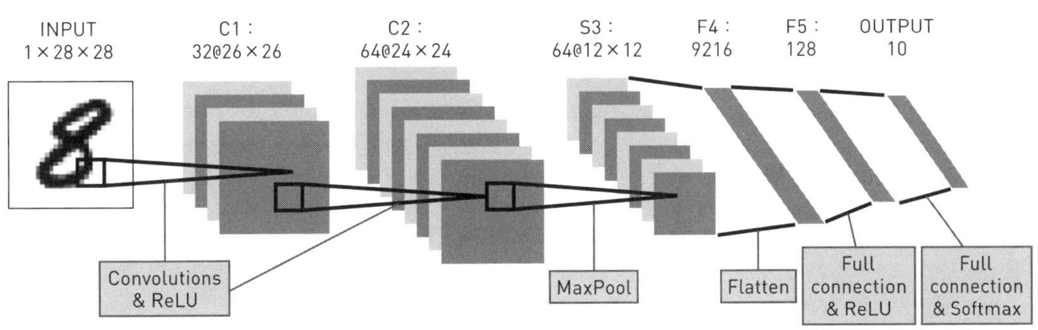

Figure 5-16. 本ハンズオンで使用するニューラルネットの構造．

続いて，CNN のパラメータを更新する最適化アルゴリズムを定義する． ここでは，確率的勾配降下法（Stochastic Gradient Descent; SGD）を使用している．

```
optimizer = optim.SGD(model.parameters(), lr=0.01, momentum=0.5)
```

これで，準備が整った． CNN の学習ループを開始しよう！

```
train_losses = []
for epoch in range(5):
    losses = train(model, trainloader, optimizer, epoch)
    train_losses = train_losses + losses
    test_loss, test_accuracy = evaluate(model, testloader)
    print(f"\nTest set: Average loss: {test_loss:.4f}, Accuracy: {test_accuracy:.1f}%\n")

plt.figure(figsize=(7,5))
plt.plot(train_losses)
plt.xlabel("Iterations")
plt.ylabel("Train loss")
plt.show()
```

ここでは5エポック分の学習を行っている． GPU を使えば，これくらいの計算であれば1分程度で完了するだろう．

出力として，**Figure 5-17** のようなプロットが得られるはずである． イテレーションを重ねるにつれて，損失関数（Loss function）の値が減少している（＝精度が向上している）ことがわかる．

出力にはテキスト形式で各エポック終了後のテストデータに対する精度も表示されている． 最終的には98% 以上の極めて高い精度を実現できていることが確認できるだろう（**Figure 5-18**）．

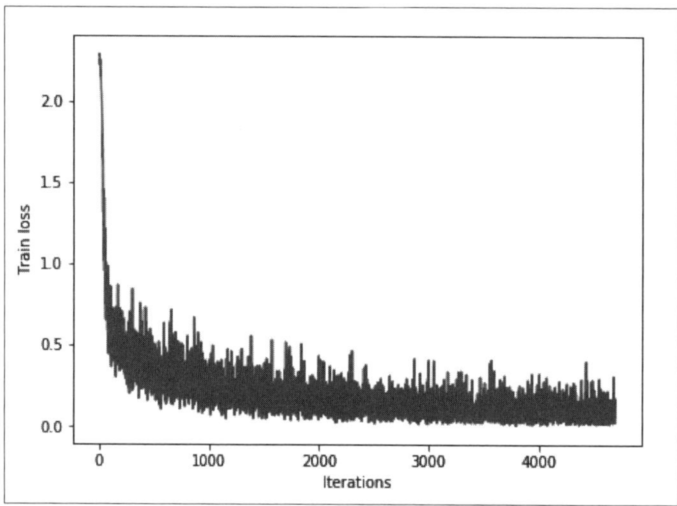

Figure 5-17.
学習の進行に対する Train loss の変化

```
Test set: Average loss: 0.0492, Accuracy: 98.5%
```

Figure 5-18.
学習したCNNのテストデータに対するスコア（5エポック後）

学習した CNN の推論結果を可視化してみよう． 次のコードを実行することで，**Figure 5-19** のような出力が得られるだろう． この図で，下段右から二番目は，"1"に近い見た目をしているが，きちんと"9"と推論できている． なかなか賢い CNN を作り出すことができたようだ！

```
model.eval()

with torch.no_grad():
    output = model(example_data.to("cuda"))

fig = plt.figure(figsize=(10,4))
for i in range(10):
    plt.subplot(2,5,i+1)
```

```
    plt.tight_layout()
    plt.imshow(example_data[i][0], cmap='gray', interpolation='none')
    plt.title("Prediction: {}".format(output.data.max(1, keepdim=True)[1][i].item()))
    plt.xticks([])
    plt.yticks([])
plt.show()
```

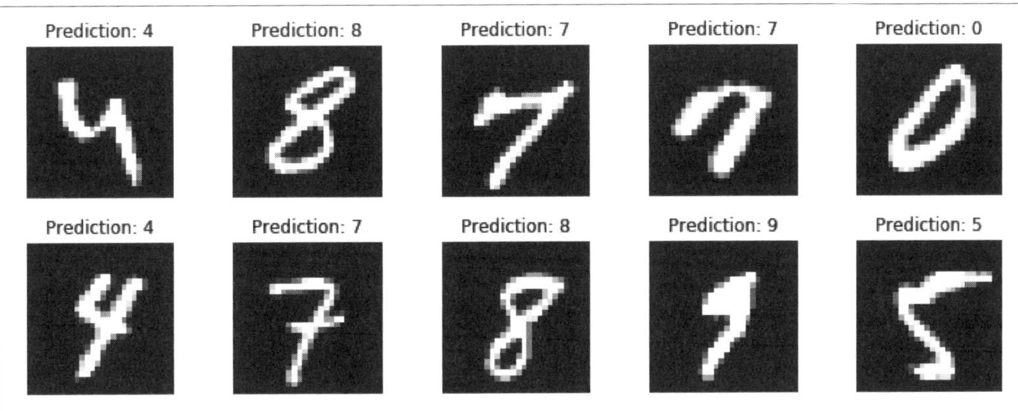

Figure 5-19. 学習したCNNによる，MNIST画像の推論結果

最後に，学習したニューラルネットワークのパラメータを **mnist_cnn.pt** というファイル名で保存しておこう．これで，将来いつでも今回学習したモデルを再現し，別の実験に使用することができる．

```
torch.save(model.state_dict(), "mnist_cnn.pt")
```

以上が，AWS クラウドの仮想サーバーを立ち上げ，最初のディープラーニングの計算を行う一連の流れである．MNIST 文字認識のタスクを行うニューラルネットを，クラウド上の GPU を使って高速に学習させ，現実的な問題を一つ解くことができたのである．興味のある読者は，今回のハンズオンを雛形に，自分の所望の計算を走らせてみるとよいだろう．

5-10

Chapter 5-10 スタックの削除

これにて，ハンズオン第二回の内容はすべて説明した．クラウドの利用料金を最小化するため，使い終わったEC2インスタンスはすぐさま削除しよう．

ハンズオン第一回と同様に，AWS の CloudFormation コンソールか，AWS CLI により削除を実行する（詳細は Chapter 4-4-8 参照）．

```
$ cdk destroy
```

> **スタックの削除は各自で必ず行うこと！** 行わなかった場合，EC2インスタンスの料金が発生し続けることになる！ **g4dn.xlarge は $0.526 / hour** の料金設定なので，一日起動しつづけると約$12の請求が発生することになる！

Column

AWS のバジェットアラート

AWS の初心者が（あるいは経験者も）しばしば陥る失敗が，インスタンスの停止忘れなどで無駄なリソースがクラウドで放置されてしまい，巨大な額の請求が届く，というミスだ．

とくに，開発を行っている間はこのような事態は起こりうるものだと思って，備えておかなければならない．このような事態を未然に防ぐため，AWS Budgets という機能が無料で提供されている．

AWS Budgets を利用することで，月の利用金額がある閾値を超えた場合にユーザーにメールが送信される，などのアラートを設定することができる．詳細な手順は AWS の公式ブログ "Getting Started with AWS Budgets"※30 を参照のこと．

本書の読者も，ぜひこのタイミングでアラートを設定しておくことを推奨する．

※30　https://aws.amazon.com/blogs/aws-cost-management/getting-started-with-aws-budgets/

Chapter 6

Docker 入門

Docker とは，仮想的な計算機環境を作成するためのモダンなツールであり，現在のクラウド開発において中心をなす技術である．
本書では後に Docker を用いることで様々なアプリケーションを開発していく．
その準備として，本章では Docker の導入を行い，その基本的な使い方を練習しよう．

Chapter 6-1
クラウドシステムの構築に向けて

ここまでの章で扱ってきたハンズオンでは，単一のサーバーを立ち上げ，それにSSHでログインをして，コマンドを叩くことで計算を行ってきた．いわば，**パーソナルコンピュータの延長**のような形でクラウドを使ってきたわけである． このような，インターネットのどこからでもアクセスできるパーソナルコンピュータとしてのクラウドという使い方も，もちろん便利であるし，様々な応用の可能性がある． しかし，これだけではクラウドの本当の価値は十分に発揮されていないと言うべきだろう． Chapter 2 で述べたように，現代的なクラウドの一番の強みは自由に計算機の規模を拡大できることにある． すなわち，多数のサーバーを同時に起動し，複数のジョブを分散並列的に実行させることで大量のデータを処理してこそ，クラウドの本領が発揮されるのである．

本章からはじまる3章分（Chapter 6, Chapter 7, Chapter 8）を使って，クラウドを利用することでどのように大規模な計算システムを構築しビッグデータの解析に立ち向かうのか，その片鱗をお見せしたい．とくに，前章で扱った深層学習をどのようにビッグデータに適用していくかという点に焦点を絞って議論していきたい． そのための前準備として，本章では Docker とよばれる計算機環境の仮想化ソフトウェアを紹介する（Figure 6-1）．現代のクラウドは Docker なしには成り立たないといっても過言ではないだろう． クラウドに限らず，ローカルで行う計算処理にも Docker は大変便利である． AWS からは少し話が離れるが，しっかりと理解して前に進んでもらいたい．

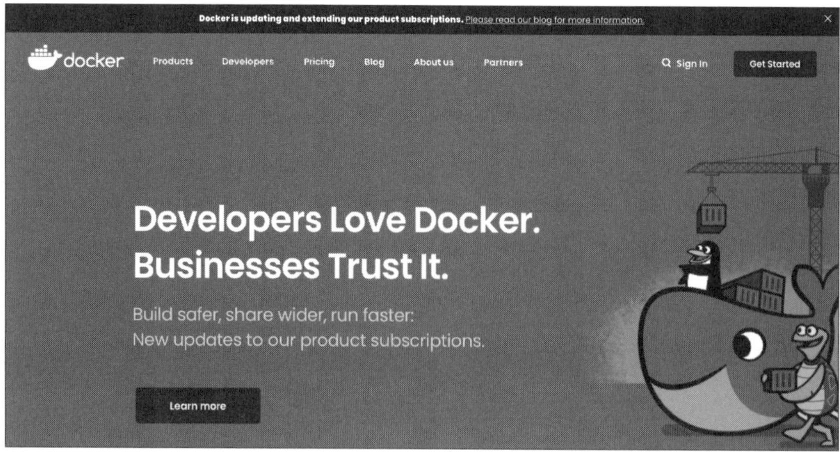

Figure 6-1. Docker のホームページ

Chapter 6-2

機械学習の大規模化

先ほどから"計算システムの大規模化"と繰り返し唱えているが，それは具体的にはどのようなものを指しているのか？ ここでは大規模データを処理するための計算機システムを，機械学習を例にとって見てみよう．

Chapter 5 で紹介した GPT-3※1 のような，超巨大な数のパラメータを有する深層学習モデルを学習させたいとしよう．そのような計算を行いたい場合，一つのサーバーでは計算力が到底足りない．したがって，典型的には **Figure 6-2** に示すような計算システムの設計がなされる．すなわち，大量の教師データを小さなチャンクとして複数のマシンに分散し，並列的にニューラルネットのパラメータを最適化していくという構造である．

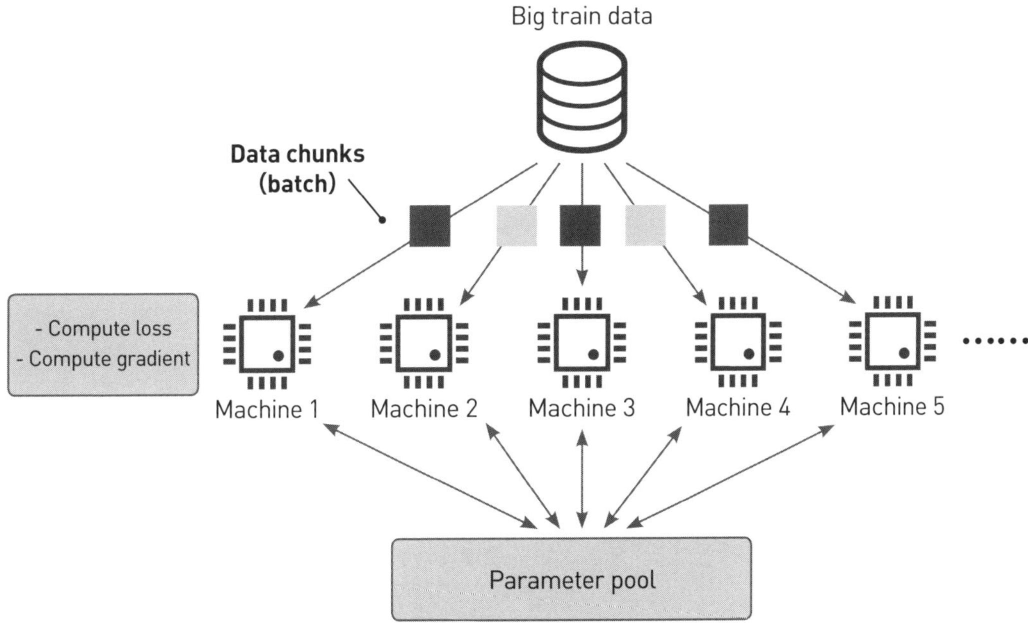

Figure 6-2. 複数の計算機を使った大規模な深層学習モデルの訓練

※1 https://github.com/openai/gpt-3

あるいは，学習済みのモデルを大量のデータに適用し，解析を行いたいとしよう．たとえば，SNS のプラットフォームで大量の画像が与えられて，それぞれの写真に何が写っているのかをラベルづけする，などのアプリケーションを想定できる．そのような場合は，**Figure 6-3** のようなアーキテクチャが考えられるだろう．すなわち，大量のデータを複数のマシンで分割し，それぞれのマシンで推論の計算を行うというような構造である．

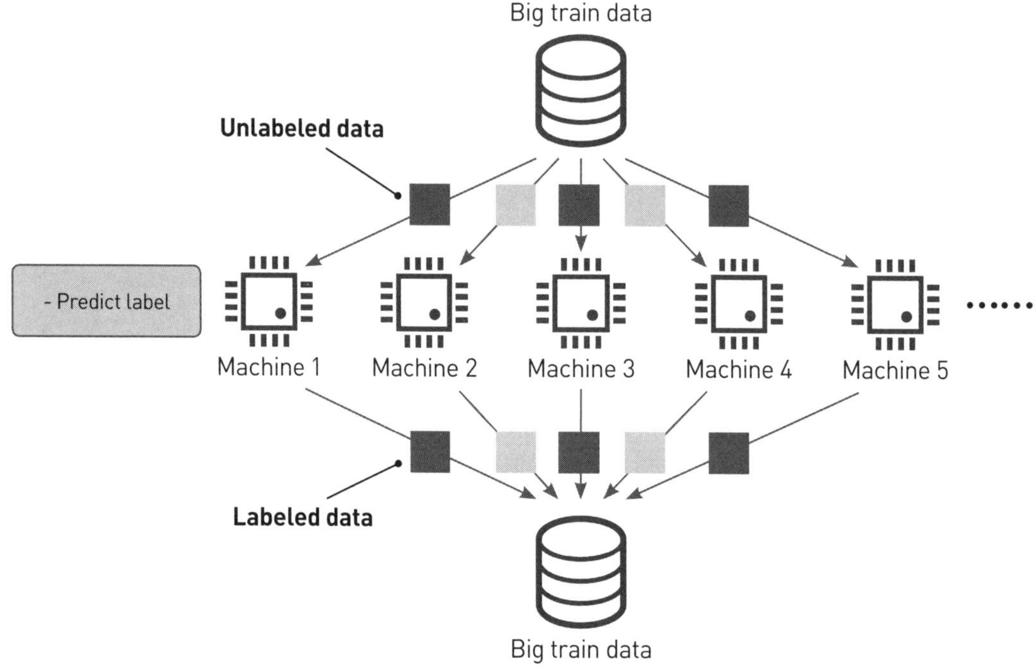

Figure 6-3. 複数の計算機による深層学習モデルを使った推論計算

このような複数の計算機を同時に走らせるようなアプリケーションをクラウド上で実現するには，どのようにすればよいのだろうか？

重要なポイントとして，**Figure 6-2** や **Figure 6-3** で起動している複数のマシンは，**基本的に全く同一のOS・計算環境を有している**点である．ここで，個人のコンピュータで行うようなインストールの操作を，各マシンで行うこともできるが，それは大変な手間であるし，メンテナンスも面倒だろう．すなわち，大規模な計算システムを構築するには，**簡単に計算環境を複製できるような仕組み**が必要であるということがわかる．

そのような目的を実現するために使われるのが，Docker※2 とよばれるソフトウェアである．

※2 https://www.docker.com/

Chapter 6-3

Docker とは

Docker とは，**コンテナ (Container)** とよばれる仮想環境下で，ホストOSとは独立した別の計算環境を走らせるためのソフトウェアである．Docker を使うことで，OS を含めたすべてのプログラムをコンパクトにパッケージングすることが可能になる（パッケージされた一つの計算環境のことを イメージ **(Image)** とよぶ）．Dockerを使うことで，クラウドのサーバー上に瞬時に計算環境を複製することが可能になり，Chapter 6-2で見たような複数の計算機を同時に走らせるためのシステムが実現できる．

Docker は2013年に Solomon Hykes らを中心に開発され，それ以降爆発的に普及し，クラウドコンピューティングだけでなく，機械学習・科学計算の文脈などでも欠かすことのできないソフトウェアとなった．Docker はエンタープライズ向けの製品を除き無料で使用することができ，コアの部分はオープンソースプロジェクトとして公開されている※3．Docker は Linux, Windows, Mac いずれの OS でも提供されている．概念としては，Docker は仮想マシン (Virtual machine; VM) にとても近い．ここでは，VM との対比をしながら，Docker とはなにかを簡単に説明しよう．

仮想マシン (VM) とは，ホストとなるマシンの上に，仮想化されたOSを走らせる技術である（**Figure 6-4**）．VM には **ハイパーバイザー(Hypervisor)** とよばれるレイヤーが存在する．Hypervisor はまず，物理的な計算機リソース (CPU, RAM, network など) を分割し，仮想化する．たとえば，ホストマシンに物理的な CPU が4コアあるとして，ハイパーバイザーはそれを (2,2) 個の組に仮想的に分割することができる．VM 上で起動する OS には，ハイパーバイザーによって仮想化されたハードウェアが割り当てられる．VM 上で起動する OS は基本的に完全に独立であり，たとえば OS-A は OS-B に割り当てられたCPUやメモリー領域にアクセスすることはできない（これを isolation とよぶ）．VM を作成するための有名なソフトウェアとしては，VMware※4，VirtualBox※5，Xen※6 などがある．また，これまで触ってきた EC2 も，基本的に VM 技術を使うことで所望のスペックをもった仮想マシンがユーザーに提示される．

※3 https://github.com/docker/engine
※4 https://www.vmware.com/
※5 https://www.virtualbox.org/
※6 https://xenproject.org/

Dockerも，VMと同様に，仮想化されたOSをホストのOS上に走らせるための技術である．VMに対し，Dockerではハードウェアレベルの仮想化は行われておらず，すべての**仮想化はソフトウェアレベルで実現されている**（**Figure 6-4**）．Dockerで走る仮想OSは，**多くの部分をホストのOSに依存しており，結果として非常にコンパクトである**．その結果，Dockerで仮想OSを起動するために要する時間は，VMに比べて圧倒的に早い．また，パッケージ化された環境（＝イメージ）のサイズも完全なOSに比べ圧倒的に小さくなるので，ネットワークを通じたやり取りが非常に高速化される点も重要である．ソフトウェアレベルで実現している仮想化であるが，仮想環境の間の分離（isolation）は厳密に担保されている．すなわち，同じホスト上で走るコンテナアプリケーションAとBが，互いのメモリー領域を参照することは（それが明示的にホストによって許可されていない限り）不可能である．また，コンテナアプリケーションがアクセスできるホストOSのリソースも，明示的に許可されない限り最低限の範囲だけである．加えて，VMのいくつかの実装では，メタル（仮想化マシンに対して，物理的なハードウェア上で直接起動する場合のこと）と比べ，ハイパーバイザーレイヤーでのオーバーヘッドなどにより性能が低下することが知られているが，Dockerではメタルとほぼ同様の性能を引き出すことができるとされている．

その他，VMとの相違点などはたくさんあるのだが，ここではこれ以上詳細には立ち入らない．大事なのは，**Dockerとはとてもコンパクトかつハイパフォーマンスな仮想計算環境を作るツールである**，という点である．その手軽さゆえに，2013年の登場以降，クラウドシステムでの利用が急速に増加し，現代のクラウドでは欠くことのできない中心的な技術になっている．

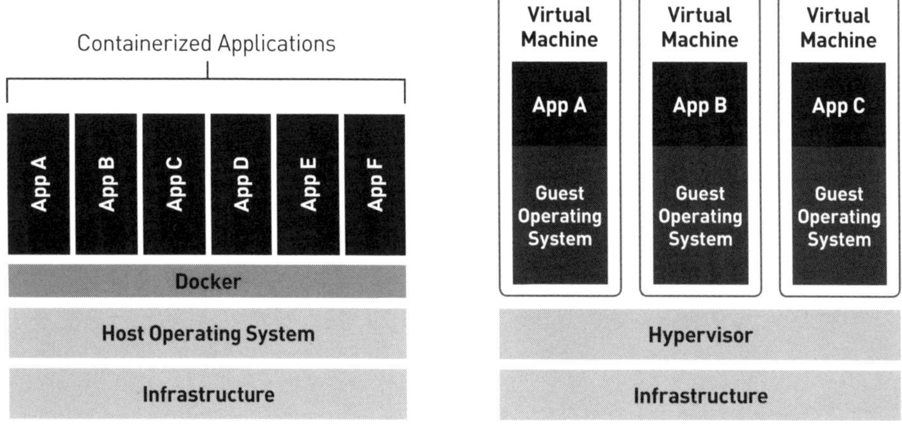

Figure 6-4. Docker（左）とVM（右）の比較
（https://www.docker.com/blog/containers-replacing-virtual-machines/）

Column

プログラマー三種の神器？

職業的プログラマーにとっての"三種の神器"とはなんだろうか？ 多様な意見があると思うが，筆者は **Git**, **Vim** そして **Docker** を挙げたい.

Git は多くの読者がご存じのとおり，コードの変更を追跡するためのシステムである. Linux の作成者である Linus Torvalds によって2005年に誕生した. チームでの開発を進めるときには欠かせないツールだ.

Vim は1991年から30年以上の間プログラマーたちに愛されてきたテキストエディターである. Stackoverflow が行った2019年のアンケート※7 によると, 開発環境の部門で5位の人気を獲得している. たくさんのショートカットと様々なカスタム設定が提供されているので，初見の人にはなかなかハードルが高いが，一度マスターすればほかのモダンなエディターや統合開発環境に負けない，あるいはそれ以上の開発体験を実現することができる.

これらの十年以上の歴史あるツールに並んで，第三番目の三種の神器として挙げたいのが Docker だ. Docker はプログラマーの開発のワークフローを一変させた. たとえば，プロジェクトごとに Docker image を作成することで，どの OS・コンピュータ でも全く同じ計算環境で開発・テストを実行することができるようになった. また，DevOps※8 や CI※9 / CD※10 (Continuous Integration / Continuous Deployment) といった最近の開発ワークフローも Docker のようなコンテナ技術の存在に立脚している. さらにはサーバーレスコンピューティング (Chapter 10) といった概念も，コンテナ技術の生んだ大きな技術革新といえる.

あなたにとっての三種の神器はなんだろうか？ また，これからの未来ではどんな新しいツールが三種の神器としてプログラマーのワークフローを革新していくだろうか？

※7 https://insights.stackoverflow.com/survey/2019#technology-development-environments-and-tools-all-respondents
※8 https://en.wikipedia.org/wiki/DevOps
※9 https://en.wikipedia.org/wiki/Continuous_integration
※10 https://en.wikipedia.org/wiki/Continuous_delivery

Chapter 6-4 Docker チュートリアル

Docker とはなにかを理解するためには，実際に触って動かしてみるのが一番有効な手立てである．ここでは，Docker の簡単なチュートリアルを行っていく．

Docker のインストールについては，A-7 および 公式のドキュメンテーション※11 を参照してもらいたい．Docker のインストールが完了している前提で，以下は話を進めるものとする．

6-4-1 Docker 用語集

Docker を使い始めるに当たり，最初に主要な用語を解説しよう．次のパラグラフで太字で強調された用語を頭に入れた上で，続くチュートリアルに取り組んでいただきたい．

Docker を起動するときの大まかなステップを示したのが **Figure 6-5** である．パッケージされた一つの計算環境のことを **イメージ (Image)** とよぶ．Image は，Docker Hub などのリポジトリで配布されているものをダウンロードするか，自分でカスタムの Image を作成することも可能である．Image を作成するための"レシピ"を記述したファイルが **Dockerfile** である．Dockerfile から Image を作成する操作を **build** とよぶ．Image がホストマシンのメモリにロードされ，起動状態にある計算環境のことを **コンテナ (Container)** とよぶ．Container を起動するために使用されるコマンドが **run** である．

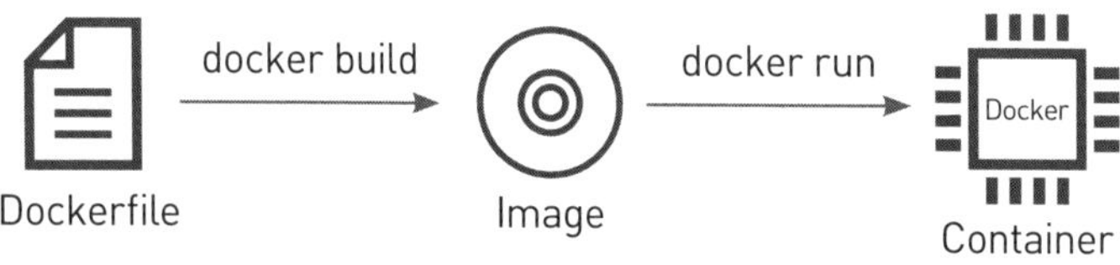

Figure 6-5. Image と Container

※11 https://docs.docker.com/engine/install/

6-4-2 Imageをダウンロード

パッケージ化されたDockerの仮想環境(**=Image**)は，Docker Hub[※12]からダウンロードできる．Docker Hubには，個人や企業・団体が作成したDocker Imageが集められており，GitHubなどと同じ感覚で，オープンな形で公開されている．

たとえば，UbuntuのImageはUbuntuの公式リポジトリ[※13]で公開されており，**pull**コマンドを使うことでローカルにダウンロードすることができる．

```
$ docker pull ubuntu:18.04
```

ここで，イメージ名の:(コロン)以降に続く文字列を**タグ(tag)**とよび，主にバージョンを指定するなどの目的で使われる．

> **pull**コマンドはデフォルトではDocker Hubでイメージを検索し，ダウンロードを行う．Dockerイメージを公開するためのデータベース(レジストリ(registry)とよぶ)はDocker Hubだけではなく，たとえばGitLabやGitHubは独自のレジストリ機能を提供しているし，個人のサーバーでレジストリを立ち上げることも可能である．Docker Hub以外のレジストリからpullするには，**myregistry.local:5000/testing/test-image**のように，イメージ名の先頭につける形でレジストリのアドレス(さらにオプションとしてポート番号)を指定する．

6-4-3 Imageを起動

Pullしてきた Imageを起動するには，runコマンドを使う．

```
$ docker run -it ubuntu:18.04
```

ここで，**-it**とは，インタラクティブなshellのセッションを開始するために必要なオプションである．

このコマンドを実行すると，仮想化されたUbuntuが起動され，コマンドラインからコマンドが打ち込め

※12 https://hub.docker.com/
※13 https://hub.docker.com/_/ubuntu

るようになる（**Figure 6-6**）．このように起動状態にある計算環境（ランタイム）のことを **Container（コンテナ）** とよぶ．

```
tomoyuki@eiffel:~$ docker run -it ubuntu:18.04
root@3d7e5903b640:/#
```

Figure 6-6. Dockerを使ってubuntu:18.04イメージを起動

ここで使用した **ubuntu:18.04** のイメージは，空の Ubuntu OS だが，すでにプログラムがインストール済みのものもある．これは，Chapter 5 でみた DLAMI と概念として似ている．たとえば，pytorch がインストール済みのイメージは PyTorch 公式の Docker Hubリポジトリ※14 で公開されている．

これを起動してみよう．

```
$ docker run -it pytorch/pytorch
```

docker run を実行したとき，ローカルに該当するイメージが見つからない場合は，自動的に Docker Hub からダウンロードされる．

pytorch のコンテナが起動したら，Python のシェルを立ち上げて，pytorch をインポートしてみよう．

```
$ python3
Python 3.7.7 (default, May  7 2020, 21:25:33)
[GCC 7.3.0] :: Anaconda, Inc. on linux
Type "help", "copyright", "credits" or "license" for more information.
>>> import torch
>>> torch.cuda.is_available()
False
```

このように，Docker を使うことで簡単に特定のOS・プログラムの入った計算環境を再現することが可能になる．

※14　https://hub.docker.com/r/pytorch/pytorch

6-4- 4 自分だけの Image を作る

自分の使うソフトウェア・ライブラリがインストールされた，自分だけの Image を作ることも可能である.

たとえば，本書のハンズオン実行用に提供しているイメージ※15 には，Python, Node.js, AWS CLI, AWS CDK などのソフトウェアがインストール済みであり，ダウンロードしてくるだけですぐにハンズオンのプログラムが実行できるようになっている.

カスタムのイメージを作るには，**Dockerfile** という名前のついたファイルを用意し，その中にどんなプログラムをインストールするかなどを記述していく.

具体例として，本書で提供している Docker image のレシピを見てみよう (docker/Dockerfile※16).

```
FROM node:12
LABEL maintainer="Tomoyuki Mano"

RUN apt-get update \
    && apt-get install nano

❶
RUN cd /opt \
    && curl -q "https://www.python.org/ftp/python/3.7.6/Python-3.7.6.tgz" -o Python-3.7.6.tgz \
    && tar -xzf Python-3.7.6.tgz \
    && cd Python-3.7.6 \
    && ./configure --enable-optimizations \
    && make install

RUN cd /opt \
    && curl "https://awscli.amazonaws.com/awscli-exe-linux-x86_64.zip" -o "awscliv2.zip" \
    && unzip awscliv2.zip \
    && ./aws/install

❷
RUN npm install -g aws-cdk@1.100

# clean up unnecessary files
RUN rm -rf /opt/*

# copy hands-on source code in /root/
COPY handson/ /root/handson
```

※15 https://hub.docker.com/repository/docker/tomomano/labc
※16 https://github.com/tomomano/learn-aws-by-coding-source-code/blob/main/docker/Dockerfile

Dockerfile の中身の詳細な説明は行わないが，たとえば上のコードで ❶ で示したところは，Python 3.7 のインストールを実行している． また，❷ で示したところは，AWS CDK のインストールを行っていることがわかるだろう． このように，リアルな OS で行うのと同じ流れでインストールのコマンドを逐一記述していくことで，自分だけの Docker イメージを作成することができる． 一度イメージを作成すれば，それを配布することで，他者も同一の計算環境を簡単に再構成することができる．

"ぼくの環境ではそのプログラム走ったのにな…" というのは，プログラミング初心者ではよく耳にする会話だが，Docker を使いこなせばそのような心配とは無縁である． そのような意味で，クラウド以外の場面でも，Docker の有用性・汎用性は極めて高い．

Column

Is Docker alone?

コンテナを用いた仮想計算環境ツールとして Docker を紹介したが，ほかに選択肢はないのか？ よくぞ聞いてくれた！ Docker の登場以降，複数のコンテナベースの仮想環境ツールが開発されてきた． いずれのツールも，概念や API については Docker と共通するものが多いが，Docker にはない独自の特徴を提供している． ここではその中でも有名ないくつかを紹介しよう．

Singularity は科学計算や HPC（High Performance Computing）の分野で人気の高いコンテナプラットフォームである． Singularity では大学・研究機関の HPC クラスターでの運用に適したような設計が施されている． たとえば，Docker は基本的には root 権限で実行されるのに対し，Singularity はユーザー権限（コマンドを実行したユーザー自身）でプログラムが実行される． root 権限での実行は Web サーバーのように個人・企業がある特定のサービスのために運用するサーバーでは問題ないが，多数のユーザーが多様な目的で計算を実行する HPC クラスターでは問題となる． また，Singularity は独自のイメージの作成方法・エコシステムをもっているが，Docker イメージを Singularity のイメージに変換し実行する機能も有している．

Podman は Red Hat 社によって開発されたもう一つのコンテナプラットフォームである． Podman は基本的に Docker と同一のコマンドを採用しているが，実装は Red Hat によってスクラッチから行われた． Podman では，Singularity と同様にユーザー権限でのプログラムの実行を可能であり，クラウドおよび HPC の両方の環境に対応するコンテナプラットフォームを目指して作られた． また，その名前にあるとおり pod とよばれる独自の概念が導入されている．

著者の個人的な意見としては，現時点では Docker をマスターしておけば当面は困ることはないと考えるが，興味のある読者はぜひこれらのツールも試してみてはいかがだろうか？

Chapter 6-5

Elastic Container Service (ECS)

ここまでに説明してきたように，Docker を使うことで仮想計算環境を簡単に複製・起動することが可能になる． 本章の最後の話題として，AWS 上で Docker を使った計算システムを構築する方法を解説しよう．

Elastic Container Service (ECS) とは，Docker を使った計算機クラスターを AWS 上に作成するためのツールである (**Figure 6-7**)． ECS を使用することで，Docker にパッケージされたアプリケーションを計算機クラスターに投入したり，計算機クラスターのインスタンスを追加・削除する操作 (=スケーリング) を行うことができる．

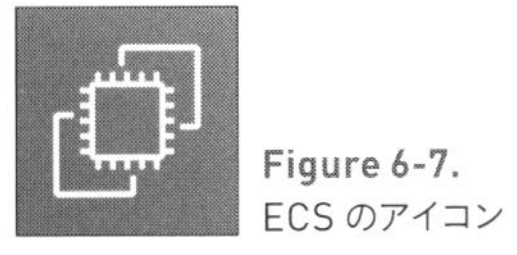

Figure 6-7.
ECS のアイコン

ECS の概要を示したのが **Figure 6-8** である． ECS は，**タスク (Task)** とよばれる単位で管理された計算ジョブを受け付ける． システムにタスクが投入されると，ECS は最初にタスクで指定された Docker イメージを外部レジストリからダウンロードしてくる． 外部レジストリとしては，Docker Hub や AWS 独自の Docker レジストリである **ECR (Elastic Container Registry)** を指定することができる．

ECS の次の重要な役割はタスクの配置である． あらかじめ定義されたクラスター内で，計算負荷が小さい仮想インスタンスを選び出し，そこに Docker イメージを配置することで指定された計算タスクが開始される． "計算負荷が小さい仮想インスタンスを選び出す" と言ったが，具体的にどのような戦略・ポリシーでこの選択を行うかは，ユーザーの指定したパラメータに従う．

また，クラスターのスケーリングもECSにおける重要な概念である． スケーリングとは，クラスター内のインスタンスの計算負荷をモニタリングし，計算負荷に応じてインスタンスの起動・停止を行う操作を指す． クラスター全体の計算負荷が指定された閾値 (たとえば80%の稼働率) を超えていた場合，新たな仮想インスタンスをクラスター内に立ち上げる操作を scale-out (スケールアウト) とよび，負荷が減った場合に不要なインスタンスを停止する操作を scale-in (スケールイン) とよぶ． クラスターのスケーリングは，ECS がほかの AWS のサービスと連携することで実現される． 具体的には，EC2 の **Auto scaling group (ASG)** や **Fargate** の二つの選択肢が多くの場合選択される． **ASG** については Chapter 8, Fargate については Chapter 7 でより詳細に解説する．

これら一連のタスクの管理を，ECS は自動でやってくれる． クラスターのスケーリングやタスクの配置に関してのパラメータを一度指定してしまえば， ユーザーは（ほとんどなにも考えずに）大量のタスクを投入することができる． クラスターのスケーリングによってタスクの量にちょうど十分なだけのインスタンスが起動し， タスクが完了した後は不要なインスタンスはすべて停止される．

さて， ここまで説明的な話が続いてしまったが， 次章からは早速 Docker と AWS を使って大規模な並列計算システムを構築していこう！

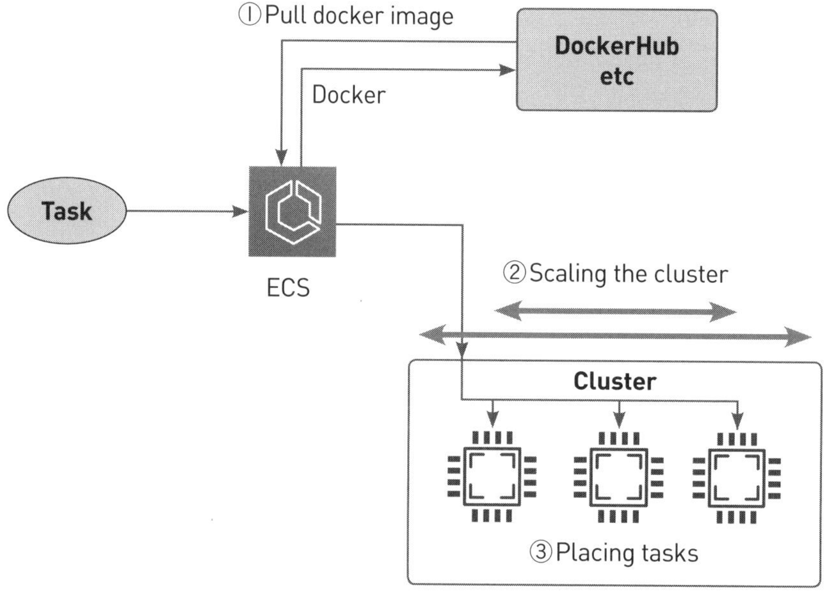

Figure 6-8. ECS の概要

Chapter 7

Hands-on #3：AWS で自動質問回答ボットを走らせる

ハンズオン第三回では，前章で学んだ Docker と ECS を使うことで，大規模化可能な機械学習システムの最もシンプルなものを実装する.
具体的には, 深層学習のモデルを使った自然言語処理を利用することで，英語で与えられた質問への回答を自動で生成するボットを作成しよう.
とくに，何百何千もの質問に同時に対応できるように，単一のサーバーに展開するのではなく，リクエストに応じて複数のサーバーを自動的に起動し，並列でジョブを実行させるシステムを設計する.
まさに，初歩的ながら，Siri，Alexa，Google assistant のようなシステムを作り上げるのである！

Chapter 7-1

Fargate

ハンズオンに入っていく前に，**Fargate** という AWS の機能を知っておく必要がある．

Figure 7-1.
Fargate のアイコン

ECS の概要を示した **Figure 6-8** をもう一度見てみよう． この図で，ECS の管理下にあるクラスターが示されているが，このクラスターの中で計算を行う実体としては二つの選択肢がある． **EC2 あるいは Fargate** のいずれかである． EC2 を用いた場合は，先の章（Chapter 4, Chapter 5）で説明したような流れでインスタンスが起動し，計算が実行される． EC2 を用いた計算機クラスターの作成・管理は技術的な難易度がやや高いので，次章（Chapter 8）で説明することにする．

Fargate とは，**ECS での利用**に特化して設計された，**コンテナを使用した計算タスク**を走らせるための仕組みである． 計算を走らせるという点では EC2 と役割は似ているが，Fargate は EC2 インスタンスのような物理的実体はもたない． 物理的実体をもたないというのは，たとえば SSH でログインすることは基本的に想定されていないし，なにかのソフトウェアをインストールしたりなどの概念も存在しない． Fargate ではすべての計算は Docker コンテナを介して行われる．すなわち，Fargate を利用するには，ユーザーは最初に所望の Docker イメージを指定しておき，Fargate は **docker run** のコマンドを使用することで計算タスクを実行する． Fargate を用いる利点は，Fargate を ECS のクラスターに指定すると，スケーリングなどの操作が簡単な設定・プログラムで構築できる点である．

Fargate では，EC2 と同様に CPU とメモリーのサイズを必要な分だけ指定できる． 執筆時点では，CPU は 0.25～4 コア，RAM は 0.5～30 GB の間で選択することができる（詳しくは公式ドキュメンテーション "Amazon ECS on AWS Fargate" 参照※1）． クラスターのスケーリングが容易な分，Fargate では EC2 ほど大きな CPU コア・RAM 容量を単一インスタンスに付与することができず，また GPU を利用することもできない．

以上が Fargate の概要であったが，くどくど言葉で説明してもなかなかピンとこないだろう． ここからは実際に手を動かしながら，ECS と Fargate を使った並列タスクの処理の仕方を学んでいこう．

※1 https://docs.aws.amazon.com/AmazonECS/latest/developerguide/AWS_Fargate.html

Chapter 7-2

準備

ハンズオン第三回では，Docker と ECS を駆使した機械学習アプリケーションを実装しよう．具体的には，深層学習による自然言語処理を行うことで，クライアントから与えられた文章題に対して回答を生成する，自動 Question & Answering ボットを作成しよう．ECS を利用することで，ジョブの数によって動的にインスタンスの数を制御し，並列にタスクを実行するようなシステムを構築しよう．

ハンズオンのソースコードは GitHub のhandson/qa-bot※2 にある．

本ハンズオンの実行には，第一回ハンズオンで説明した準備（Chapter 4.1）が整っていることを前提とする．また，Docker が自身のローカルマシンにインストール済みであることも必要である．

ⓘ 通常の機械学習のワークフローでは，モデルの訓練 => 推論（データへの適用）が基本的な流れである．しかしながら，GPU 搭載型の EC2 クラスターを使ったモデルの訓練はやや難易度が高いため，次章で取り扱う．本章は，クラウド上でのクラスターの構築・タスクの管理などの概念に慣れるため，よりシンプルな実装で実現できるFargate クラスターを用いた推論計算の並列化を紹介する．

⚠ このハンズオンでは 1CPU/4GB RAM の Fargate インスタンスを使用する．計算の実行には 0.025 $/hour のコストが発生することに注意．

※2 https://github.com/tomomano/learn-aws-by-coding-source-code/tree/main/handson/qa-bot

7-3

Chapter 7-3
Transformer を用いた question-answering プログラム

このハンズオンで開発する，自動質問回答システムをより具体的に定義しよう．次のような文脈（context）と質問（question）が与えられた状況を想定する．

```
context: Albert Einstein (14 March 1879 – 18 April 1955) was a German-born theoretical physicist who developed the theory of relativity, one of the two pillars of modern physics (alongside quantum mechanics). His work is also known for its influence on the philosophy of science. He is best known to the general public for his mass–energy equivalence formula E = mc2, which has been dubbed \"the world's most famous equation\". He received the 1921 Nobel Prize in Physics \"for his services to theoretical physics, and especially for his discovery of the law of the photoelectric effect\", a pivotal step in the development of quantum theory.

question: In what year did Einstein win the Nobel prize?
```

今回作成する自動回答システムは，このような問題に対して，context に含まれる文字列から正解となる言葉を見つけ出すものとする．この問題では，次のような回答を返すべきである．

```
answer: 1921
```

人間にとっては，このような文章を理解することは容易であるが，コンピュータにそれを解かせるのは難しいことは容易に想像ができるだろう．しかし，近年の深層学習を使った自然言語処理の進歩は著しく，上で示したような例題などは極めて高い正答率で回答できるモデルを作ることができる．

今回は，huggingface/transformers※3 で公開されている学習済みの言語モデルを利用することで，上で定義した問題を解く Q&A ボットを作る．この Q&A ボットは Transformer※4 とよばれるモデルを使った自然言語処理に支えられえている．このプログラムを，Docker にパッケージしたものが，著者の Docker Hub リポジトリに用意してある※5．クラウドの設計に入る前に，まずはこのプログラムを単体で動かしてみよう．

※3 https://github.com/huggingface/transformers　※4 https://en.wikipedia.org/wiki/Transformer_(machine_learning_model)
※5 https://hub.docker.com/repository/docker/tomomano/qabot

なお，今回は学習済みのモデルを用いているので，私達が行うのは与えられた入力をモデルに投入して予測を行う（推論）のみである． 推論の演算は，CPU だけでも十分高速に行うことができるので，コストの削減と，実装をシンプルにする目的で，このハンズオンではGPU は利用しない． 一般的に，ニューラルネットは学習のほうが圧倒的に計算コストが大きく，そのような場合にGPU はより威力を発揮する．

次のコマンドで，今回使う Docker image を ローカルにダウンロード (pull) してこよう．

```
$ docker pull tomomano/qabot:latest
```

pull できたら，早速この Docker に質問を投げかけてみよう．まずは，context とquestion をコマンドラインの変数として定義する．

```
$ context="Albert Einstein (14 March 1879 – 18 April 1955) was a German-born theoretical physicist who developed the theory of relativity, one of the two pillars of modern physics (alongside quantum mechanics). His work is also known for its influence on the philosophy of science. He is best known to the general public for his mass–energy equivalence formula E = mc2, which has been dubbed the world's most famous equation. He received the 1921 Nobel Prize in Physics for his services to theoretical physics, and especially for his discovery of the law of the photoelectric effect, a pivotal step in the development of quantum theory."
$ question="In what year did Einstein win the Nobel prize ?"
```

そうしたら，次のコマンドによってコンテナを実行する．

```
$ docker run tomomano/qabot "${context}" "${question}" foo --no_save
```

今回用意した Docker image は，第一引数に context となる文字列を，第二引数に question に相当する文字列を受けつける． 第三引数，第四引数については，クラウドに展開するときの実装上の都合なので，いまは気にしなくてよい．

このコマンドを実行すると，次のような出力が得られるはずである．

```
{'score': 0.9881729286683587, 'start': 437, 'end': 441, 'answer': '1921'}
```

"score" は正解の自信度を表す数字で，[0,1] の範囲で与えられる． "start", "end" は，context 中の何文字目が正解に相当するかを示しており，"answer" が正解と予測された文字列である．

1921 年という，正しい答えが返ってきていることに注目してほしい．もう少し難しい質問を投げかけてみよう．

```
$ question="Why did Einstein win the Nobel prize ?"
$ docker run tomomano/qabot "${context}" "${question}" foo --no_save
```

出力

```
{'score': 0.5235594527494207, 'start': 470, 'end': 506, 'answer': 'his services to theoretical physics,'}
```

今度は，score が 0.52 と，少し自信がないようだが，それでも正しい答えにたどりつけていることがわかる．

このように，深層学習に支えられた言語モデルを用いることで，実用にも役に立ちそうな Q&A ボットを実現できていることがわかる．以降では，このプログラムをクラウドに展開することで，大量の質問に自動で対応できるようなシステムを設計していく．

今回使用する Question & Answering システムには，DistilBERT という Transformer を基にした言語モデルが用いられている．興味のある読者は，原著論文※6 を参照してもらいたい．また，huggingface/transformers による DistilBert の実装のドキュメンテーションは 公式ドキュメンテーション※7 を参照のこと．

今回提供する Q-A ボットの Docker のソースコードは https://github.com/tomomano/learn-aws-by-coding-source-code/blob/main/handson/qa-bot/docker/Dockerfile にある．

※6 https://arxiv.org/abs/1910.01108
※7 https://huggingface.co/transformers/model_doc/distilbert.html

Chapter 7-4

アプリケーションの説明

このハンズオンで作成するアプリケーションの概要を **Figure 7-2** に示す.

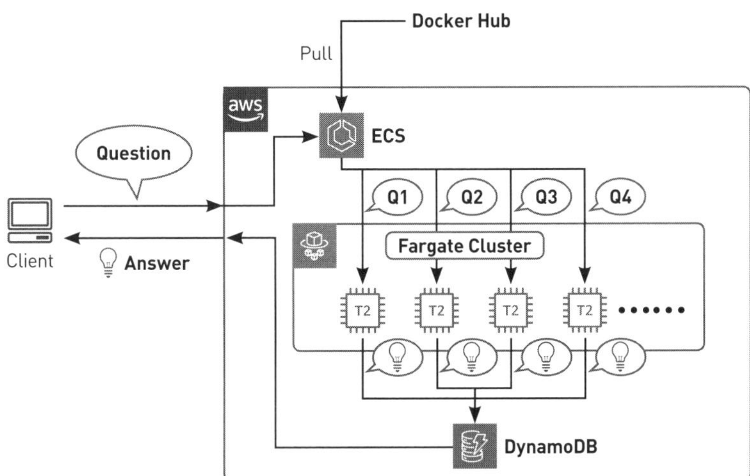

Figure 7-2.
アプリケーションのアーキテクチャ

簡単にまとめると, 以下のような設計である.

- クライアントは, 質問を AWS 上のアプリケーションに送信する
- 質問のタスクは ECS によって処理される
- ECS は, Docker Hub から, イメージをダウンロードする
- 次に, ECS はクラスター内に新たな Fargate インスタンスを立ち上げ, ダウンロードされた Docker イメージをこの新規インスタンスに配置する
    - このとき, 一つの質問に対し一つの Fargate インスタンスを立ち上げることで, 複数の質問を並列的に処理できるようにする
- ジョブが実行される
- ジョブの実行結果 (質問への回答) は, データベース (DynamoDB) に書き込まれる
- 最後に, クライアントは DynamoDB から質問への回答を読み取る

それでは，プログラムのソースコードを見てみよう（handson/qa-bot/app.py※8）．

```
class EcsClusterQaBot(core.Stack):

    def __init__(self, scope: core.App, name: str, **kwargs) -> None:
        super().__init__(scope, name, **kwargs)

        ❶
        # dynamoDB table to store questions and answers
        table = dynamodb.Table(
            self, "EcsClusterQaBot-Table",
            partition_key=dynamodb.Attribute(
                name="item_id", type=dynamodb.AttributeType.STRING
            ),
            billing_mode=dynamodb.BillingMode.PAY_PER_REQUEST,
            removal_policy=core.RemovalPolicy.DESTROY
        )

        ❷
        vpc = ec2.Vpc(
            self, "EcsClusterQaBot-Vpc",
            max_azs=1,
        )

        ❸
        cluster = ecs.Cluster(
            self, "EcsClusterQaBot-Cluster",
            vpc=vpc,
        )

        ❹
        taskdef = ecs.FargateTaskDefinition(
            self, "EcsClusterQaBot-TaskDef",
            cpu=1024, # 1 CPU
            memory_limit_mib=4096, # 4GB RAM
        )

        # grant permissions
        table.grant_read_write_data(taskdef.task_role)
        taskdef.add_to_task_role_policy(
            iam.PolicyStatement(
                effect=iam.Effect.ALLOW,
                resources=["*"],
                actions=["ssm:GetParameter"]
            )
        )
```

※8 https://github.com/tomomano/learn-aws-by-coding-source-code/blob/main/handson/qa-bot/app.py

```
        ❺
        container = taskdef.add_container(
            "EcsClusterQaBot-Container",
            image=ecs.ContainerImage.from_registry(
                "tomomano/qabot:latest"
            ),
        )
```

❶ここでは，回答の結果を書き込むためのデータベースを用意している．DynamoDB については，サーバーレスアーキテクチャの章で扱うので，今は気にしなくてよい．

❷ここでは，ハンズオン #1, #2 で行ったのと同様に，VPC を定義している．

❸ここで，ECS のクラスター (cluster) を定義している．クラスターとは，仮想サーバーのプールのことであり，クラスターの中に複数の仮想インスタンスを配置する．

❹ここで，実行するタスクを定義している (task definition)．

❺ここで，タスクの実行で使用する Docker イメージを定義している．

7-4-1 ECS と Fargate

ECS と Fargate の部分について，コードをくわしく見てみよう．

```
cluster = ecs.Cluster(
    self, "EcsClusterQaBot-Cluster",
    vpc=vpc,
)

taskdef = ecs.FargateTaskDefinition(
    self, "EcsClusterQaBot-TaskDef",
    cpu=1024, # 1 CPU
    memory_limit_mib=4096, # 4GB RAM
)

container = taskdef.add_container(
    "EcsClusterQaBot-Container",
    image=ecs.ContainerImage.from_registry(
        "tomomano/qabot:latest"
    ),
)
```

cluster = の箇所で，空の ECS クラスターを定義している．

次に，taskdef=ecs.FargateTaskDefinition の箇所で，Fargate インスタンスを使ったタスクを定義しており，とくにここでは 1 CPU, 4GB RAM というマシンスペックを指定している．また，このようにして定義されたタスクは，デフォルトで1タスクにつき1インスタンスが使用される．

最後に，**container =** の箇所で，タスクの実行で使用する Docker image を定義している．ここでは，Docker Hub に置いてある image をダウンロードしてくるよう指定している．

このようにわずか数行のコードであるが，これだけで前述したような，タスクのスケジューリングなどが自動で実行される．

このコードで **cpu=1024** と指定されているのに注目してほしい．これは CPU ユニットとよばれる数で，以下の換算表に従って仮想CPU (virtual CPU; vCPU) が割り当てられる． 1024 が 1 CPU に相当する． 0.25 や 0.5 vCPU などの数字は，それぞれ実効的に 1/4, 1/2 の CPU 時間が割り当てられることを意味する． また，CPU ユニットによって使用できるメモリー量も変わってくる． たとえば，1024 CPU ユニットを選択した場合は，2 から 8 GB の範囲でのみメモリー量を指定することができる． 最新の情報は 公式ドキュメンテーション "Amazon ECS on AWS Fargate"※9 を参照のこと．

Table 7-1. CPUユニットと 指定可能なメモリー量の換算表

CPU ユニット	メモリーの値
256(.25 vCPU)	0.5 GB, 1 GB, 2 GB
512(.5 vCPU)	1 GB, 2 GB, 3 GB, 4 GB
1024(1 vCPU)	2 GB, 3 GB, 4 GB, 5 GB, 6 GB, 7 GB, 8 GB
2048(2 vCPU)	Between 4 GB and 16 GB in 1-GB increments
4096(4 vCPU)	Between 8 GB and 30 GB in 1-GB increments

※9 https://docs.aws.amazon.com/AmazonECS/latest/developerguide/AWS_Fargate.html

Chapter 7-5

スタックのデプロイ

スタックの中身が理解できたところで，早速スタックをデプロイしてみよう．

デプロイの手順は，これまでのハンズオンとほとんど共通である．SSH によるログインの必要がないので，むしろ単純なくらいである． ここでは，コマンドのみ列挙する（**#** で始まる行はコメントである）． それぞれの意味を忘れてしまった場合は，ハンズオン 1, 2 に戻って復習していただきたい． シークレットキーの設定も忘れずに（A-4）．

```
# プロジェクトのディレクトリに移動
$ cd handson/qa-bot

# venv を作成し，依存ライブラリのインストールを行う
$ python3 -m venv .env
$ source .env/bin/activate
$ pip install -r requirements.txt

# デプロイを実行
$ cdk deploy
```

デプロイのコマンドが無事に実行されれば，**Figure 7-3** のような出力が得られるはずである．

```
✔  EcsClusterQaBot

Outputs:
EcsClusterQaBot.ClusterName = EcsClusterQaBot-EcsClusterQaBotCluster6488E31F-
EcsClusterQaBot.TaskDefinitionArn = arn:aws:ecs:ap-northeast-1:606887060834:task-definition/EcsClusterQaB
otEcsClusterQaBotTaskDef

Stack ARN:
arn:aws:cloudformation:ap-northeast-1:606887060834:stack/EcsClusterQaBot/f89b5980-b42d-
ac70
(.env) tomoyuki@balthasar:03-qa-bot$
```

Figure 7-3. CDKデプロイ実行後の出力

AWS コンソールにログインして，デプロイされたスタックの中身を確認してみよう． コンソールから，ECS のページに行くと **Figure 7-4** のような画面が表示されるはずである．

Cluster というのが，先ほど説明したとおり，複数の仮想インスタンスを束ねる一つの単位である．この時点では一つもタスクが走っていないので，タスクの数字はすべて0になっている．

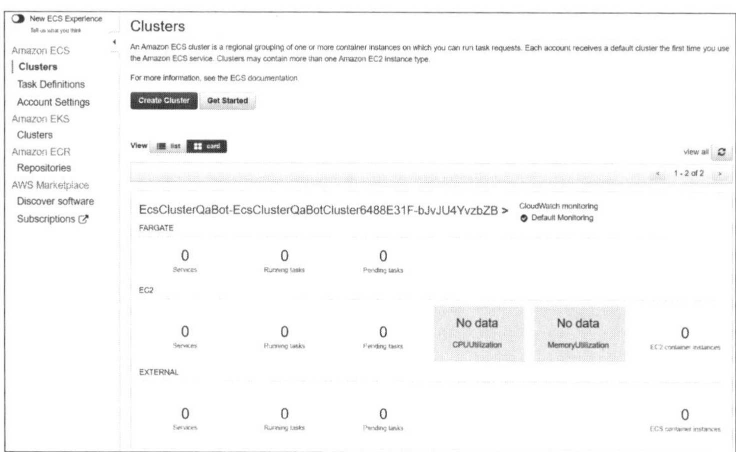

Figure 7-4. ECS コンソール画面

続いて，この画面の左のメニューバーから **Task Definitions** という項目を見つけ，クリックしよう．移動した先のページで **EcsClusterQaBotEcsClusterQaBotTaskDefXXXX** という項目が見つかるので，開く．開いた先のページをスクロールすると **Figure 7-5** に示したような情報が見つかるだろう．使用する CPU・メモリーの量や，Docker container の実行に関する設定などが，この Task Definition の画面から確認することができる．

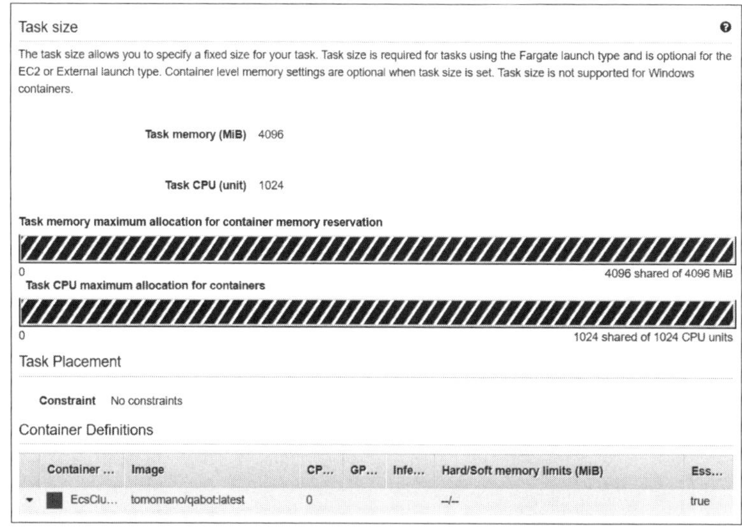

Figure 7-5. Task definition の確認

Chapter 7-6

タスクの実行

それでは，質問をデプロイしたクラウドに提出してみよう．

ECS にタスクを投入するのはやや複雑なので，タスクの投入を簡単にするプログラム（**run_task.py**）を用意した（handson/qa-bot/run_task.py※10）．

次のようなコマンドで，ECSクラスターに新しい質問（question）を投入することができる．

```
$ python run_task.py ask "A giant peach was flowing in the river. She picked it up and brought it home. Later, a healthy baby was born from the peach. She named the baby Momotaro." "What is the name of the baby?"
```

run_task.py を実行するには，コマンドラインで AWS の認証情報が設定されていることが前提である．

"ask" の引数に続き，文脈（context）と質問（question）を引数として渡している．

このコマンドを実行すると，"Waiting for the task to finish…" と出力が表示され，回答を得るまでしばらく待たされる．この間，AWS では ECS がタスクを受理し，新しい Fargate のインスタンスを起動し，Docker イメージをそのインスタンスに配置する，という一連の処理がなされている． AWS コンソールから，この一連の様子をモニタリングしてみよう．

先ほどの ECS コンソール画面にもどり，クラスターの名前をクリックすることで，クラスターの詳細画面を開く． 次に，"Tasks" という名前のタブがあるので，それを開く（**Figure 7-6**）． すると，実行中のタスクの一覧が表示されるだろう．

※10 https://github.com/tomomano/learn-aws-by-coding-source-code/blob/main/handson/qa-bot/run_task.py

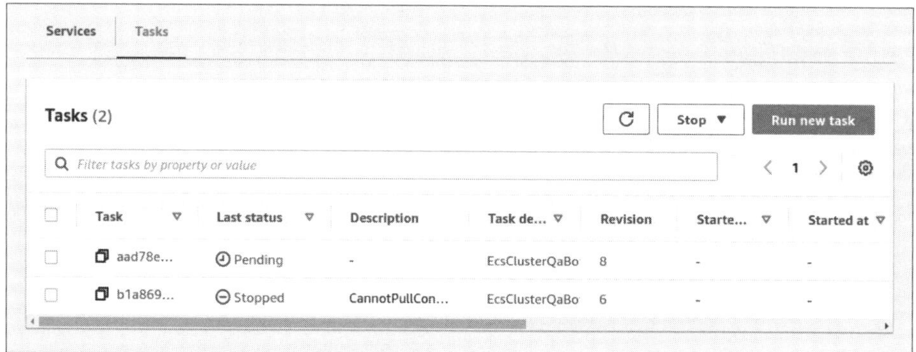

Figure 7-6. ECS のタスクの実行状況をモニタリング

Figure 7-6 で見て取れるように, "Last status = Pending" となっていることから, この時点では, タスクを実行する準備をしている段階である, ということがわかる. Fargate のインスタンスを起動し, Docker image を配置するまでおよそ 1-2 分の時間がかかる.

しばらく待つうちに, Status が "RUNNING" に遷移し, 計算が始まる. 計算が終わると, Status は "STOPPED" に遷移し, ECS によって Fargate インスタンスは自動的にシャットダウンされる.

Figure 7-6 の画面から, "Task" の列にあるタスクIDクリックすることで, タスクの詳細画面を開いてみよう (**Figure 7-7**). "Last status", "Platform version" など, タスクの情報が表示されている. また, "Logs" のタブを開くことで, コンテナの吐き出した実行ログを閲覧することができる.

48ce33531af149bd8747064ae830535e
Stop
Configuration | Logs | Networking | Tags

Status

Last status	Desired status	Stopped reason	Started at
Deprovisioning	Stopped	Essential container in task exited	2021-06-29T15:30:46.572Z

Created at
2021-06-29T15:28:20.534Z

Configuration

Platform version	Task definition	CPU	Memory
1.4.0	EcsClusterQaBotEcsClusterQaBotTaskDef54F4C2A5: 8	1 vCPU	4 GB

Containers (1)

Container name	Image URI	Status	CPU	Memory hard/soft limit
EcsClusterQaBot-Container	tomomano/qabot:latest	Stopped	-	-/-

Figure 7-7. 質問タスクの実行結果

さて，run_task.py を実行したコマンドラインに戻ってきてみると，**Figure 7-8** のような出力が得られているはずである． "Momotaro" という正しい回答が返ってきている！

```
(.env) tomoyuki@ammonite:qa-bot$ python run_task.py ask "A giant peach was flowing in the river. She pick
ed it up and brought it home. Later, a healthy baby was born from the peach. She named the baby Momotaro.
" "What is the name of the baby?"
Submitting task...
Task ARN: arn:aws:ecs:ap-northeast-1:606887060834:task/EcsClusterQaBot-EcsClusterQaBotCluster6488E31F-txu
OJ9uYkRhf/48ce33531af149bd8747064ae830535e
Waiting for the task to finish...
.........................................................................................................
..................................................................
Context: A giant peach was flowing in the river. She picked it up and brought it home. Later, a healthy b
aby was born from the peach. She named the baby Momotaro.
Question: What is the name of the baby?
Answer: Momotaro
Score: 0.9704799652099609
```

Figure 7-8. 質問タスクの実行結果

Chapter 7-7 タスクの同時実行

さて，先ほどはたった一つの質問を投入したわけだが，今回設計したアプリケーションは，ECS と Fargate を使うことで同時にたくさんの質問を処理することができる． 実際に，たくさんの質問を一度に投入してみよう．**run_task.py** に **ask_many** というオプションを付けることで，複数の質問を一度に送信できる． 質問の内容は handson/qa-bot/problems.json[※11] に定義されている．

次のようなコマンドを実行しよう．

```
$ python run_task.py ask_many
```

このコマンドを実行した後で，先ほどの ECS コンソールに行き，タスクの一覧を見てみよう（**Figure 7-9**）． 複数の Fargate インスタンスが起動され，タスクが並列に実行されているのがわかる．

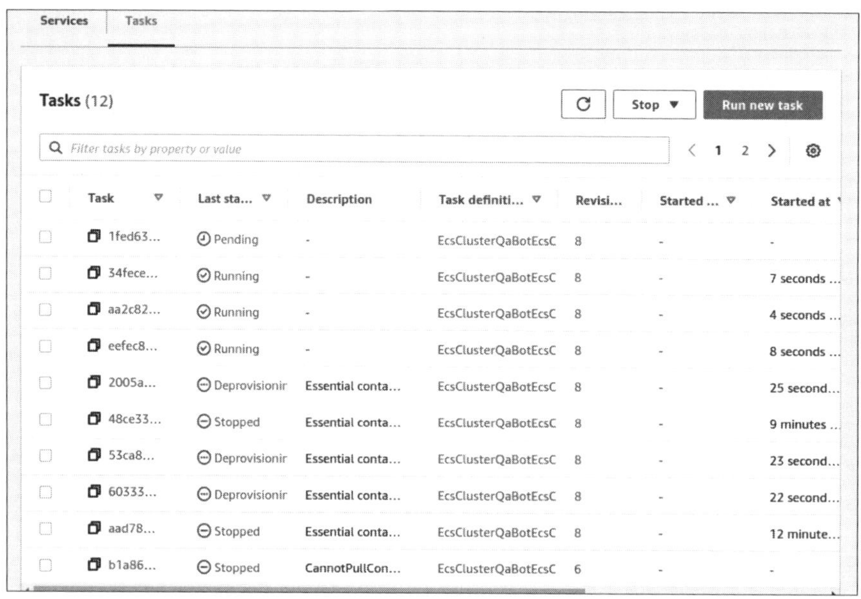

	Task	Last sta...	Description	Task definiti...	Revisi...	Started ...	Started at
	1fed63...	Pending	-	EcsClusterQaBotEcsC	8	-	-
	34fece...	Running	-	EcsClusterQaBotEcsC	8	-	7 seconds ...
	aa2c82...	Running	-	EcsClusterQaBotEcsC	8	-	4 seconds ...
	eefec8...	Running	-	EcsClusterQaBotEcsC	8	-	8 seconds ...
	2005a...	Deprovisionir	Essential conta...	EcsClusterQaBotEcsC	8	-	25 second...
	48ce33...	Stopped	Essential conta...	EcsClusterQaBotEcsC	8	-	9 minutes ...
	53ca8...	Deprovisionir	Essential conta...	EcsClusterQaBotEcsC	8	-	23 second...
	60333...	Deprovisionir	Essential conta...	EcsClusterQaBotEcsC	8	-	22 second...
	aad78...	Stopped	Essential conta...	EcsClusterQaBotEcsC	8	-	12 minute...
	b1a86...	Stopped	CannotPullCon...	EcsClusterQaBotEcsC	6	-	-

Figure 7-9. 複数の質問タスクを同時に投入する

※11 https://github.com/tomomano/learn-aws-by-coding-source-code/blob/main/handson/qa-bot/problems.json

すべてのタスクのステータスが "STOPPED" になったことを確認した上で，質問への回答を取得しよう．それには，次のコマンドを実行する．

```
$ python run_task.py list_answers
```

結果として，**Figure 7-10** のような出力が得られるだろう． 複雑な文章問題に対し，高い正答率で回答できていることがわかるだろう．

```
Context: Nikola Tesla (Serbian Cyrillic: ???????????? ??????????; 10 July 1856 ??? 7 January 1943) was a Serbian American inven
tor, electrical engineer, mechanical engineer, physicist, and futurist best known for his contributions to the design of the mo
dern alternating current (AC) electricity supply system.
Question: In what year did Tesla die ?
Answer: 1943)
Score: 0.47624243081909157
2
Context: The Normans (Norman: Nourmands; French: Normands; Latin: Normanni) were the people who in the 10th and 11th centuries
gave their name to Normandy, a region in France. They were descended from Norse ("Norman" comes from "Norseman") raiders and pi
rates from Denmark, Iceland and Norway who, under their leader Rollo, agreed to swear fealty to King Charles III of West Franci
a. Through generations of assimilation and mixing with the native Frankish and Roman-Gaulish populations, their descendants wou
ld gradually merge with the Carolingian-based cultures of West Francia. The distinct cultural and ethnic identity of the Norman
s emerged initially in the first half of the 10th century, and it continued to evolve over the succeeding centuries.
Question: What century did the Normans first gain their separate identity ?
Answer: 10th
Score: 0.7034500812467961
3
Context: The Normans (Norman: Nourmands; French: Normands; Latin: Normanni) were the people who in the 10th and 11th centuries
gave their name to Normandy, a region in France. They were descended from Norse ("Norman" comes from "Norseman") raiders and pi
rates from Denmark, Iceland and Norway who, under their leader Rollo, agreed to swear fealty to King Charles III of West Franci
a. Through generations of assimilation and mixing with the native Frankish and Roman-Gaulish populations, their descendants wou
ld gradually merge with the Carolingian-based cultures of West Francia. The distinct cultural and ethnic identity of the Norman
s emerged initially in the first half of the 10th century, and it continued to evolve over the succeeding centuries.
Question: Who was the Norse leader ?
Answer: Rollo,
Score: 0.9961329869148798
```

Figure 7-10. python run_task.py list_answers の実行結果

おめでとう！ ここまでついてこれた読者はとても初歩的ながらも，深層学習による言語モデルを使って自動で質問への回答を生成するシステムを創り上げることができた！ それも，数百の質問にも同時に対応できるような，とても高いスケーラビリティーをもったシステムである！

> **run_task.py** で質問を投入し続けると，回答を記録しているデータベースにどんどんエントリーが溜まっていく． これらのエントリーをすべて消去するには，次のコマンドを使う．
>
> ```
> $ python run_task.py clear
> ```

Chapter 7-8
スタックの削除

これにて，今回のハンズオンは終了である．最後にスタックを削除しよう．

スタックを削除するには，前回までと同様に，AWS コンソールにログインし CloudFormation の画面から DELETE ボタンをクリックするか，コマンドラインからコマンドを実行する．コマンドラインから行う場合は，次のコマンドを使用する．

```
$ cdk destroy
```

Chapter 8

Hands-on #4：AWS Batchを使って機械学習のハイパーパラメータサーチを並列化する

前章では ECS と Fargate を使ったスケーラブルな自動質問回答システムを構築した.

このアプリケーションでは，学習済みのモデルをクライアントから提出されたデータに適用することに主眼が置かれていた.

一方，機械学習のワークフローでは，自らが作った新たなモデルをゼロから訓練することも重要なタスクである.

本章では，クラウドを用いて機械学習の訓練を並列化・高速化することを考える.

ハンズオンでは，多数の GPU インスタンスからなるクラスターを動的に制御し，効率よく複数のタスクを同時に実行する方法を解説する.

Chapter 8-1

クラウドを用いた機械学習モデルの最適化

ハンズオン第三回では，ECS と Fargate を使って自動質問回答システムを構築した． シンプルながらも，複数の質問が送られた場合には並列にジョブが実行され，ユーザーに答えが返されるシステムを作ることができた． ここでは，すでに学習済みの言語モデルを用いてアプリケーションを構築した． しかし，一般的に言って，機械学習のワークフローでは自分で作ったモデルを訓練することが最初のステップにあるはずである． そこで，ハンズオン第四回では，クラウドを用いて機械学習の訓練を並列化・高速化することを考える．

具体的には，本ハンズオンでは深層学習におけるハイパーパラメータ最適化を取り上げる． ハイパーパラメータとは，勾配降下法によって最適化されるニューラルネットのパラメータの外にあるパラメータのことであり，具体的にはモデルの層の幅・深さなどネットワークのアーキテクチャに関わるもの，学習率やモメンタムなどパラメータの更新則に関わるものなどが含まれる（**Figure 8-1**）． 深層学習においてハイパーパラメータの調整はとても重要なタスクである． しかしながら，ハイパーパラメータを調整するには，少しずつ条件を変えながら何度もニューラルネットを学習させる必要があり，多くの計算時間がかかる． 研究・開発においては，スループットよくたくさんのモデルの可能性を探索することが生産性を決める重要なファクターであり，ハイパーパラメータ探索を高速に解くという問題は極めて関心が高い． 本ハンズオンでは，クラウドの強力な計算リソースを利用して並列的にニューラルネットの訓練を実行することで，この問題を解く方法を学んでいこう． このハンズオンは，本書で扱うハンズオンの中でも難易度が高いものだ． 内容が密で複雑に感じる読者もいるかもしれないが，最後までついてきてほしい．

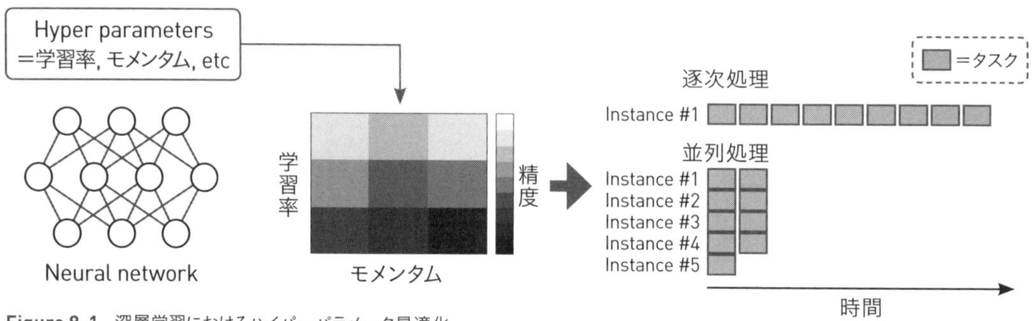

Figure 8-1. 深層学習におけるハイパーパラメータ最適化

8-1-1 Auto scaling groups (ASG)

ハンズオンに入っていく前に，**Auto scaling groups (ASG)** とよばれる EC2 の概念を知っておく必要がある．ECS の概要を示した **Figure 6-8** を振り返って見てほしい．前章（Chapter 7）でも説明したが，ECS のクラスターで計算を担う実体としては EC2 と Fargate を指定することができる． Fargate については前章で記述した． Fargate は，プログラミングが容易な一方，GPU を利用できないなどいくつかの制約があった． EC2 を利用することで，プログラミングの複雑度は増すが，GPU やその他の高度かつ複雑な設定を伴ったクラスターを構築することができる．

EC2 クラスターには **ASG** と呼ばれるサービスが配置される（**Figure 8-2**）． ASG は複数の EC2 インスタンスをロジカルな単位でグループ化することでクラスターを構成する． ASG はクラスター内に新しいインスタンスを起動する，あるいは不要になったインスタンスを停止するなどの**スケーリング**を担う． ASG で重要な概念として，**desired capacity**, **minimum capacity**, **maximum capacity** というパラメータがある． minimum capacity，maximum capacity は，それぞれクラスター内に配置できるインスタンスの数の最小値・最大値を指定するパラメータである． 前者は，クラスターに負荷がかかっていない場合でもアイドリング状態にあるインスタンスを維持することで， 急に負荷が増大した時などのバッファーとして作用することができる． 後者は，負荷が大幅に増えたときに，過剰な数のインスタンスが起動する事態を防ぎ，経済的なコストの上限を定める役割を果たす． desired capacity が，その時々でシステムが要求するインスタンスの数を指定する．

desired capacity は，たとえば 24 時間のリズムに合わせてインスタンスの数を増減させるなどの， 決まったスケジュールに基づいた設定を適用することができる．あるいは， クラスター全体にかかっている負荷に応じて，desired capacity を動的に制御することも可能である． どのような基準でクラスターのスケーリングを行うかを定めるルールのことを， **スケーリングポリシー**とよぶ．たとえば， クラスター全体の稼働率（負荷）を常に 80% に維持する， などのスケーリングポリシーが想定できる．

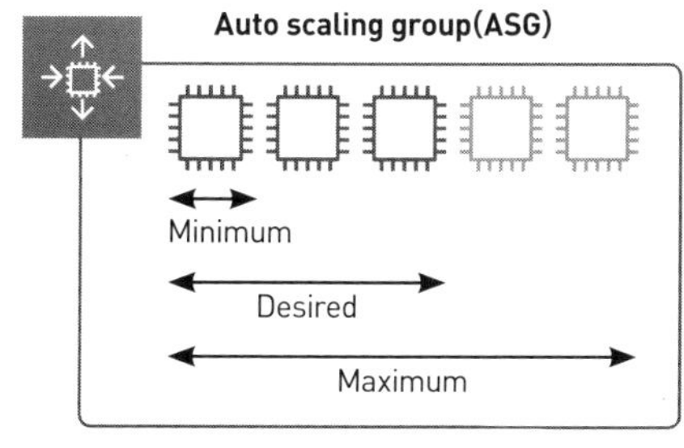

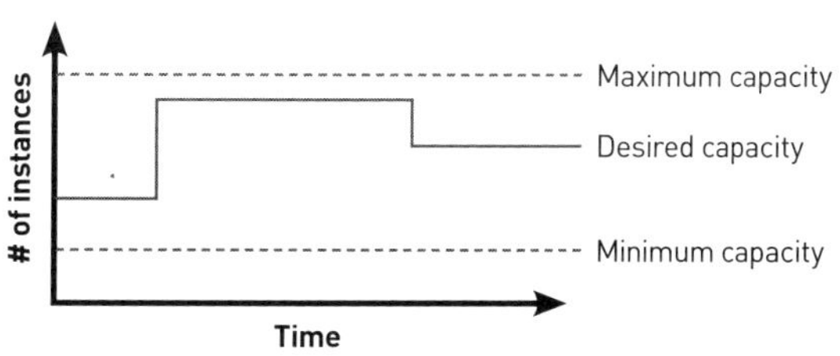

Figure 8-2. Auto scaling group (ASG)

Chapter 8-2

AWS Batch

Chapter 8-1で説明したように，ECS と ASG を組み合わせることで，所望の計算クラスターを構築することが可能である．しかしながら，ECS と ASG にはかなり込み入った設定が必要であり，初心者にとっても経験者にとってもなかなか面倒なプログラミングが要求される．そこで，ECS と ASG によるクラスターの設計を自動化してくれるサービスが提供されている．それが **AWS Batch** である．

AWS Batch はその名のとおりバッチ（Batch）化されたジョブ（入力データだけが異なる独立した演算が繰り返し実行されること）を想定している．多くの科学計算や機械学習がバッチ計算に当てはまる．たとえば，初期値のパラメータを変えて複数のシミュレーションを走らせる，といったケースだ．AWS Batch を用いることの利点は，クラスターのスケーリングやジョブの割り振りはすべて自動で実行され，ユーザーはクラウドの舞台裏の詳細を気にすることなく，大量のジョブを投入できるシステムが手に入る点である．が，知識として背後では ECS/ASG/EC2 が三つ巴で協調して動作しているという点は知っておいてほしい．

AWS Batch では，ジョブの投入・管理をスムーズに行うため，次のような概念が定義されている（**Figure 8-3**）．まず，**ジョブ（Job）**というのが，AWS Batch によって実行される一つの計算の単位である．**Job definitions** とは Job の内容を定義するものであり，これには実行されるべき Docker のイメージのアドレスや，割り当てる CPU・RAM の容量，環境変数などの設定が含まれる．Job definition に基づいて個々のジョブが実行される．ジョブが実行されると，ジョブは **Job queues** に入る．Job queues とは，実行待ち状態にあるジョブの列のことであり，時間的に最も先頭に投入されたジョブが最初に実行される．また，複数の queue を配置し，queue ごとに priority（優先度）を設定することが可能であり，priority の高い queue に溜まったジョブが優先的に実行される（ディズニーランドの"ファストパス"チケットを連想して捉えるとよいだろう）．**Compute environment** とは，先述したクラスターとほぼ同義の概念であり，計算が実行される場所（EC2 や Fargate からなるクラスター）を指す．Compute environment には，使用する EC2 のインスタンスタイプや同時に起動するインスタンス数の上限などの簡易なスケーリングポリシーが指定されている．Job queues は Compute environment の空き状況を監視しており，それに応じてジョブを Compute environment に投下する．

以上が AWS Batch を使用するうえで理解しておかなければならない概念であるが，くどくど言葉で説明してもなかなかピンとこないだろう．ここからは，実際に自分で手を動かしながら学んでいこう．

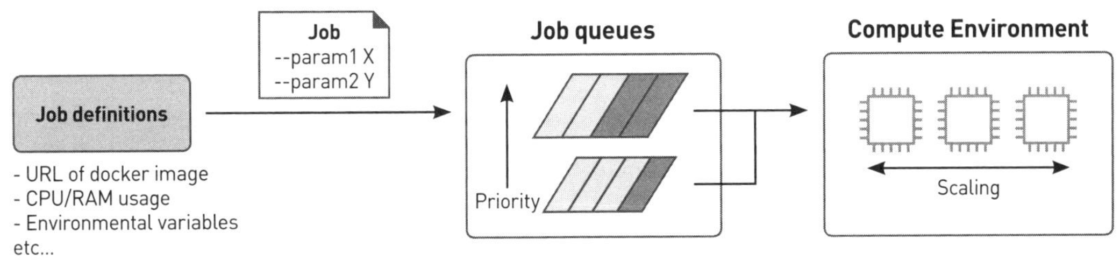

Figure 8-3. AWS Batch の主要な概念

EC2 or Fargate?

ECS でクラスターを構成するとき，計算を実行する場として EC2 と Fargate の二つの選択肢があることを説明した．それぞれ長所と短所を抱えているのだが，どのような場合にどちらを使うべきだろうか？それを検討するため，まずは **Table 8-1** を見てみよう．これはEC2 と Fargate の特徴をまとめたものである．説明の都合上，大幅な粗視化が行われている点は留意して読んでいただきたい．

Table 8-1. EC2 vs Fargate

	EC2	Fargate
Compute capacity	Medium to large	Small to medium
GPU	Yes	No
Launch speed	Slow	Fast
Task placement flexibility	Low	High
Programming complexity	High	Low

これまでに見てきたように，EC2 は最大の CPU 数・メモリーサイズが大きかったり，GPU を利用できたりするなど，単一のインスタンスでの計算能力は高い．対して，Fargate は単一インスタンスの最大 CPU 数は4コアが上限である．その一方で，インスタンスの起動に要する時間は Fargate のほうが圧倒的に早く，より俊敏にクラスターのスケーリングを行うことができる．また，タスクをクラスターに投入するときのフレキシビリティも Fargate のほうが高い．フレキシビリティというのは，たとえば一つのインスタンスで二つ以上のコンテナを走らせる，などの状況である．単位 CPU あたりで処理されるタスクの数を最大化するときには，このような設計がしばしば採用される．プログラミングの複雑さという観点からは，Fargate のほうが一般的にシンプルな実装になる．

このように，EC2 と Fargate は互いに相補的な特性を有しており，アプリケーションによって最適な計算環境は検討される必要がある．また，EC2 と Fargate を両方用いたハイブリッドクラスターというのも定義可能であり，そのような選択肢もしばしば用いられる．

Chapter 8-3

準備

ハンズオンのソースコードはGitHubのhandson/aws-batch[※1]にある.

本ハンズオンの実行には, 第一回ハンズオンで説明した準備（Chapter 4-1）が整っていることを前提とする. また, Dockerが自身のローカルマシンにインストール済みであることも必要である.

このハンズオンは, **g4dn.xlarge** タイプの EC2 インスタンスを使うので, アメリカ東部（**us-east-1**）リージョンでは 0.526 $/hour のコストが発生する. 東京（**ap-northeast-1**）を選択した場合は 0.71 $/hour のコストが発生する.

Chapter 5-3 でも注意したが, このハンズオンを始める前に G タイプインスタンスの起動上限を AWS コンソールの EC2 管理画面から確認しよう. もし上限が0になっていた場合は, 上限緩和の申請を行う必要がある.

Chapter 8-5にも関連した情報を記載しているので, 併せて参照されたい.

※1 https://github.com/tomomano/learn-aws-by-coding-source-code/tree/main/handson/aws-batch

Chapter 8-4

MNIST 手書き文字認識（再訪）

今回のハンズオンでは，機械学習のハイパーパラメータ調整を取り上げると冒頭で述べた．その最もシンプルな例題として，Chapter 5-9 で扱った MNIST 手書き文字認識の問題を再度取り上げよう．Chapter 5-9 では，適当にチョイスしたハイパーパラメータを用いてモデルの訓練を行った．ここで使用したプログラムのハイパーパラメータとしては，確率的勾配降下法（SGD）における学習率やモメンタムが含まれる．コードでいうと，次の行が該当する．

```
optimizer = optim.SGD(model.parameters(), lr=0.01, momentum=0.5)
```

ここで使用された 学習率（**lr=0.01**）やモメンタム（**momentum=0.5**）は恣意的に選択された値であり，これがベストな数値であるのかはわからない．たまたまこのチョイスが最適であるかもしれないし，もっと高い精度を出すハイパーパラメータの組が存在するかもしれない．この問題に答えるため，ハイパーパラメータサーチを行おう．今回は，最もシンプルなアプローチとして，**グリッドサーチ**によるハイパーパラメータサーチを行おう．

Column

ハイパーパラメータの最適化について

機械学習のハイパーパラメータの最適化には大きく3つのアプローチが挙げられる．グリッドサーチ，ランダムサーチ，そしてベイズ最適化による方法である．

グリッドサーチとは，ハイパーパラメータの組をある範囲の中で可能な組み合わせをすべて計算し，最適なパラメータの組を見出す方法である．最もシンプルかつ確実な方法であるが，すべての組み合わせの可能性を愚直に計算するので計算コストが大きい．

ランダムサーチ法とは，ハイパーパラメータの組をある範囲の中でランダムに抽出し，大量に試行されたランダムな組の中から最適なパラメータの組を見出す方法である．すべての可能性を網羅的に探索できるわけではないが，調整すべきパラメータの数が多数ある場合に，グリッドサーチよりも効率的に広い探索空間をカバーすることができる．

ベイズ最適化を用いた方法では，過去の探索結果から次にどの組み合わせを探索すべきかという指標を計算し，次に探索するパラメータを決定する．これにより，理論的にはグリッドサーチやランダムサーチ法よりも少ない試行回数で最適なパラメータにたどり着くことができる．

並列化の観点でいうと，グリッドサーチとランダムサーチは各ハイパーパラメータの組の計算は独立に実行することができるため並列化が容易である．このように独立したジョブとして分割・並列化可能な問題を Embarrassingly parallel な問題とよぶ（直訳すると"恥ずかしいほど並列化可能な問題"，ということになる）．Embarrassingly parallel な問題はクラウドの強力な計算リソースを用いることで，非常なシンプルな実装で解くことができる．この章ではこのようなタイプの並列計算を取り上げる．

一方，ベイズ最適化による方法は，過去の結果をもとに次の探索が決定されるので，並列化はそれほど単純ではない．最近では optuna[※2] などのハイパーパラメータ探索のためのライブラリが発達しており，ベイズ最適化の数理的な処理を自動で実行してくれるので便利である．これらのライブラリを使うと，もし一台のコンピュータ（ノード）の中に複数の GPU が存在する場合は，並列に計算を実行することができる．しかしながら，一台のノードにとどまらず，複数のノードをまたいだ並列化は，高度なプログラミングテクニックが必要とされるだけでなく，ノード間の接続様式などクラウドのアーキテクチャにも深く依存するものである．本書ではここまで高度なクラウドの使用方法には立ち入らない．

まずは，本ハンズオンで使用する Docker イメージをローカルで実行してみよう．

Docker イメージのソースコードは handson/aws-batch/docker[※3] にある．基本的に Chapter 5 のハンズオンを元にし，本ハンズオン専用の軽微な変更が施してある．興味のある読者はソースコードも含めて読んでいただきたい．

練習として，この Docker イメージを手元でビルドするところからはじめてみよう．**Dockerfile** が保存されているディレクトリに移動し，**mymnist** という名前（Tag）をつけてビルドを実行する．

```
$ cd handson/aws-batch/docker
$ docker build -t mymnist .
```

※2　https://optuna.org/
※3　https://github.com/tomomano/learn-aws-by-coding-source-code/blob/main/handson/aws-batch/docker

docker build でエラーが出たときは次の可能性を疑ってほしい．ビルドの中で，MNIST の画像データセットを http://yann.lecun.com/exdb/mnist/ からダウンロードするのだが，ダウンロード先のサーバーがしばしばダウンしている．世界中の機械学習ユーザーがアクセスするので，これはしばしば発生するようである．サーバーがダウンしているとビルドも失敗してしまう．エラーメッセージにそれらしい文言が含まれていたら，この可能性を疑おう．

手元でビルドするかわりに，Docker Hub から pull することも可能である．その場合は次のコマンドを実行する．

```
$ docker pull tomomano/mymnist:latest
```

イメージの準備ができたら，次のコマンドでコンテナを起動し，MNIST の学習を実行する．

```
$ docker run -it mymnist --lr 0.1 --momentum 0.5 --epochs 10
```

このコマンドを実行すると，指定したハイパーパラメータ（**--lr** で与えられる学習率と **--momentum** で与えられるモメンタム）を使ってニューラルネットの最適化が始まる．学習を行う最大のエポック数は **--epochs** パラメータで指定する．Chapter 5 のハンズオンで見たような，Loss の低下がコマンドライン上に出力されるだろう（**Figure 8-4**）．

```
Train Epoch: 0 [0/48000 (0.0%)] Loss: 2.297341
Train Epoch: 0 [6400/48000 (13.3%)]     Loss: 0.298299
Train Epoch: 0 [12800/48000 (26.7%)]    Loss: 0.083849
Train Epoch: 0 [19200/48000 (40.0%)]    Loss: 0.252932
Train Epoch: 0 [25600/48000 (53.3%)]    Loss: 0.160509
Train Epoch: 0 [32000/48000 (66.7%)]    Loss: 0.082315
Train Epoch: 0 [38400/48000 (80.0%)]    Loss: 0.153711
Train Epoch: 0 [44800/48000 (93.3%)]    Loss: 0.222485

Val set: Average loss: 0.0733, Accuracy: 97.8%

Train Epoch: 1 [0/48000 (0.0%)] Loss: 0.165711
Train Epoch: 1 [6400/48000 (13.3%)]     Loss: 0.136394
Train Epoch: 1 [12800/48000 (26.7%)]    Loss: 0.089186
Train Epoch: 1 [19200/48000 (40.0%)]    Loss: 0.095106
Train Epoch: 1 [25600/48000 (53.3%)]    Loss: 0.025505
Train Epoch: 1 [32000/48000 (66.7%)]    Loss: 0.061345
Train Epoch: 1 [38400/48000 (80.0%)]    Loss: 0.163712
Train Epoch: 1 [44800/48000 (93.3%)]    Loss: 0.122928

Val set: Average loss: 0.0552, Accuracy: 98.4%
```

Figure 8-4. Docker を実行したときの出力

上記で示したコマンドを使うと，計算は CPU を使って実行される．もし，ローカルの計算機に GPU が備わっており，nvidia-docker※4 の設定が済んでいるいるならば，次のコマンドにより GPU を使って計算を実行できる．

※4　https://github.com/NVIDIA/nvidia-docker

```
$ docker run -it --gpus all mymnist --lr 0.1 --momentum 0.5 --epochs 10
```

このコマンドでは，**--gpus all** というパラメータが加わった．

CPU/GPU どちらで実行した場合でも，エポックを重ねるにつれて訓練データ（Train データ）の Loss は単調に減少していくのが見て取れるだろう． 一方，**検証データ（Validation データ）の Loss および Accuracy は，ある程度まで減少した後，それ以上性能が向上しない**ことに気がつくだろう． これを実際にプロットしてみると **Figure 8-5** のようになるはずである．

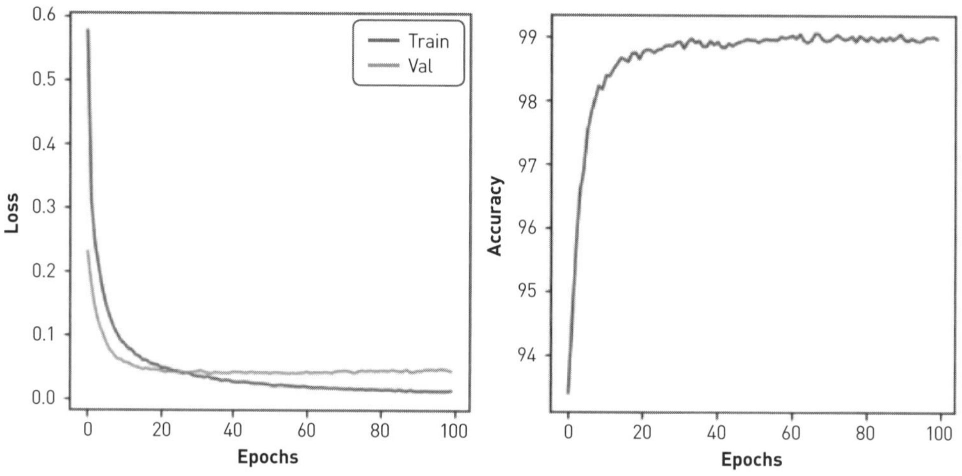

Figure 8-5.（左）Train/Validation データそれぞれの Loss のエポックごとの変化．
（右）Validation データの Accuracy のエポックごとの変化

これは**オーバーフィッティング**とよばれる現象で，ニューラルネットが訓練データに過度に最適化され，訓練データの外のデータに対しての精度（汎化性能）が向上していないことを示している． このような場合の対処法として，**Early stopping** とよばれるテクニックが知られている． Early stopping とは，訓練データの Loss を追跡し，それが減少から増加に転じるエポックで学習をうち止め，そのエポックでのウェイトパラメータを採用する，というものである． 本ハンズオンでも，Early stopping によって訓練の終了を判断し，モデルの性能評価を行っていく．

> MNIST 手書き文字データセットでは，訓練データとして 60000 枚，テストデータとして 10000 枚の画像が与えられている． 本ハンズオンで使用するコードでは，訓練データのうち 80% の 48000 枚を訓練データとして使用し，残り 20% の 12000 枚を検証データとして用いている． 詳しくはソースコードを参照のこと．

Chapter 8-5

アプリケーションの説明

このハンズオンで作成するアプリケーションの概要を **Figure 8-6** に示す.

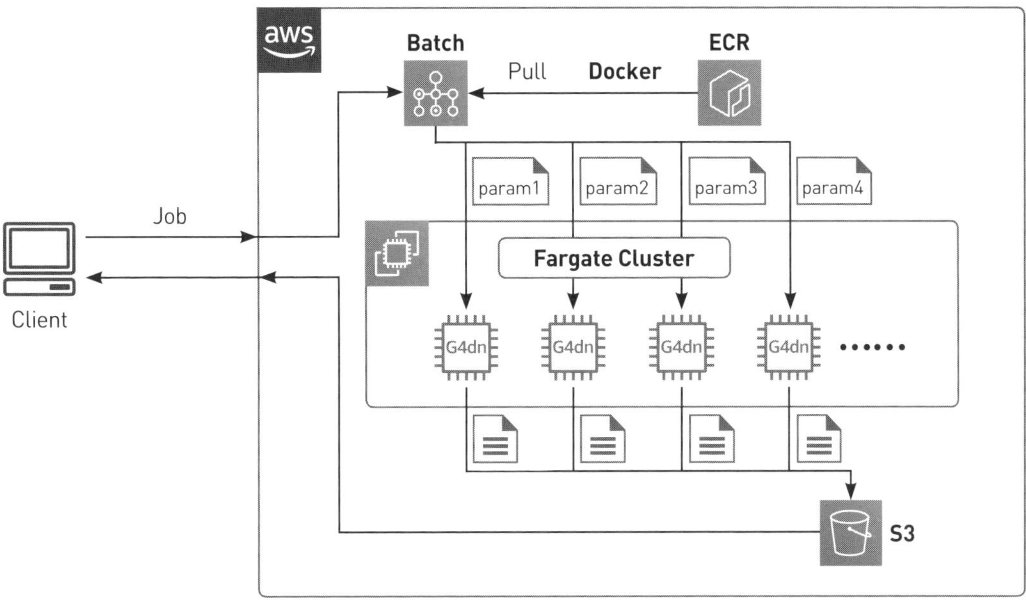

Figure 8-6. アプリケーションのアーキテクチャ

簡単にまとめると, 次のような設計である.

- クライアントは, あるハイパーパラメータの組を指定して Batch にジョブを提出する
- Batch はジョブを受け取ると, EC2 からなるクラスターで計算を実行する
- クラスター内では **g4dn.xlarge** インスタンスが起動する
- Docker イメージは, AWS 内に用意された ECR (Elastic Container Registry) から取得される
- 複数のジョブが投下された場合は, その数だけのインスタンスが起動し並列に実行される
- 各ジョブによる計算の結果は S3 に保存される
- 最後にクライアントは S3 から結果をダウンロードし, 最適なハイパーパラメータの組を決定する

それでは，プログラムのソースコードを見てみよう（handson/aws-batch/app.py[※5]）．

```
class SimpleBatch(core.Stack):

    def __init__(self, scope: core.App, name: str, **kwargs) -> None:
        super().__init__(scope, name, **kwargs)

        ❶
        bucket = s3.Bucket(
            self, "bucket",
            removal_policy=core.RemovalPolicy.DESTROY,
            auto_delete_objects=True,
        )

        vpc = ec2.Vpc(
            self, "vpc",
            # other parameters...
        )

        ❷
        managed_env = batch.ComputeEnvironment(
            self, "managed-env",
            compute_resources=batch.ComputeResources(
                vpc=vpc,
                allocation_strategy=batch.AllocationStrategy.BEST_FIT,
                desiredv_cpus=0,
                maxv_cpus=64,
                minv_cpus=0,
                instance_types=[
                    ec2.InstanceType("g4dn.xlarge")
                ],
            ),
            managed=True,
            compute_environment_name=self.stack_name + "compute-env"
        )

        ❸
        job_queue = batch.JobQueue(
            self, "job-queue",
            compute_environments=[
                batch.JobQueueComputeEnvironment(
                    compute_environment=managed_env,
                    order=100
                )
            ],
            job_queue_name=self.stack_name + "job-queue"
```

※5　https://github.com/tomomano/learn-aws-by-coding-source-code/blob/main/handson/aws-batch/app.py

```
    )

    ❹
    job_role = iam.Role(
        self, "job-role",
        assumed_by=iam.CompositePrincipal(
            iam.ServicePrincipal("ecs-tasks.amazonaws.com")
        )
    )
    # allow read and write access to S3 bucket
    bucket.grant_read_write(job_role)

    ❺
    repo = ecr.Repository(
        self, "repository",
        removal_policy=core.RemovalPolicy.DESTROY,
    )

    ❻
    job_def = batch.JobDefinition(
        self, "job-definition",
        container=batch.JobDefinitionContainer(
            image=ecs.ContainerImage.from_ecr_repository(repo),
            command=["python3", "main.py"],
            vcpus=4,
            gpu_count=1,
            memory_limit_mib=12000,
            job_role=job_role,
            environment={
                "BUCKET_NAME": bucket.bucket_name
            }
        ),
        job_definition_name=self.stack_name + "job-definition",
        timeout=core.Duration.hours(2),
    )
```

❶で，計算結果を保存するための S3 バケットを用意している

❷で，Compute environment を定義している．ここでは **g4dn.xlarge** のインスタンスタイプを使用するとし，最大の vCPU 使用数は 64 と指定している．また，最小の vCPU は 0 である．今回は，負荷がかかっていないときにアイドリング状態にあるインスタンスを用意する利点は全くないので，ここは0にするのが望ましい

❸で，❷で作成した Compute environment と紐付いた Job queue を定義している

❹で，Job が計算結果を S3 に書き込むことができるよう，IAM ロールを定義している（IAM とはリソースがもつ権限を管理する仕組みである．詳しくは Chapter 12-1-5 を参照）

❺では，Docker image を配置するための ECR を定義している

❻で Job definition を作成している．ここでは，4 vCPU，12000 MB（＝12GB）の RAM を使用するように指定している．また，今後必要となる環境変数（**BUCKET_NAME**）を設定している．さらに，❹で作った IAM を付与している

g4dn.xlarge は 1 台あたり 4 vCPU が割り当てられている．このプログラムでは Compute environment の maximum vCPUs を 64 と指定しているので，最大で 16 台のインスタンスが同時に起動することになる．

ここで maxium vCPUs を64に限定しているのは，なんらかのミスで意図せぬジョブを大量にクラスターへ投入してしまった事態で，高額の AWS 利用料金が発生するのを防ぐためである．もし，自分のアプリケーションで必要と判断したならば自己責任において64よりも大きな数を設定して構わない．

ここで注意が一点ある．AWS では各アカウントごとに EC2 で起動できるインスタンスの上限が設定されている．この上限は AWS コンソールにログインし，EC2コンソールの左側メニューバーの **Limits** をクリックすることで確認できる（**Figure 8-7**）．**g4dn.xlarge**（EC2 の区分でいうと G ファミリーに属する）の制限を確認するには，**Running On-Demand All G instances** という名前の項目を見る．ここにある数字が，AWS によって課されたアカウントの上限であり，この上限を超えたインスタンスを起動することはできない．もし，自分の用途に対して上限が低すぎる場合は，上限の緩和申請を行うことができる．詳しくは 公式ドキュメンテーション "Amazon EC2 service quotas"※6 を参照のこと．

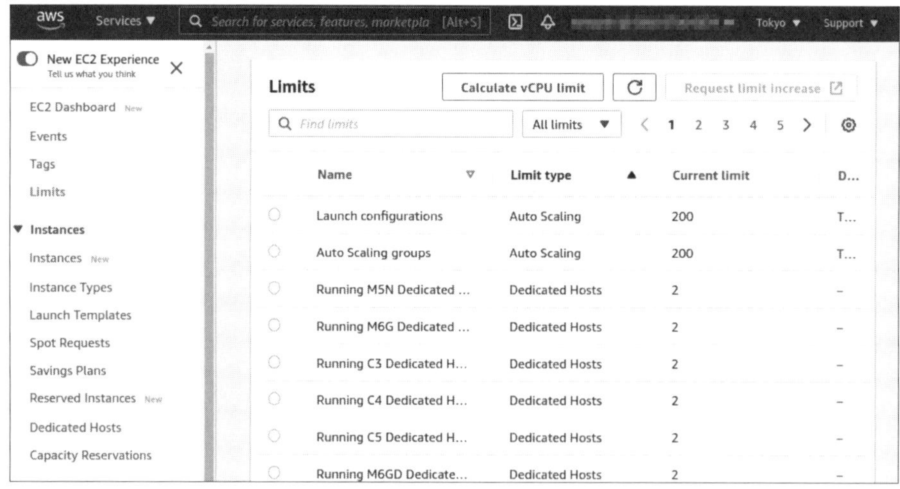

Figure 8-7. EC2コンソールから各種の上限を確認する

※6　https://docs.aws.amazon.com/AWSEC2/latest/UserGuide/ec2-resource-limits.html

Chapter 8-6

スタックのデプロイ

スタックの中身が理解できたところで，早速スタックをデプロイしてみよう．

デプロイの手順は，これまでのハンズオンとほとんど共通である．ここでは，コマンドのみ列挙する（# で始まる行はコメントである）．シークレットキーの設定も忘れずに（A-4）．

```
# プロジェクトのディレクトリに移動
$ cd handson/aws-batch

# venv を作成し，依存ライブラリのインストールを行う
$ python3 -m venv .env
$ source .env/bin/activate
$ pip install -r requirements.txt

# デプロイを実行
$ cdk deploy
```

デプロイのコマンドが無事に実行されたことが確認できたら，AWS コンソールにログインして，デプロイされたスタックを確認してみよう．コンソールの検索バーで **batch** と入力し，AWS Batch の管理画面を開く（**Figure 8-8**）．

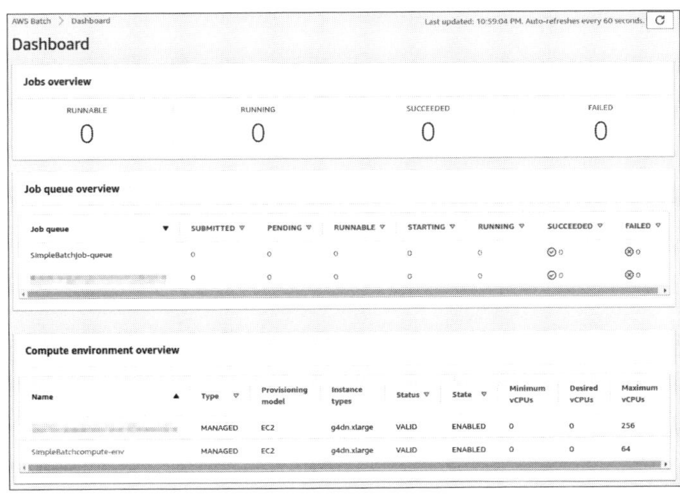

Figure 8-8.
AWSBatch のコンソール画面（ダッシュボード）

まず目を向けてほしいのが，画面の一番下にある Compute environment overview の中の **SimpleBatchcompute-env** という名前の項目だ． Compute environment とは，先ほど述べたとおり，計算が実行される環境（クラスターと読み替えてもよい）である．プログラムで指定したとおり，**g4dn.xlarge** が実際に使用されるインスタンスタイプとして表示されている．また，**Minimum vCPUs** が 0，**Maximum vCPUs** が 64 と設定されていることも見て取れる．加えて，この時点では一つもジョブが走っていないので，**Desired vCPUs** は 0 になっている．より詳細な Compute environment の情報を閲覧したい場合は，名前をクリックすることで詳細画面が開く．

次に，Job queue overview にある **SimpleBatch-queue** という項目に注目してほしい．ここでは実行待ちのジョブ・実行中のジョブ・実行が完了したジョブを一覧で確認することができる．**PENDING, RUNNING, SUCCEEDED, FAILED** などのカラムがあることが確認できる．ジョブが進行するにつれて，ジョブの状態がこのカラムにしたがって遷移していく．後でジョブを実際にサブミットしたときに戻ってこよう．

最後に，今回作成した Job definition を確認しよう．左側のメニューから **Job definitions** を選択し，次の画面で **SimpleBatchjob-definition** という項目を見つけて開く．ここから Job definition の詳細を閲覧することができる（**Figure 8-9**）．

中でも重要な情報としては，**cVPUs, Memory, CPU** がそれぞれ Docker に割り当てられる vCPU・メモリー・GPU の量を規定している．また，**Image** と書いてあるところに，ジョブで使用される Docker イメージが指定されている．ここでは，ECR のレポジトリを参照している．現時点ではこの ECR は空である．次のステップとして，この ECR にイメージを配置する作業を行おう．

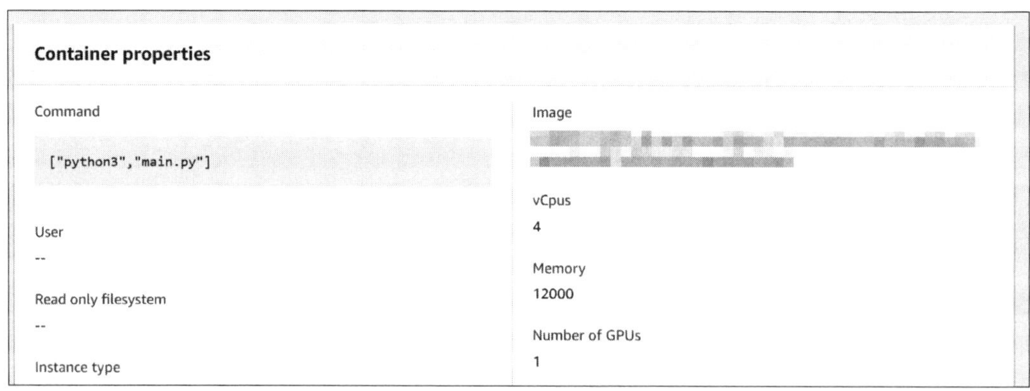

Figure 8-9. AWS Batch から Job definition を確認

Chapter 8-7

Docker image を ECR に配置する

さて，Batch がジョブを実行するには，どこか指定された場所から Docker イメージをダウンロード（pull）してくる必要がある．前回のハンズオン（Chapter 7）では，公開設定にしてある Docker Hub からイメージを pull してきた．今回のハンズオンでは，AWS から提供されているレジストリである **ECR（Elastic Container Registry）**に image を配置するという設計を採用する．ECR を利用する利点は，自分だけがアクセスすることのできるプライベートなイメージの置き場所を用意できる点である．Batch は ECR からイメージを pull してくることで，タスクを実行する（**Figure 8-6**）．

スタックのソースコードでいうと，次の箇所が ECR を定義している．

```
❶
repo = ecr.Repository(
    self, "repository",
    removal_policy=core.RemovalPolicy.DESTROY,
)

job_def = batch.JobDefinition(
    self, "job-definition",
    container=batch.JobDefinitionContainer(
        image=ecs.ContainerImage.from_ecr_repository(repo), ❷
        ...
    ),
    ...
)
```

❶で，新規の ECR を作成している．

❷で Job definition を定義する中で，image を ❶ で作った ECR から取得するように指定している．これと同時に，Job definition には ECR へのアクセス権限が IAM を通じて自動的に付与される．

さて，スタックをデプロイした時点では，ECR は空っぽである．ここに自分のアプリケーションで使う Docker イメージを push してあげる必要がある．

そのために，まずは AWS コンソールから ECR の画面を開こう（検索バーに **Elastic Container Registry** と入力すると出てくる）．**Private** というタブを選択すると，**simplebatch-repositoryXXXXXX**

という名前のレポジトリが見つかるだろう(**Figure 8-10**).

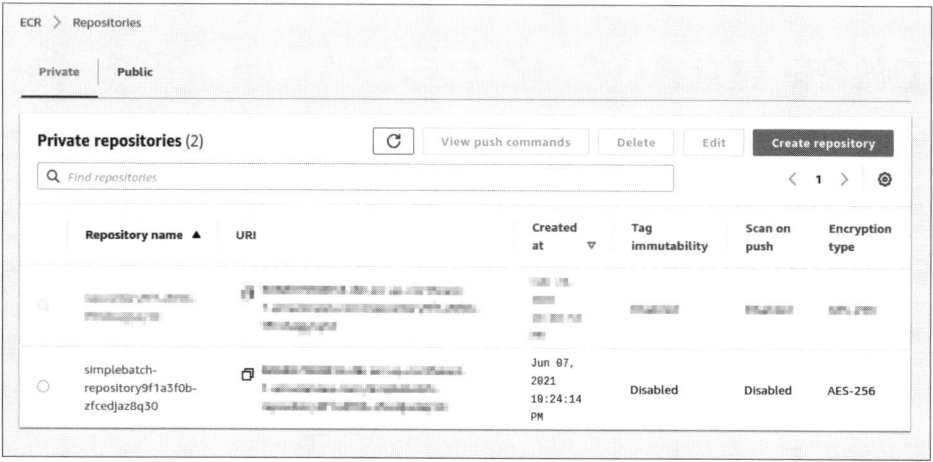

Figure 8-10. ECR のコンソール画面

次に，このレポジトリの名前をクリックするとレポジトリの詳細画面に遷移する．そうしたら，画面右上にある **View push commands** というボタンをクリックする．すると **Figure 8-11** のようなポップアップ画面が立ち上がる．

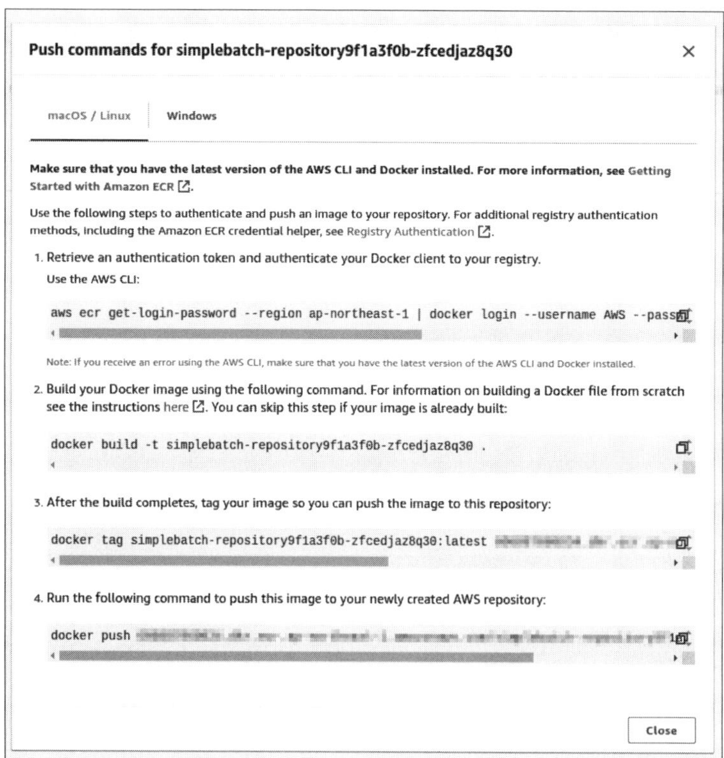

Figure 8-11. ECR への push コマンド

このポップアップ画面で表示されている四つのコマンドを順番に実行していくことで，手元の Docker イメージを ECR に push することができる． **push を実行する前に，AWS の認証情報が設定されていること**を確認しよう． そのうえで，ハンズオンのソースコードの中にある **docker/ という名前のディレクトリに移動する**． そうしたら，ポップアップ画面で表示されたコマンドを上から順に実行していく．

ポップアップで表示されるコマンドの二つ目を見てみると **docker build -t XXXXX .** となっている． 最後の . が重要で，これは 現在のディレクトリにある **Dockerfile** を使ってイメージをビルドせよ という意味である． このような理由で，Dockerfile が置いてあるディレクトリに移動する必要がある．

四つ目のコマンドは，数GBあるイメージを ECR にアップロードするので少し時間がかかるかもしれないが，これが完了するとめでたくイメージが ECR に配置されたことになる． もう一度 ECR のコンソールを見てみると，確かにイメージが配置されていることが確認できる（**Figure 8-12**）． これで，AWS Batch を使ってジョブを実行させるための最後の準備が完了した．

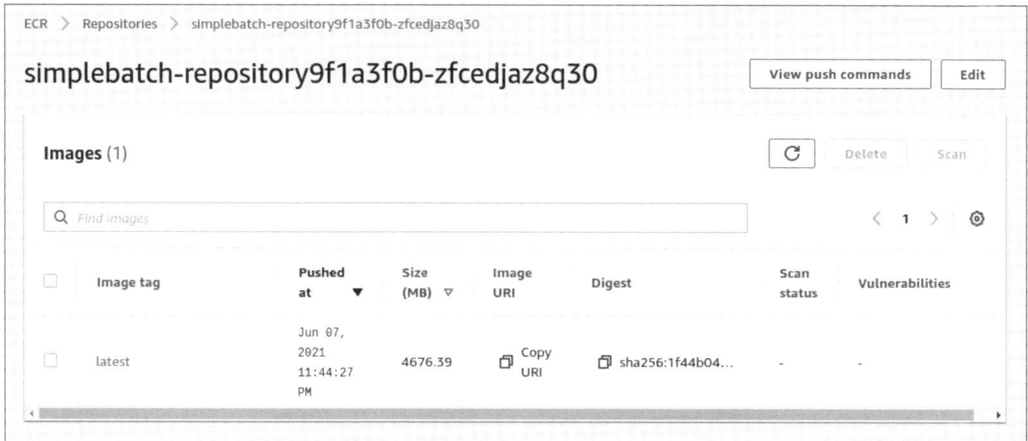

Figure 8-12. ECR へ image の配置が完了した

今回のハンズオンで紹介するアプリケーションは，Docker イメージを置き換えることで，ユーザー自身の計算ジョブを実行することが可能である． Chapter 8-11 のコラムに手順を紹介しているので，興味のある読者は参照していただきたい．

Chapter 8-8

単一のジョブを実行する

さて，ここからは実際に AWS Batch にジョブを投入する方法を見ていこう．

ハンズオンのディレクトリの **notebook/** というディレクトリの中に，**run_single.ipynb**※7 というファイルが見つかるはずである（**.ipynb** は Jupyter Notebook のファイル形式）．これを Jupyter Notebook から開こう．

今回のハンズオンでは，**venv** による仮想環境の中に Jupyter Notebook もインストール済みである．なので，ローカルマシンから以下のコマンドで Jupyter Notebook を立ち上げる．

```
# .env の仮想環境にいることを確認
(.env) $ cd notebook
(.env) $ jupyter notebook
```

Jupyter Notebook が起動したら，**run_single.ipynb** を開く．

最初の [1], [2], [3] 番のセルは，ジョブをサブミットするための関数（**submit_job()**）を定義している．

```
# [1]
import boto3
import argparse

# [2]
# AWS 認証ヘルパー ...省略...

# [3]
def submit_job(lr:float, momentum:float, epochs:int, profile_name="default"):
    if profile_name is None:
        session = boto3.Session()
    else:
        session = boto3.Session(profile_name=profile_name)
    client = session.client("batch")

    title = "lr" + str(lr).replace(".", "") + "_m" + str(momentum).replace(".", "")
```

※7 https://github.com/tomomano/learn-aws-by-coding-source-code/blob/main/handson/aws-batch/notebook/run_single.ipynb

```
    resp = client.submit_job(
        jobName=title,
        jobQueue="SimpleBatchjob-queue",
        jobDefinition="SimpleBatchjob-definition",
        containerOverrides={
            "command": ["--lr", str(lr),
                        "--momentum", str(momentum),
                        "--epochs", str(epochs),
                        "--uploadS3", "true"]
        }
    )
    print("Job submitted!")
    print("job name", resp["jobName"], "job ID", resp["jobId"])
```

submit_job () 関数について簡単に説明しよう．Chapter 8-4 で，MNIST の Docker をローカルで実行したとき，次のようなコマンドを使用した．

```
$ docker run -it mymnist --lr 0.1 --momentum 0.5 --epochs 10
```

ここで，**--lr 0.1 --momentum 0.5 --epochs 10** の部分が，コンテナに渡されるコマンドである．

AWS Batch でジョブを実行するときも，**ContainerOverrides** の **command** というパラメータを使用することで，コンテナに渡されるコマンドを指定できる．コードでは以下の部分が該当する．

```
containerOverrides={
    "command": ["--lr", str(lr),
                "--momentum", str(momentum),
                "--epochs", str(epochs),
                "--uploadS3", "true"]
}
```

続いて，[4] 番のセルに移ろう．ここでは，上記の **submit_job ()** 関数を用いて，学習率 = 0.01, モメンタム = 0.1, エポック数 = 100 を指定したジョブを投入する．

```
# [4]
submit_job(0.01, 0.1, 100)
```

AWS の認証情報は，Jupyter Notebook の内部から再度定義する必要がある．これを手助けするため，notebook の [2] 番のセル (デフォルトではすべてコメントアウトされている) を用意した．これを使うにはコメントアウトを解除すればよい．このセルを実行すると，AWS の認証情報を入力する対話的なプロンプトが表示される．プロンプトに従って aws secret key などを入力することで，

(Jupyter のセッションに固有な) 環境変数に AWS の認証情報が記録される.
もう一つの認証方法として，**sumit_job ()** 関数に **profile_name** というパラメータを用意した．もし **~/.aws/credentials** に認証情報が書き込まれているのならば (詳しくは A-4)，**profile_name** に使用したいプロファイルの名前を渡すだけで，認証を行うことができる.

慣れている読者は後者のほうが便利であると感じるだろう.

[4] 番のセルを実行したら，ジョブが実際に投入されたかどうかを AWS コンソールから確認してみよう. AWS Batch の管理コンソールを開くと，**Figure 8-13** のような画面が表示されるだろう.

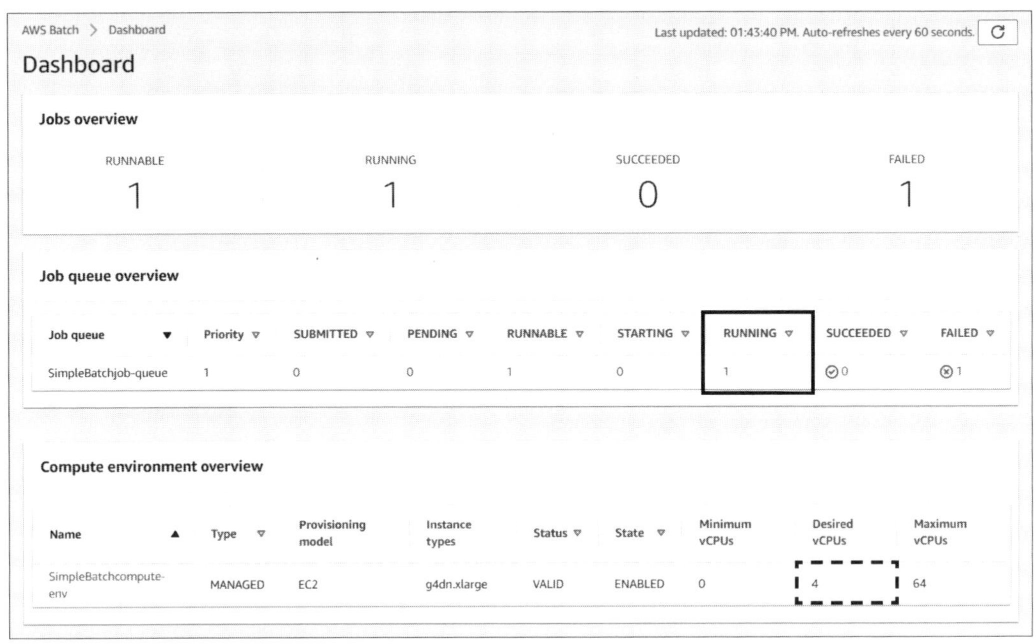

Figure 8-13. AWS Batch でジョブが実行されている様子

Figure 8-13 で枠で囲った箇所に注目してほしい．一つのジョブが投入されると，それは **SUBMITTED** という状態を経て **RUNNABLE** という状態に遷移する．**RUNNABLE** とは，ジョブを実行するためのインスタンスが Compute environment に不足しているため，新たなインスタンスが起動されるのを待っている状態に相当する．インスタンスの準備が整うと，ジョブの状態は **STARTING** を経て **RUNNING** に至る.

次に，ジョブのステータスが **RUNNING** のときの Compute environment の **Desired vCPU** を見てみよう (**Figure 8-13** で点線で囲った箇所)．ここで 4 と表示されているのは，**g4dn.xlarge** インスタンス一つ分の vCPU の数である．ジョブの投入に応じて，それを実行するのに最低限必要な EC2 インスタンスが起動されたことが確認できる（興味のある人は，EC2 コンソールも同時に覗いてみるとよい）．

しばらく経つと，ジョブの状態は **RUNNING** から **SUCCEEDED**（あるいは何らかの理由でエラーが発生したときには **FAILED**）に遷移する．今回のハンズオンで使っている MNIST の学習はだいたい 10 分くらいで完了するはずである．ジョブの状態が **SUCCEEDED** になるまで見届けよう．

ジョブが完了すると，学習の結果（エポックごとの Loss と Accuracy を記録した CSV ファイル）は S3 に保存される．AWS コンソールからこれを確認しよう．S3 のコンソールに行くと **simplebatch-bucketXXXX**（**XXXX** の部分はユーザーによって異なる）という名前のバケットが見つかるはずである．これをクリックして中身を見てみると，**metrics_lr0.0100_m0.1000.csv** という名前の CSV があることが確認できるだろう（**Figure 8-14**）．これが，学習率 = 0.01，モメンタム = 0.1 として学習を行ったときの結果である．

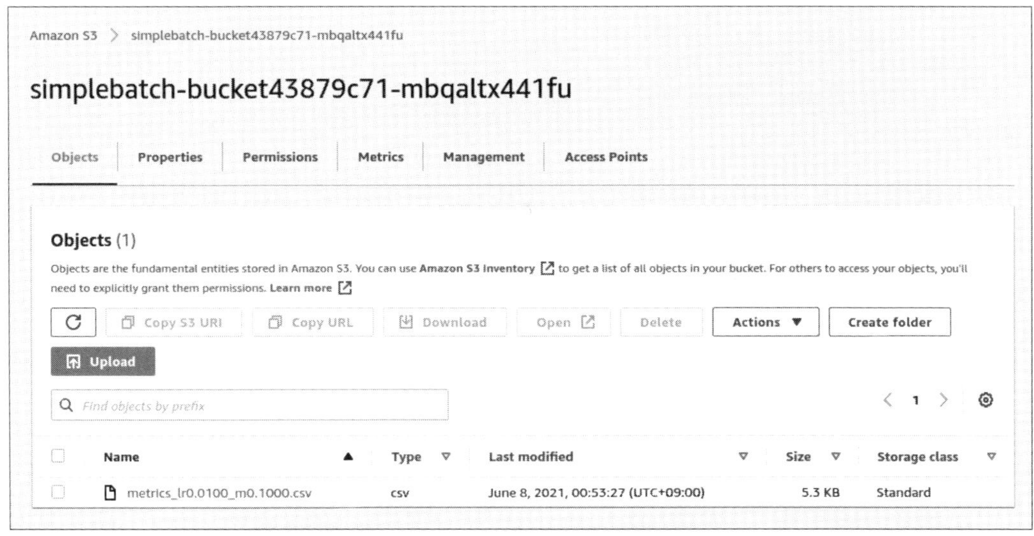

Figure 8-14. ジョブの実行結果は S3 に保存される

さて，ここで **run_single.ipynb** に戻ってこよう．[5] から [7] 番のセルでは，学習結果の CSV ファイルのダウンロードを行っている．

```
# [5]
import pandas as pd
import io
from matplotlib import pyplot as plt

# [6]
def read_table_from_s3(bucket_name, key, profile_name=None):
    if profile_name is None:
        session = boto3.Session()
    else:
        session = boto3.Session(profile_name=profile_name)
    s3 = session.resource("s3")
    bucket = s3.Bucket(bucket_name)

    obj = bucket.Object(key).get().get("Body")
    df = pd.read_csv(obj)

    return df

# [7]
bucket_name = "simplebatch-bucket43879c71-mbqaltx441fu"
df = read_table_from_s3(
    bucket_name,
    "metrics_lr0.0100_m0.1000.csv"
)
```

[6] で S3 から CSV データをダウンロードし，pandas の **DataFrame** オブジェクトとしてロードする関数を定義している（Chapter 13 でこのあたりのデータ操作は詳しく触れる）．[7] を実行するとき，**bucket_name** という変数の値を，**自分自身のバケットの名前に置き換える**ことに注意しよう（先ほど S3 コンソールから確認した **simplebatch-bucketXXXX** のことである）．

続いて，[9] 番のセルで，CSV のデータをプロットしている（**Figure 8-15**）． ローカルで実行したときと同じように，AWS Batch を用いて MNIST モデルを訓練することに成功した！

```
# [9]
fig, (ax1, ax2) = plt.subplots(1,2, figsize=(9,4))
x = [i for i in range(df.shape[0])]
ax1.plot(x, df["train_loss"], label="Train")
ax1.plot(x, df["val_loss"], label="Val")
ax2.plot(x, df["val_accuracy"])

ax1.set_xlabel("Epochs")
ax1.set_ylabel("Loss")
ax1.legend()
```

```
ax2.set_xlabel("Epochs")
ax2.set_ylabel("Accuracy")

print("Best loss:", df["val_loss"].min())
print("Best loss epoch:", df["val_loss"].argmin())
print("Best accuracy:", df["val_accuracy"].max())
print("Best accuracy epoch:", df["val_accuracy"].argmax())
```

```
Best loss: 0.0377041386226968
Best loss epoch: 37
Best accuracy: 99.15833333333332
Best accuracy epoch: 67
```

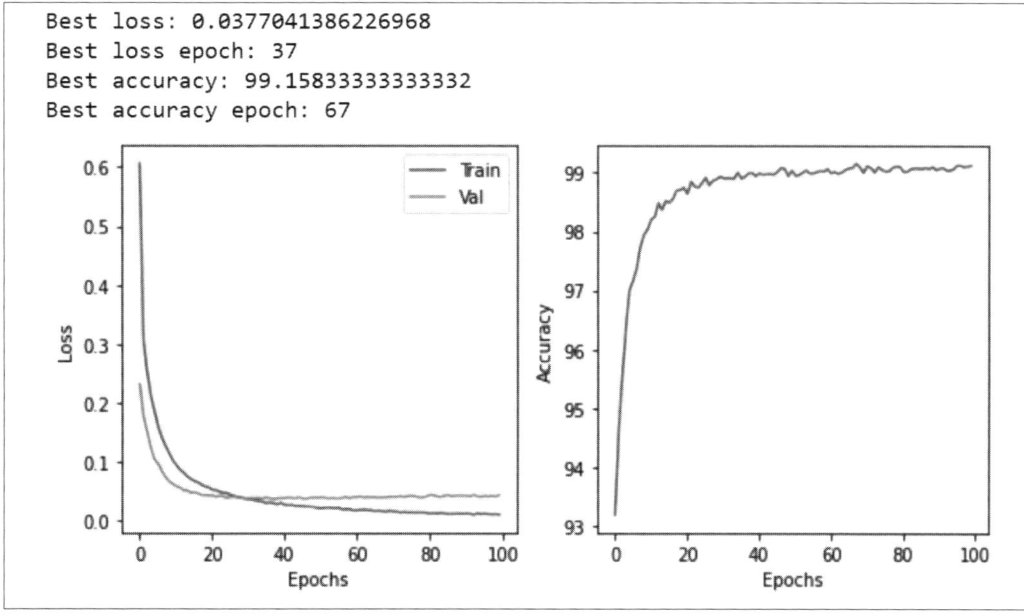

Figure 8-15. AWS Batch で行った MNIST モデルの学習の結果

Chapter 8-9

並列に複数の Job を実行する

さて，ここからが最後の仕上げである． ここまでのハンズオンで構築した AWS Batch のシステムを使って，ハイパーパラメータサーチを実際に行おう．

先ほど実行した **run_single.ipynb** と同じディレクトリにある **run_sweep.ipynb** を開く．

セル [1], [2], [3] は **run_single.ipynb** と同一である．

```
# [1]
import boto3
import argparse

# [2]
# AWS 認証ヘルパー ...省略...

# [3]
def submit_job(lr:float, momentum:float, epochs:int, profile_name=None):
    # ...省略...
```

セル [4] の for ループを使って，グリッド状にハイパーパラメータの組み合わせを用意し，batch にジョブを投入している．ここでは 3x3=9 個のジョブを作成した．

```
# [4]
for lr in [0.1, 0.01, 0.001]:
    for m in [0.5, 0.1, 0.05]:
        submit_job(lr, m, 100)
```

セル [4] を実行したら，Batch のコンソールを開こう． 先ほどと同様に，ジョブのステータスは **SUBMITTED** > **RUNNABLE** > **STARTING** > **RUNNING** と移り変わっていくことがわかるだろう．最終的に 9 個のジョブがすべて **RUNNING** の状態になることを確認しよう (**Figure 8-16**)． また，このとき Compute environment の **Desired vCPUs** は 4x9=36 となっていることを確認しよう (**Figure 8-16**)．

Figure 8-16. 複数のジョブを同時投入したときの Batch コンソール

次に，Batch のコンソールの左側のメニューから **Jobs** をクリックしてみよう．ここでは，実行中の ジョブの一覧が確認することができる（**Figure 8-17**）．ジョブのステータスでフィルタリングをすることも可能である．9 個のジョブがどれも **RUNNING** 状態にあることが確認できるだろう．

Jobs (9)　Clone job　Cancel job　Terminate job　**Submit new job**

Job queue: SimpleBatchjob-queue ▼　Status: RUNNING ▼　〈 1 〉

Name	ID	Started at	Stopped at	Total run time	Status
lr01_m05	d965ff7d-82f1-47d6-ae05-43b04736c096	Jun 14 2021 00:17:04	--	--	RUNNING
lr01_m01	02c86c47-c1d0-4ee4-9820-2a57dcc5bef2	Jun 14 2021 00:19:45	--	--	RUNNING
lr01_m005	f1e22ad2-b1c4-4dc2-9a6d-a07ae42feb87	Jun 14 2021 00:19:48	--	--	RUNNING
lr001_m05	a6ca5b9b-1178-497b-9651-5e936aec7b1e	Jun 14 2021 00:17:04	--	--	RUNNING
lr001_m01	ed2e8cf8-21d6-4c00-b82f-3acf909104d4	Jun 14 2021 00:17:04	--	--	RUNNING
lr001_m005	c52466ea-afcc-4ac8-9523-cc7ca3703cde	Jun 14 2021 00:20:13	--	--	RUNNING
lr0001_m05	367723ea-5d95-4263-ad9f-30d69e2c3dee	Jun 14 2021 00:19:45	--	--	RUNNING
lr0001_m01	f3a4146d-9b5a-43f2-97a4-102f360bf6e6	Jun 14 2021 00:19:47	--	--	RUNNING
lr0001_m005	e67eda8d-0088-450e-9dd0-b02335162080	Jun 14 2021 00:20:15	--	--	RUNNING

Figure 8-17. 複数のジョブを同時投入したときの Job 一覧

今度は EC2 コンソールを見てみよう． 左のメニューから **Instances** を選択すると，**Figure 8-18** に示すような起動中のインスタンスの一覧が表示される． **g4dn.xlarge** が 9 台稼働しているのが確認できる． Batch がジョブの投下に合わせて必要な数のインスタンスを起動してくれたのだ！

Instances (11) Info

Connect | Instance state ▼ | Actions ▼ | Launch instances ▼

Filter instances

Instance state: running ✕ | Clear filters

Name	Instance ID	Instance state	Instance type	Status check	Alarm status	Availability Zone	Public IPv4 DNS
[illegible]	[illegible]	[illegible]	[illegible]	[illegible]	[illegible]	[illegible]	[illegible]
[illegible]	[illegible]	[illegible]	[illegible]	[illegible]	[illegible]	[illegible]	[illegible]
–	i-0ba247386a4a863b1	Running	g4dn.xlarge	2/2 checks passed	No alarms +	ap-northeast-1a	ec2-52-196-156-
–	i-0eb5e9cf4c680cdb7	Running	g4dn.xlarge	2/2 checks passed	No alarms +	ap-northeast-1a	ec2-18-183-239-
–	i-01a568c61751d48f8	Running	g4dn.xlarge	2/2 checks passed	No alarms +	ap-northeast-1a	ec2-13-114-41-7
–	i-0965f3df949d6d64d	Running	g4dn.xlarge	2/2 checks passed	No alarms +	ap-northeast-1a	ec2-52-69-53-10
–	i-071424513eff9b111	Running	g4dn.xlarge	2/2 checks passed	No alarms +	ap-northeast-1a	ec2-52-68-193-1
–	i-0b3b7b6b58728558b	Running	g4dn.xlarge	2/2 checks passed	No alarms +	ap-northeast-1a	ec2-3-113-30-84
–	i-04548920d31a2e134	Running	g4dn.xlarge	2/2 checks passed	No alarms +	ap-northeast-1a	ec2-3-112-221-2
–	i-00e1428460a61d067	Running	g4dn.xlarge	2/2 checks passed	No alarms +	ap-northeast-1a	ec2-3-112-72-23
–	i-025a30bf863674374	Running	g4dn.xlarge	2/2 checks passed	No alarms +	ap-northeast-1a	ec2-18-183-170-

Figure 8-18. 複数のジョブを同時投入したときの EC2 インスタンスの一覧

ここまで確認できたら，それぞれの Job が終了するまでしばらく待とう（だいたい 10-15 分くらいで終わる）． すべてのジョブが終了すると，ダッシュボードの **SUCCEEDED** が 9 となっているはずだ． また，Compute environment の **Desired vCPUs** も 0 に落ちていることを確認しよう． 最後に EC2 コンソールに行って，すべての g4dn インスタンスが停止していることを確認しよう．

以上から，AWS Batch を使うことで，**ジョブの投入に応じて自動的に EC2 インスタンスが起動され，ジョブの完了とともに，ただちにインスタンスの停止が行われる**一連の挙動を観察することができた． 一つのジョブの完了におよそ 10 分の時間がかかるので，9 個のハイパーパラメータの組を逐次的に計算していた場合は 90 分の時間を要することになる． AWS Batch を使ってこれらの計算を並列に実行することで，ジョブ一個分の計算時間（＝10 分）ですべての計算を終えることができた！

さて，再び **run_sweep.ipynb** に戻ってこよう． [5] 以降のセルでは，グリッドサーチの結果を可視化している．

```
# [5]
import pandas as pd
import numpy as np
import io
from matplotlib import pyplot as plt

# [6]
def read_table_from_s3(bucket_name, key, profile_name=None):
    if profile_name is None:
        session = boto3.Session()
    else:
        session = boto3.Session(profile_name=profile_name)
    s3 = session.resource("s3")
    bucket = s3.Bucket(bucket_name)

    obj = bucket.Object(key).get().get("Body")
    df = pd.read_csv(obj)

    return df

# [7]
grid = np.zeros((3,3))
for (i, lr) in enumerate([0.1, 0.01, 0.001]):
    for (j, m) in enumerate([0.5, 0.1, 0.05]):
        key = f"metrics_lr{lr:0.4f}_m{m:0.4f}.csv"
        df = read_table_from_s3("simplebatch-bucket43879c71-mbqaltx441fu", key)
        grid[i,j] = df["val_accuracy"].max()

# [8]
fig, ax = plt.subplots(figsize=(6,6))
ax.set_aspect('equal')

c = ax.pcolor(grid, edgecolors='w', linewidths=2)

for i in range(3):
    for j in range(3):
        text = ax.text(j+0.5, i+0.5, f"{grid[i, j]:0.1f}",
                       ha="center", va="center", color="w")
```

最終的に出力されるプロットが **Figure 8-19** である.

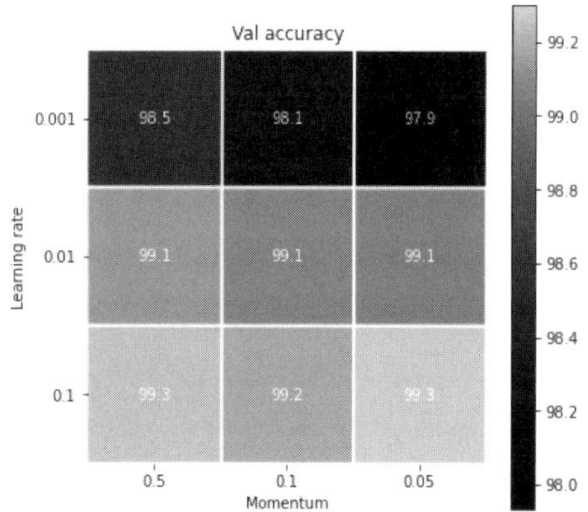

Figure 8-19. ハイパーパラメータのグリッドサーチの結果

このプロットから，差は僅かであるが，学習率が 0.1 のときに精度は最大となることがわかる．また，学習率 0.1 のときはモメンタムを変えても大きな差は生じないことが見て取れる．

今回のパラメータサーチは勉強用に極めて単純化されたものである点は承知いただきたい．

たとえば，今回は学習率が 0.1 が最もよいとされたが，それは訓練のエポックを 100 に限定しているからかもしれない．学習率が低いとその分訓練に必要なエポック数も多くなる．訓練のエポック数をもっと増やせばまた違った結果が観察される可能性はある．

また，今回は MNIST の訓練データ 60,000 枚のうち，48,000 枚を訓練データ，残り 12,000 枚を検証データとして用いた．この分割は乱数を固定してランダムに行ったが，もしこの分割によるデータのバイアスを気にするならば，分割の乱数を変えて複数回モデルの評価を行う（**k-fold cross-validation**）方法も，より精緻なアプローチとして考えられる．

以上のようにして，CNN を用いた MNIST 分類モデルのハイパーパラメータの最適化の一連の流れを体験した．AWS Batch を利用することで，比較的少ないプログラミングで，動的に EC2 クラスターを制御し，並列にジョブを処理するシステムが構築できた．ここまで EC2 を使いこなすことができれば，多くの問題を自力で解くことが可能になるだろう！

Chapter 8-10

スタックの削除

これにて，本ハンズオンは終了である．最後にスタックを削除しよう．今回のスタックを削除するにあたり，ECR に配置された Docker のイメージは手動で削除されなければならない（これをしないと，**cdk destroy** を実行したときにエラーになってしまう．これは CloudFormation の仕様なので従うしかない）．

ECR の Docker image を削除するには，ECR のコンソールに行き，イメージが配置されたレポジトリを開く． そして，画面右上の **DELETE** ボタンを押して削除する（**Figure 8-20**）．

Figure 8-20. ECR から Docker image を削除する

あるいは，AWS CLI から同様の操作を行うには，以下のコマンドを用いる（**XXXX** は自分の ECR レポジトリ名に置き換える）．

```
$ aws ecr batch-delete-image --repository-name XXXX --image-ids imageTag=latest
```

image の削除が完了したうえで，次のコマンドでスタックを削除する．

```
$ cdk destroy
```

Chapter 8-11

クラウドを用いた機械学習アプリケーションの開発とデバッグ

本章で紹介したハンズオンでは，AWS Batch を使用することでニューラルネットの学習を複数並列に実行し，高速化を実現した．本章の最後の話題として，クラウドを用いた機械学習アプリケーションの開発とデバッグの方法について述べよう．

クラウドを利用する予算が確保されているのであれば，**Figure 8-21** のような開発のスキームが理想的であると考える．最初の段階では，Chapter 5 で見たような方法で，GPU 搭載型の EC2 インスタンスを作成し，Jupyter Notebook などのインタラクティブな環境で様々なモデルを試し実験を行う．Jupyter である程度アプリケーションが完成してきたタイミングで，作成したアプリケーションを Docker イメージにパッケージングする．そして，EC2 上で **docker run** を行い，作成したイメージがバグなく動作するか確認を行う．その次に，ハイパーパラメータの最適化などのチューニングを，Chapter 8 のハンズオンで学んだ AWS Batch などの計算システムを利用して行う．よい深層学習モデルが完成したら，Chapter 7 を参考に仕上げとして大規模データへの推論処理を行うシステムの構築を行う．

実際，本書ではこの流れに沿って演習を進めてきた．MNIST タスクを解くモデルを，最初 Jupyter Notebook を使用して実験し，そのコードをほとんどそのまま Docker にパッケージし，AWS Batch を用いてハイパーパラメータサーチを行った．このサイクルを繰り返すことで，クラウドを最大限に活用した機械学習アプリケーションの開発を進めることができる．

本章のハンズオンで提供しているプログラムは，ECR に配置するイメージを入れ替えることで，任意のアプリケーションを AWS Batch を通じて実行することができる．興味のある読者は，次ページのコラムを参考に，自身の機械学習アプリケーションの開発に挑戦していただきたい．

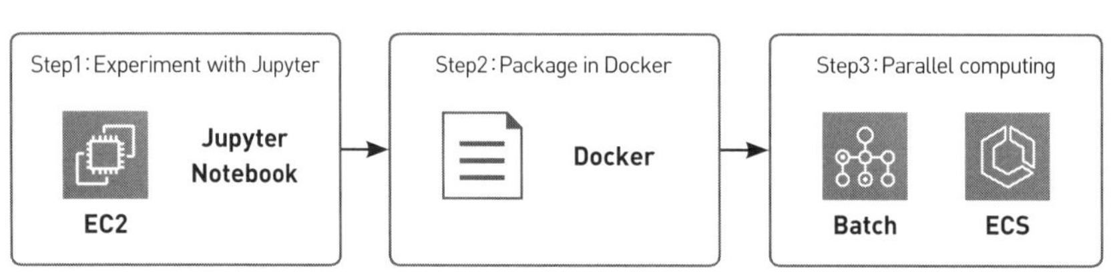

Figure 8-21. クラウドを活用した機械学習アプリケーションの開発フロー

Column

ハンズオン#4 のカスタマイズ

ハンズオン#4 で提供しているプログラムは ECR に配置する Docker イメージを入れ替えるだけで，自分自身のアプリケーションを Batch で実行できるようになっている． ここでは，そのようなカスタマイズを行うための方針と手順を解説しよう．

最初のステップは，自分のアプリケーションを Docker にパッケージすることである． 本ハンズオンは Python で書かれた深層学習のプログラムを使用したが，使用される言語はなんでも構わない． イメージを構築する手順を Dockerfile に記述していく． 重要なポイントは，Dockerfile の ENTRYPOINT プロパティを指定することだ． 本ハンズオンを振り返ってみると，コンテナの実行には次のようなコマンドを使用したことを覚えているだろう．

```
$ docker run -it mymnist --lr 0.1 --momentum 0.5 --epochs 10
```

このように，ジョブごとに変更したい変数を docker run に渡せるように，ENTRYPOINT を書き換える． 本ハンズオンでは ENTRYPOINT ["python3", "main.py"] と書かれていた（ソースコード※8を参照）． また，S3 からデータをロードする，S3 に結果を保存する，などの処理をコンテナの内部に追加しよう．

イメージが完成したら，次に CDK のコードを自分仕様に変更しよう． 変更すべきパラメータとしては，使用するインスタンスのタイプ，割り当てる vCPU・メモリーの量，GPU の有無，コンテナに渡す環境変数などがあるだろう． また，元データをロードしたり結果を保存する目的で，S3 の設定も変更する必要があるかもしれない． CDK を変更したら，ハンズオンと見たのと同じ手順でデプロイを行う． また，Chapter8-8 と同じ手順で，ECR に作成したカスタムのイメージを配置しよう．

最後に，ジョブを投入するための Python スクリプトを変更する． handson/aws-batch/notebook/run_single.ipynb※9 を参考に，submit_job() 関数を書き換える． とくに，containerOverrides の下にある command というパラメータを書き換える． ここは，上で作成した自身の Docker イメージのコマンドの仕様に従う．

以上で，カスタムのコンテナを実行するための工事が完了するはずだ． 興味のある読者はぜひ練習として取り組んでいただきたい． また，このプログラムをベースに，Lambda/API Gateway/DynamoDB/Step Functions などを足すことで，エラー処理のロジックを追加したり，ユーザーがより使いやすい API を実装するなどの拡張が考えられる． これらのテクニックについては Chapter 15 で触れる． Chapter 15 を読み終えてから再び戻ってきても面白いだろう．

※8 https://github.com/tomomano/learn-aws-by-coding-source-code/blob/main/handson/aws-batch/docker/Dockerfile
※9 https://github.com/tomomano/learn-aws-by-coding-source-code/blob/main/handson/aws-batch/notebook/run_single.ipynb

Chapter 8-12

小括

ここまでが，本書第二部の内容である． 第一部に引き続き盛りだくさんの内容であったが，ついてこれたであろうか？

第二部ではまず，深層学習の計算をクラウドで実行するため，GPU 搭載型の EC2 インスタンスの起動について解説した (Chapter 5)． さらに，ハンズオンでは，クラウドに起動した仮想サーバーを使って MNIST 文字認識タスクを解くニューラルネットを訓練した (Chapter 5)．

また，より大規模な機械学習アプリケーションを作るための手段として，Docker と ECS によるクラスターの初歩を説明した (Chapter 6)． その応用として，英語で与えられた文章問題への回答を自動で生成するボットをクラウドに展開した (Chapter 7)． タスクの投入に応じて動的に計算リソースが作成・削除される様子を実際に体験できただろう．

さらに，Chapter 8 では AWS Batch を用いてニューラルネットの学習を並列に実行する方法を紹介した． ここで紹介した方法は，ミニマムであるが，計算機システムを大規模化していくためのエッセンスが網羅されている． これらのハンズオン体験から，クラウド技術を応用してどのように現実世界の問題を解いていくのか，なんとなくイメージが伝わっただろうか？

本書の第三部では，さらにレベルアップし，サーバーレスアーキテクチャという最新のクラウドの設計手法について解説する． その応用として，ハンズオンでは簡単な SNS サービスをゼロから実装する． 引き続きクラウドの最先端の世界を楽しんでいこう！

Chapter 9

ウェブサービスの作り方

ここからが，本書第三部の内容になる．

第三部では，広く一般に使ってもらえるような計算サービス・データベースをクラウド上に開発する，ということをテーマに据える．

その準備として，本章ではどのようにしてウェブサービスができ上がっているのか，背後にある技術の概要を解説しよう．

Twitter の API を読み解きながら，REST API などの概念をしっかり理解しよう．

Chapter 9-1

個人のためのクラウドから みんなのためのクラウドへ

これまでのチャプターでは，仮想サーバーをクラウド上に起動し，そこで計算を走らせる方法について解説をしてきた．EC2, ECS, Fargate, Batch などを利用して，動的にスケールするクラスターを構成し，並列にタスクを実行するクラウドシステムを実装してきた．振り返ると，これまで紹介してきた内容は，**自分自身が行いたい計算をクラウドを駆使することで実現する**，という用途にフォーカスしていたことに気が付くだろう．このような用途も，クラウドを利用することの大きなベネフィットである．一方で，**広く一般の人々に使ってもらえるような計算サービス・データベース**を提供する，というのもクラウドの重要な役割として挙げられる．

本章から始まる第三部では，前回までとは少し方向性を変え，どのようにしてクラウド上にアプリケーションを展開し，広く一般の人に使ってもらうサービスを提供するか，という点を講義したいと思う．そのためには，これまで学んだ動的にスケールするクラウドの概念をもとに，インターネットを通じてクライアントにコンテンツを配信したり，データを収集する仕組みが必要となる．

第三部では最初に，世の中のウェブサービスがどのようにしてでき上がっているのか，背後にある概念や用語をおさらいする．つづく Chapter 10 では，サーバーレスアーキテクチャとよばれる最新のクラウド設計手法を導入する．従来のクラウドアーキテクチャとの比較から，サーバーレスアーキテクチャの利点と設計で考慮すべき点などを解説する．

Chapter 11 で AWS でサーバーレスクラウドを構成するコンポーネントについてハンズオン形式で練習を行った後，Chapter 12 ではサーバーレスの技術を使って簡単な SNS を構成する．この SNS は世界のどこからでもアクセスでき，さらにサーバーレスの技術によって数千人以上のユーザーを容易にサポートできるようなスケーラブルなシステムである．

クラウドの最先端の技術を習得し，自由自在にウェブサービスを構築できるようになることが第三部の最終ゴールである．

Chapter 9-2

ウェブサービスの仕組み―Twitterを例に

あなたがパソコンやスマートフォンから Twitter, Facebook, YouTube などのウェブサービスにアクセスしたとき，実際にどのようなことが行われ，コンテンツが提示されているのだろうか？ここでは，インターネットを通じたウェブサービスの仕組みについて，簡単におさらいしていこう．

HTTP を通じたサーバーとクライアントのデータのやり取りは，すでに知っている読者も多いだろうし，逆にすべて解説しようとすると紙面が足りないので，ここではエッセンスの説明のみにとどめる．以降では Twitter[※1] を具体例として，背後にあるサーバーとクライアントの間の通信を概説しよう．概念図としては **Figure 9-1** のような通信がクライアントとサーバーの間で行われていることになる．

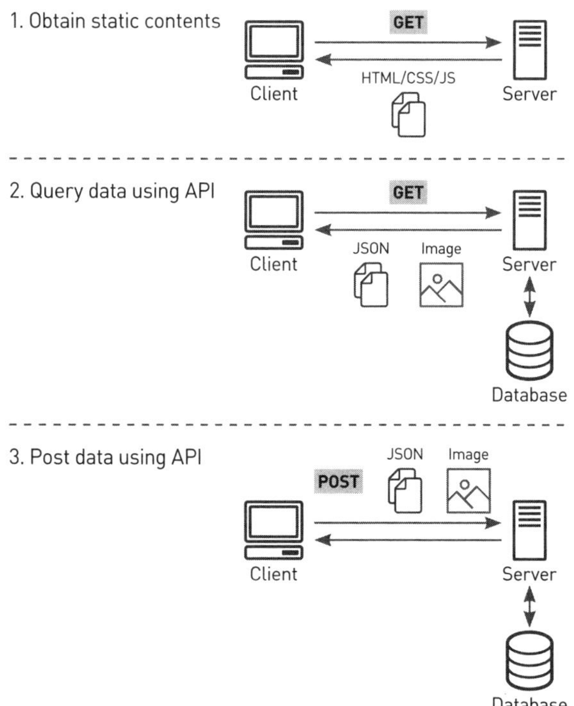

Figure 9-1. クライアントと Web サーバーの通信の概念図

※1　https://twitter.com/

前提として，クライアントとサーバーの通信は **HTTP (Hypertext Transfer Protocol)** を使って行われる． また，最近では，暗号化された HTTP である **HTTPS (Hypertext Transfer Protocol Secure)** を用いることがスタンダードになってきている．

第一のステップとして，クライアントは HTTP(S) 通信によってサーバーから静的なコンテンツを取得する．静的なコンテンツとは，**HTML (Hypertext Markup Language)** で記述されたウェブページの文書本体，**CSS (Cascading Style Sheets)** で記述されたページのデザインやレイアウトファイル，そして **JavaScript (JS)** で記述されたページの動的な挙動を定義したプログラム，が含まれる． Twitter を含む現代的なウェブアプリケーションの設計では，この静的なファイル群はページの"枠"を定義するだけで，中身となるコンテンツ（例：ツイートの一覧）は別途 **API (Application Programming Interface)** によって取得されなければならない．

そこで，クライアントは先のステップで取得された JavaScript で定義されたプログラムに従って，サーバーに API リクエストを送信する．サーバーは，受け取ったリクエストをもとに，要求されたデータをデータベースから検索し，ツイートのテキストデータや画像などのメディアデータをクライアントに返す．このとき，テキストデータのやり取りには **JSON (JavaScript Object Notation)** というフォーマットが用いられることが多い．このようにして取得されたテキストや画像が，HTMLの文書に埋め込まれることで，最終的にユーザーに提示されるページが完成するのである．

また，新しいツイートを投稿するときも，同様にクライアントからサーバーに API リクエストが送信される．サーバーはクライアントから送信されたテキストデータや画像データをデータベースに書き込み，通信を完了する．

Chapter 9-3

REST API

API (Application Programming Interface) とはこれまで何度も出てきた言葉であるが，ここではよりフォーマルな定義付けを行う． API とはあるソフトウェア・アプリケーションが，外部のソフトウェアに対してコマンドやデータをやり取りするための媒介の一般的総称である．とくに，ウェブサービスの文脈では，サーバーが外界に対して提示しているコマンドの一覧のことを意味する． クライアントは，提示されている API から適切なコマンドを使うことによって，所望のデータを取得したり，あるいはサーバーにデータを送信したりする．

とくに，ウェブの文脈では **REST (Representational State Transfer)** とよばれる設計思想に基づいた API が現在では最も一般的に使われている． REST の設計指針に従った API のことを **REST API** あるいは **RESTful API** とよんだりする．

REST API は，**Figure 9-2** に示したような **Method** と **URI (Universal Resource Identifier)** の組からなる．

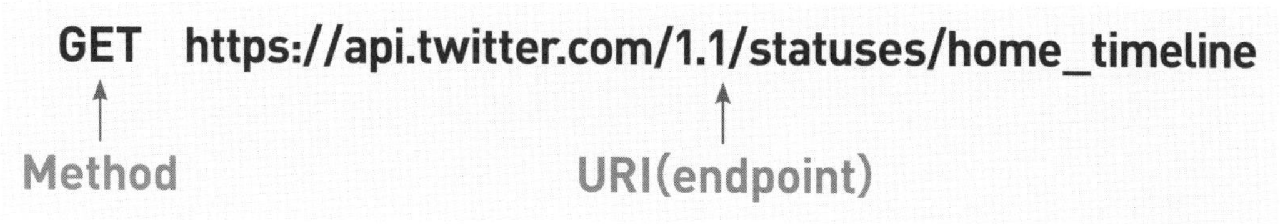

Figure 9-2. REST API

Method (メソッド) とは，どのような操作を行いたいかを抽象的に表す，**"動詞"** として捉えることができる． メソッドには HTTP 規格で定義された 9 個の動詞 (verb) を使用することができる． この中でも，**GET, POST, PUT, PATCH, DELETE** の 5 個が最も頻繁に使用される (**Table 9-1**)． この五つのメソッドによる操作を総称して **CRUD** (create, read, update, and delete) とよぶ．

Table 9-1. REST API Methods

メソッド	意図される動作
GET	要素を取得する
POST	新しい要素を作成する
PUT	既存の要素を新しい要素と置き換える
PATCH	既存の要素の一部を更新する
DELETE	要素を削除する

一方，URI は操作が行われる対象，すなわち **"目的語"** を表す．ウェブの文脈では操作が行われる対象のことをしばしば リソース とよぶ．URI は多くの場合 http または https から始まるウェブサーバーのアドレスから始まり，/（スラッシュ）以降に所望のリソースのパス（あるいはエンドポイントともよばれる）が指定される．**Figure 9-2** の例で言えば，https://api.twitter.com というアドレスの **/1.1/status/home_timeline** というリソースを取得（GET）せよ，という意味になる（なお，ここで **1.1** という数字は API のバージョンを示している）．この API リクエストによって，ユーザーのホームのタイムラインのツイートの一覧が取得される．

REST API のメソッドには，**Table 9-1** で挙げたもの以外に，HTTP プロトコルで定義されているほかのメソッド（OPTIONS, TRACE など）を用いることもできるが，あまり一般的ではない．

また，これらのメソッドだけでは動詞として表現しきれないこともあるが，URI の名前でより意味を明確にすることもある．メソッドの使い方も，要素を削除するときは必ず **DELETE** を使わなければならない，という決まりもなく，たとえば，Twitter API でツイートを消す API は **POST statuses/destroy/:id** で定義されている．最終的には，各ウェブサービスが公開している API ドキュメンテーションを読んで，それぞれの API がどんな操作をするのかを調べる必要がある．

REST の概念は2000年代初頭に確立され，今日の API 設計のスタンダードとなった．一方で，ウェブのテクノロジーが進歩するにつれて，新たな API の設計アプローチの需要も高まっている．

近年とくに人気を集めているのが，GraphQL※2 とよばれる API の設計方法である．GraphQL は Facebook 社によって最初に作られ，現在は GraghQL Foundation によって維持と更新がされている．GraphQL を使用すると，クライアントは REST と比較してより柔軟性の高いデータのクエリを行うことができるなど，いくつかの利点がある．キーワードだけでも知っておくと，今後役に立つだろう．

※2 https://graphql.org/

Chapter 9-4

Twitter API

もう少し具体的にウェブサービスのAPIを体験する目的で，ここでは Twitter のAPIを見てみよう．Twitter が提供している API の一覧は Twitter の Developer Documentation※3 で見ることができる．いくつかの代表的な API を **Table 9-2** にまとめた．

Table 9-2. Twitter API

エンドポイント	動作
GET statuses/home_timeline	ホームのタイムラインのツイートの一覧を取得する
GET statuses/show/:id	**:id** で指定されたツイートの詳細情報を取得する
GET search	ツイートの検索を実行する
POST statuses/update	新しいツイートを投稿する
POST media/upload	画像をアップロードする
POST statuses/destroy/:id	**:id** で指定されたツイートを削除する
POST statuses/retweet/:id	**:id** で指定されたツイートをリツイートする
POST statuses/unretweet/:id	**:id** で指定されたツイートのリツイートを取り消す
POST favorites/create	選択したツイートを"いいね"する
POST favorites/destroy	選択したツイートを"いいね"を取り消す

この API リストをもとに，Twitter のアプリまたはウェブサイトを開いたときに起こるクライアントとサーバーの通信をシミュレートしてみよう．

ユーザーが Twitter を開くと，まず最初に **GET statuses/home_timeline** の API リクエストによって，ユーザーのホームのタイムラインのツイートのリストが取得される．個々のツイートは JSON 形式のデータになっており，**id**, **text**, **user**, **coordinates**, **entities** などの属性を含む．**id** はツイートに固有な ID を表し，**text** はツイートの本文を含んでいる．**user** はツイートを投稿したユーザーの名前やプロ

※3　https://developer.twitter.com/en/docs/api-reference-index

9-4

フィール画像の URL などを含んだ JSON データになっている．**coordinates** にはツイートが発信された地理的な座標が記録されている．また，**entities** にはツイートに関連するメディアファイル（画像など）のリンクなどの情報が埋め込まれている．**GET statuses/home_timeline** からは直近のツイートのリスト（リストが長すぎる場合は途中で切られたもの）が取得される．もしツイートの ID を知っている場合は **GET statuses/show/:id** を呼ぶことによって，**:id** パラメータで指定された特定のツイートを取得できる．

ツイートの検索を行うためには **GET search** API を使用する．この API には，ツイートに含まれる単語や，ハッシュタグ，ツイートの発信された日時や場所など，様々なクエリの条件を渡すことができる．API からは，**GET statuses/home_timeline** などと同様，JSON 形式のツイートのデータが返される．

ユーザーが新しいツイートを投稿するには **POST statuses/update** のエンドポイントを利用する．**POST statuses/update** には，ツイートの文章や，リプライの場合はリプライ先のツイートの ID などのデータを送信する．また，ツイートに画像データを添付したい場合は，**POST media/upload** を併せて使用する．ツイートの削除を行うには，**POST statuses/destroy/:id** を用いる．

その他，頻繁に行われる操作としては，**POST statuses/retweet/:id** と **POST statuses/unretweet/:id** がある．これらは，**:id** で指定されるツイートに対して，それぞれリツイートを実行，あるいは取り消すための API である．また，**POST favorites/create**，**POST favorites/destroy** を使用することによって，選択されたツイートに"いいね"を追加したり，取り消したりする操作を行う．

このような一連の操作が，Twitter のアプリの背後では行われている．また，自分自身でボットを作成したい場合は，これらの API を適切に組み合わせ，カスタムのプログラムを書くことで実現される．

このように，API はあらゆるウェブサービスを作るうえで一番基礎となる要素である． 次からの章では本章で紹介した用語が何度も出てくるので，頭の片隅に置いたうえで読み進めていただきたい．

Chapter 10

Serverless architecture

サーバーレスアーキテクチャとは，従来とは全く異なるアプローチに基づくクラウドシステムの設計方法である．
サーバーレスアーキテクチャの利点は，スケーラブルなクラウドシステムを安価かつ簡易に作成できる点であり，近年いたるところで導入が進んでいる．
本章では，サーバーレスアーキテクチャとは一体どんなクラウド技術なのか，従来的なクラウド（serverful としばしばよばれる）と対比しながら解説していこう．

Chapter 10-1

Serverful クラウド(従来型)

サーバーレスアーキテクチャ(Serverless architecture)あるいはサーバーレスコンピューティング(Serverless computing)とは，従来とは全く異なるアプローチに基づくクラウドシステムの設計方法である．歴史的には，AWS が2014年に発表した Lamba※1 がサーバーレスアーキテクチャの先駆けとされている．その後，Google や Microsoft などのクラウドプラットフォームも同様の機能の提供を開始している．

Serverless とは，文字どおりの意味としてはサーバーなしで計算をするということになるが，それは一体どういう意味だろうか？ サーバーレスについて説明するためには，まずは従来的な，"serverful" とよばれるようなシステムについて解説しなければならない．

従来的なクラウドシステムのスケッチを **Figure 10-1** に示す．クライアントから送信されたリクエストは，最初に API サーバーに送られる． API サーバーでは，リクエストの内容に応じてタスクが実行される．タスクには，APIサーバーだけで完結できるものもあるが，多くの場合，データベースの読み書きが必要である． データベースには，データベース専用の独立したサーバーマシンが用いられることが一般的である． また，画像や動画などの容量の大きいデータは，また別のストレージサーバーに保存されることが多い． これらの APIサーバー，データベースサーバー，ストレージサーバーはそれぞれ独立したサーバーマシンであり，AWS の言葉では EC2 による仮想インスタンスを想定してもらったらよい．

多くのウェブサービスでは，多数のクライアントからのリクエストを処理するため，複数のサーバーマシンがクラウド内で起動し，負荷を分散するような設計がなされている． クライアントから来たリクエストを計算容量に余裕のあるサーバーに振り分けるような操作を **Load balancing** とよび，そのような操作を担当するマシンのことを **Load balancer** という．

計算負荷を分散する目的で多数のインスタンスを起動するのはよいのだが，計算負荷が小さすぎてアイドリング状態にあるようではコストと電力の無駄遣いである． したがって，すべてのサーバーが常に目標とする計算負荷を維持するよう，計算の負荷に応じてクラスター内の仮想サーバーの数を動的に増減さ

※1 https://aws.amazon.com/lambda/

せるような仕組みが必要である． そのような仕組みを**クラスターのスケーリング**とよび，負荷の増大に応答して新しい仮想インスタンスをクラスターに追加する操作を **scale-out**，負荷の減少に応答してインスタンスをシャットダウンする操作を **scale-in** とよぶ． クラスターのスケーリングは，API サーバーではもちろんのこと，データベースサーバー・ストレージサーバーでも必要になる．ストレージサーバーでは，たとえば頻繁にアクセスされるデータはキャッシュ領域に保存したり，データのコピーを複数作るなどのスケーリングが行われる． データベースサーバーも同様に，頻繁にアクセスされるデータのアクセスがパンクしてしまわないよう，分散的な処理が必要となる． このように，**クラウドシステム内すべての箇所で，負荷が均一になるような調整が必要であり，開発者は多くの時間をそのチューニングに費やさなければならない**． また，サービスの利用者の数などに応じてスケーリングの設定は常に見直される必要があり，継続的な開発が要求される．

さらに問題を複雑にするのは，APIサーバーで処理されるべきタスクが，非一様な点である． 非一様であるとは，たとえばタスクAは3000ミリ秒の実行時間と 512MB のメモリーを消費し，別のタスクBは1000ミリ秒の実行時間と 128MB のメモリーを消費する，というような状況を指している． 一つのサーバーマシンが計算負荷が異なる複数のタスクを処理する場合，クラスターのスケーリングはより複雑になる． この状況をシンプルにするために，1サーバーで実行するタスクは1種類に限る，という設計も可能であるが，そうするとで生まれる弊害も多い（ほとんど使われないタスクに対してもサーバー一台をまるまる割り当てなければならない＝ほとんどアイドリング状態になってしまう，など）．

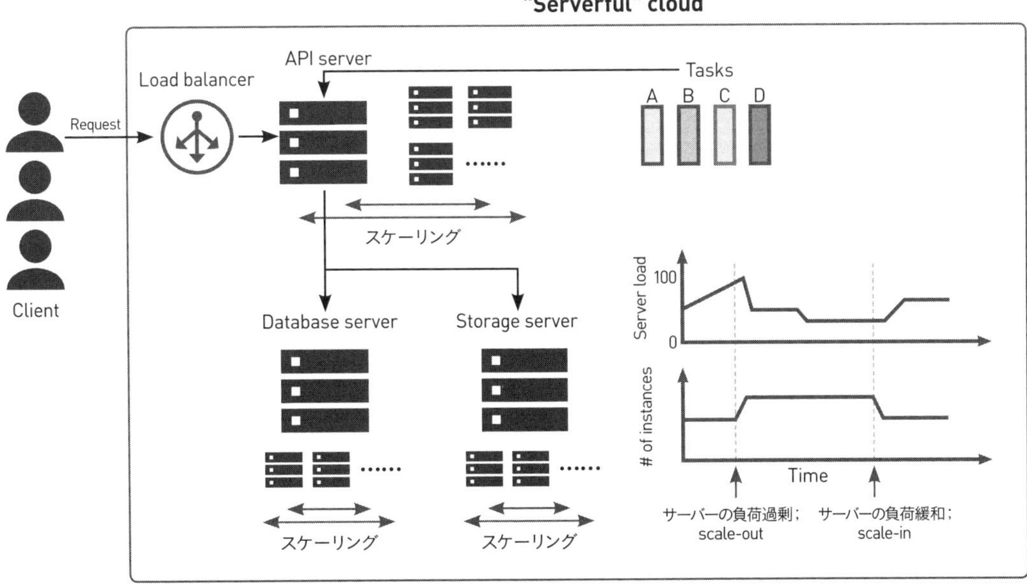

Figure 10-1. Serverful なクラウドシステム

Chapter 10-2

Serverless クラウドへ

Chapter 10-1 で議論したように，クラスターのスケーリングはクラウドシステムの経済的効率とシステムの安定性を最大化するために必須の作業である． それを反映して，多くの開発者の時間が投資されてきた．

クラスターのスケーリングはすべての開発者が何度も繰り返し行ってきた作業であり，いくつかの側面をテンプレート化し，共通化することができたならば開発のコストを大幅に削減できるだろう． それを実現するには，根本的なレベルからクラウドシステムの設計を考え直す必要がある． **スケーリングを前提**として考えることで，**もっとシンプルで見通しがよいクラウドシステムの設計の仕組みはないだろうか？** そのような動機が，サーバーレスアーキテクチャが誕生する背後にあった．

従来の serverful なシステムでの最大の問題点は，**サーバーをまるまる占有してしまう**という点にある． すなわち，EC2 インスタンスを起動したとき，そのインスタンスは起動したユーザーだけが使えるものであり，**計算のリソース（CPUやRAM）が独占的に割り当てられた状態**になる． 固定した計算資源の割り当てがされてしまっているので，**インスタンスの計算負荷が0%であろうが100%であろうが，均一の使用料金が起動時間に比例**して発生する．

サーバーレスアーキテクチャは，このような **独占的に割り当てられた計算リソースというものを完全に廃止する**ことを出発点とする． サーバーレスアーキテクチャでは，計算のリソースは，クラウドプロバイダーがすべて管理する． クライアントは，仮想インスタンスを一台まるごと借りるのではなく，計算のタスクの需要が生まれるごとに，**実行したいプログラム，コマンドをクラウドに提出する**． クラウドプロバイダーは，自身のもつ巨大な計算リソースから空きを探し，提出されたプログラムを実行し，実行結果をクライアントに返す． 言い換えると，計算リソースのスケーリングやアロケーションなどはクラウドプロバイダーが一手に引き受け，ユーザーはジョブをサブミットすることに注力する，という枠組みである．これを図示すると，**Figure 10-2** のようになる．

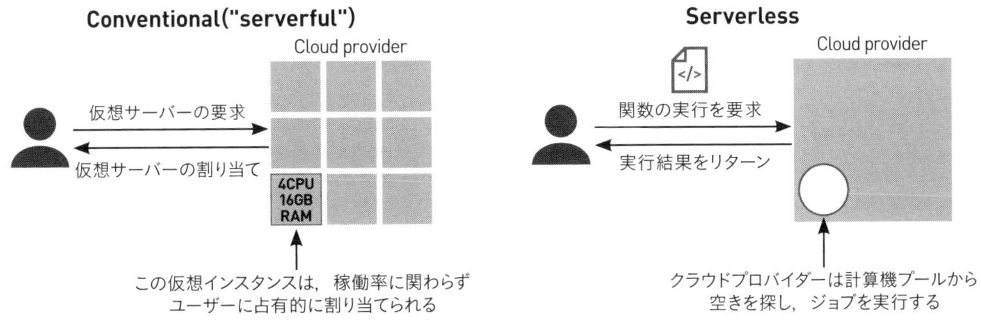

Figure 10-2. 従来のクラウドと Serverless クラウドの比較

サーバーレスクラウドでは，スケーリングはすべてクラウドプロバイダーが引き受けるので，スケーラビリティーが保証されている．クライアントが同時に大量のタスクを送信した場合でも，クラウドプロバイダー側の独自の仕組みによってすべてのタスクが遅延なく実行される．また，サーバーレスクラウドを利用することで，**クラウドのコストは実際に使用した計算の総量（稼働時間）で決定される**ことになる．これは，計算の実行総量に関わらずインスタンスの起動時間で料金が決定されていた従来のシステムと比べて大きな違いである．

サーバーレスクラウドは，従来のクラウドとは根本から異なったアプローチなので，コードの書き方やシステムの設計が大きく異なる．サーバーレスクラウドを開発・運用するには，サーバーレス固有の概念や用語に精通している必要がある．以降では，実際にクラウドを動かしながら，サーバーレスをより具体的に体験していこう．

> ⓘ 従来型の（仮想インスタンスをたくさん起動するような）クラウドシステムは，**賃貸**と似ているかもしれない．部屋を借りるというのは，その部屋でどれだけの時間を過ごそうが，月々の家賃は一定である．同様に，仮想サーバーも，それがどれほどの計算を行っているかに関わらず，一定の料金が時間ごとに発生する．
>
> 一方で，サーバーレスクラウドは，**電気・水道・ガス料金** と似ている．こちらは，実際に使用した量に比例して料金が決定されている．サーバーレスクラウドも，実際に計算を行った総時間で料金が決まる仕組みになっている．

Chapter 10-3 サーバーレスクラウドを構成するコンポーネント

サーバーレスアーキテクチャの概要がわかってきたところで，ここでは AWS においてサーバーレスクラウドを構成する様々なコンポーネントを紹介していこう．とくに，**Lambda**, **S3**, **DynamoDB** を取り上げ，解説する(**Figure 10-3**)．サーバーレスクラウドは，これらのコンポーネントを統合することで一つのシステムができ上がる．ここでは，Lambda，S3，DynamoDB を利用する際に押さえておかなければならない知識を一通り説明しきる都合上，具体的なイメージがわきにくいかもしれない．が，続く Chapter 11 でそれぞれについてハンズオン形式で演習を行うので，そこでさらに理解を深めれば大丈夫である．

Lambda  **S3** **DynamoDB** 

Figure 10-3.
Lambda, S3, DynamoDB のアイコン

10-3-1 Lambda

AWS でサーバーレスコンピューティングの中心を担うのが，**Lambda** である．Lambda の使い方を **Figure 10-4** に図示している．Lambda の仕組みはシンプルで，まずユーザーは実行したいプログラムのコードを事前に登録しておく．プログラムは，Python, Node.js, Ruby などの主要な言語がサポートされている．Lambda に登録された一つひとつのプログラムを関数(Function)とよぶ．そして，関数を実行したいときに，invoke コマンドを Lambda に送信する．Lambda では，invoke のリクエストを受け取るとただちに(数ミリセカンドから数百ミリセカンド程度の時間で)プログラムの実行を開始する．そして，実行結果をクライアントやその他の計算機に返す．

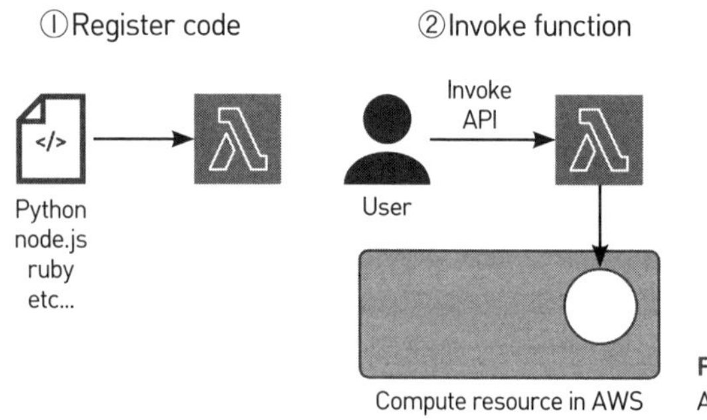

Figure 10-4.
AWS Lambda

このように，Lambda では占有された仮想インスタンスは存在せず，実行を待っているプログラムだけがある状態である． invoke のリクエストに応じて，プログラムが AWS の巨大な計算機プールのどこかに配置され，実行される． 同時に複数のリクエストが来た場合でも，AWS はそれらを実行するための計算リソースを割り当て，並列的に処理を行ってくれる． 原理上は，**数千から数万のリクエストが同時に来たとしても，Lambda はそれらを同時に実行することができる**． このような，占有された仮想サーバーの存在なしに，動的に関数を実行するサービスのことを総称して **FaaS (Function as a Service)** とよぶ．

Lambda ではそれぞれの関数につき，128MB から 10240MB のメモリーを使用することができる（執筆時点の仕様）． また，実効的な CPU のパワーはメモリーの量に比例する形で割り当てられる．すなわち，タスクに割り当てたメモリーの量が多ければ多いほど，より多くの CPU リソースが割り当てられることになる（しかし，RAM と CPU パワーの具体的な換算表は AWS からは公開されていない）． 実行時間は 100ミリ秒の単位で記録され，実行時間に比例して料金が決定される． **Table 10-1** は Lambda の利用料金表である（執筆時点で **ap-north-east1** リージョンを選択した場合）．

Table 10-1. Lambda の料金表

Memory (MB)	Price per 100ms
128	$0.0000002083
512	$0.0000008333
1024	$0.0000016667
3008	$0.0000048958

実行時間に比例する料金に追加して，リクエストを送信するごとに発生する料金が設定されている．これは，百万回のリクエストにつき $0.2 である．たとえば，128MB のメモリーを使用する関数を，それぞれ 200ミリ秒，合計で 100万回実行した場合，$0.0000002083 \times 2 \times 10^6 + 0.2 = \$0.6$ の料金となる． ウェブサーバーのデータベースの更新など簡単な計算であれば，200ミリ秒程度で実行できる関数も多いことから，100万回データベースの更新を行ったとしても，たった $0.6 しかコストが発生しないことになる．また，コードが実行されず待機状態になっている場合は，発生する料金は 0 である．このように，実際に意味のある処理が行われた時間にのみ，料金が発生する仕組みになっている．

上述の Lambda の料金計算は，説明のためコストに寄与する要素をいくつか省いている点は承知いただきたい． 例えば，DynamoDB の読み書きに関する料金や，ネットワークの通信にかかわるコストが考慮されていない．

Lambda は比較的短時間で完了する，反復性の高いタスクの実行に向いている．データベースの読み書きはその典型的な例であるが，そのほかにも，画像のサイズをトリミングしたり，サーバーサイドで定期的に実行されるメンテナンス処理などの利用が考えられる．また，複数のLambda をリレー式に繋げることも可能で，シンプルな処理を組み合わせることで複雑なロジックを表現することができる．

10-3- 2 サーバーレスストレージ：S3

サーバーレスの概念は，ストレージにも拡張されている．

従来的なストレージ（ファイルシステム）では，必ずホストとなるマシンと OS が存在しなければならない．したがって，それほどパワーは必要ないまでも，ある程度の CPU リソースを割かなければならない．また，従来的なファイルシステムでは，データ領域のサイズは最初にディスクを初期化するときに決めなければならず，後から容量を増加させることはしばしば困難である（ZFS などのファイルシステムを使えばある程度は自由にファイルシステムのサイズを変更することは可能である）．よって，従来的なクラウドでは，ストレージを借りるときにはあらかじめディスクのサイズを指定せねばならず，ディスクの中身が空であろうと満杯であろうと，同じ利用料金が発生することになる（**Figure 10-5**）．

Simple Storage Service (S3) ※2 は，サーバーレスなストレージシステムを提供する（**Figure 10-4**）．S3 は従来的なストレージシステムと異なり，OS に"マウントする"という概念はない．基本的に API を通じてデータの読み書きの操作が行われる．また，データの冗長化や暗号化，バックアップの作成など，通常ならば OS と CPU が介在しなければならない操作も，API を通じて行うことができる．S3 では事前に決められたディスク領域のサイズはなく，データを入れれば入れた分だけ，保存領域は拡大していく（仕様上はペタバイトスケールのデータを保存することが可能である）．ストレージにかかる料金は，保存してあるデータの総容量で決定される．

※2 https://aws.amazon.com/s3/

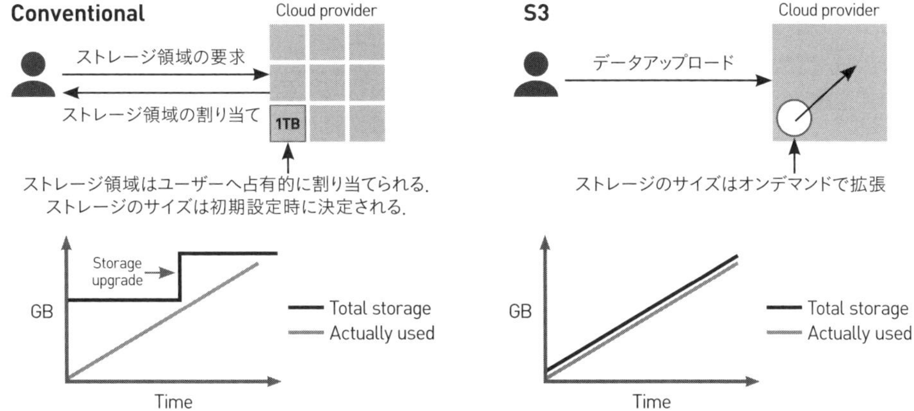

Figure 10-5. S3と従来的なファイルシステムの比較

S3 を利用するときに，料金に関わってくる主要な事項をまとめたのが **Table 10-2** である (**us-east-1** リージョンのもの．説明のため主要な事項のみ取り出している．詳細は 公式ドキュメンテーション "Amazon S3 pricing"※3 を参照)．

Table 10-2. S3 の利用料金

項目	料金
Data storage (First 50TB)	$0.023 per GB per month
PUT, COPY, POST, LIST requests (per 1,000 requests)	$0.005
GET, SELECT, and all other requests (per 1,000 requests)	$0.0004
Data Transfer IN To Amazon S3 From Internet	$0
Data Transfer OUT From Amazon S3 To Internet	$0.09 per GB

第一に，データの保存には $0.025 per GB のコストが月ごとに発生する．したがって，1000GB のデータを S3 に一ヵ月保存した場合，$25 の料金が発生することになる．また，**PUT**, **COPY**, **POST** などのリクエスト (=データを書き込む操作) に対しては，データ容量に関係なく，1000回ごとに $0.005 のコストが発生する．**GET**, **SELECT** などのリクエスト (=データを読み込む操作) に対しては，1000回ごとに $0.0004 のコストが発生する．また，S3 はデータを外に取り出すときの通信にもコストが生じる．執筆時点では，S3 からインターネットを通じて外部にデータを転送 (data-out) すると $0.09 per GB のコストが発生する．データをインターネットを通じて S3 に入れる (data-in) 通信は無料で行える．また，AWS の 同じ Region 内のサービス (Lambda や EC2 など) にデータを転送するのは無料である．AWS のリージョンをまたいだデータの転送にはコストが発生する．いずれにせよ，サーバーレスの概念に則り，すべての料金が従量課金制で決定される設定になっている．

※3 https://aws.amazon.com/s3/pricing/?nc=sn&loc=4

10-3-3 サーバーレスデータベース：DynamoDB

サーバーレスの概念は，データベースにも適用することができる．ここでいうデータベースとは，Web サービスなどにおけるユーザーや商品の情報を記録しておくための保存領域のことを指している．従来的に有名なデータベースとしては MySQL[※4]，PostgreSQL[※5]，MongoDB[※6] などが挙げられる．データベースと普通のストレージの違いは，データの検索機能にある．普通のストレージではデータは単純にディスクに書き込まれるだけだが，データベースでは検索がより効率的になるようなデータの配置がされたり，頻繁にアクセスされるデータはメモリーにキャッシュされるなどの機能が備わっている．これにより，巨大なデータの中から，興味のある要素を高速に取得することができる．

このような検索機能を実現するには，当然 CPU の存在が必須である．したがって，従来的なデータベースを構築するときは，ストレージ領域に加えて，たくさんの CPU コアを搭載したマシンが用いられることが多い．また，データベースが巨大な場合は複数マシンにまたがった分散型のシステムが設計される．分散型システムの場合は，Chapter 10-1 で議論したようにデータベースへのアクセス負荷に応じて適切なスケーリングがなされる必要がある．

DynamoDB[※7] は，AWS が提供しているサーバーレスな分散型データベースである．サーバーレスであるので，占有されたデータベース用仮想インスタンスは存在せず，API を通じてデータの書き込み・読み出し・検索などの操作を行う．S3 と同様に，データ保存領域の上限は定められておらず，データを入れれば入れた分だけ，保存領域は拡大していく．また，データベースへの負荷が増減したときのスケーリングは，DynamoDB が自動で行うので，ユーザーは心配する必要はない．

DynamoDB での利用料金の計算はやや複雑なのだが，"On-demand Capacity" というモードで使用した場合の料金に関わってくる主要な事項をまとめたのが **Table 10-3** である (**us-east-1** リージョンのもの．詳細は 公式ドキュメンテーション "Pricing for On-Demand Capacity"[※8] を参照)．

Table 10-3. DynamoDB の利用料金

項目	料金
Write request units	$1.25 per million write request units
Read request units	$0.25 per million read request units
Data storage	$0.25 per GB-month

※4 https://www.mysql.com/　※5 https://www.postgresql.org/　※6 https://www.mongodb.com/
※7 https://aws.amazon.com/dynamodb/　※8 https://aws.amazon.com/dynamodb/pricing/on-demand/

DynamoDB ではデータの書き込み操作の単位を write request unit とよび，データの読み込み操作の単位を read request unit とよぶ．基本的に，1kB 以下のデータを一度書き込むと 1 write request unit を消費し，4kB 以下のデータを一度読み込むと 1 read request unit を消費する（詳しくは 公式ドキュメンテーション "Read/Write Capacity Mode"※9 を参照のこと）．

write request units は100万回ごとに $1.25, read request units は100万回ごとに $0.25 のコストが設定されている．また，保存されたデータ容量に対して $0.25 per GB のコストが月ごとに発生する．DynamoDB は高速な検索機能などを備えたデータベースであるので，GB あたりのストレージのコストは S3 に比べ10倍程度高い．

DynamoDB のデータの転送に関わるコストは，同じリージョン内ならば data-in，data-out ともに $0 である．リージョンをまたいだ通信には別途コストが発生する．

10-3- 4 その他のサーバーレスクラウドの構成要素

以上で紹介した Lambda, S3, DynamoDB がサーバーレスクラウドの中で最も使用する頻度が高いサービスになる．その他のサーバーレスクラウドの構成要素を以下に列挙する．いくつかの要素については，今後のハンズオンを行う中で改めて解説を行う．

- **API Gateway**※10：API を構築するときのルーティングを担う．Chapter 12 で取り上げる
- **Fargate**※11：Chapter 7 で触れた Fargate も，サーバーレスクラウドの要素の一部である．Lambda との違いは，Lambda よりも大容量のメモリーや CPU を要するような計算などを行うことができる点が挙げられる
- **Simple Notification Service (SNS)**※12：サーバーレスのサービス間でイベントをやり取りするためのサービス
- **Step Functions**※13：サーバーレスのサービス間のオーケストレーションを担う．Chapter 15 で取り上げる

※9 https://docs.aws.amazon.com/amazondynamodb/latest/developerguide/HowItWorks.ReadWriteCapacityMode.html
※10 https://aws.amazon.com/api-gateway/
※11 https://aws.amazon.com/fargate/
※12 https://aws.amazon.com/sns/
※13 https://aws.amazon.com/step-functions/

サーバーレスアーキテクチャは万能か？

この問いへの答えは，筆者はNOであると考える．

ここまで，サーバーレスの利点を強調して説明をしてきたが，まだまだ新しい技術なだけに，欠点，あるいはサーバーフルなシステムに劣る点は数多くある．

大きな欠点を一つあげるとすれば，サーバーレスのシステムは各クラウドプラットフォームで固有なものなので，特定のプラットフォームでしか運用できないシステムになってしまう点であろう．AWSで作成したサーバーレスのシステムを，Googleのクラウドに移植するには，かなり大掛かりなプログラムの書き換えが必要になる．一方，serverfulなシステムであれば，プラットフォーム間のマイグレーションは比較的簡単に行うことができる．クラウドプロバイダーとしては，自社のシステムへの依存度を強めることで，顧客を離さないようにするという狙いがあるのだろう…

その他，サーバーレスコンピューティングの欠点や今後の課題などは，次の論文で詳しく議論されている．興味のある読者はぜひ読んでいただきたい．

- Hellerstein et al., "Serverless Computing : One Step Forward, Two Steps Back" arXiv(2018)※14

※14 https://arxiv.org/abs/1812.03651

Chapter 11

Hands-on #5：サーバーレス入門

前章ではサーバーレスアーキテクチャの概要の説明を行った.

本章では，ハンズオン形式でサーバーレスクラウドを実際に動かしながら，具体的な使用方法を学んでいこう.

今回のハンズオンでは Lambda, S3, DynamoDB の三つのサーバーレスクラウドの構成要素に触れていく.

それぞれについて，短いチュートリアルを用意してある.

Chapter 11-1

Lambda ハンズオン

まずは，Lambda を実際に動かしてみよう． ハンズオンのソースコードは GitHub の handson/serverless/lambda[※1] に置いてある．

このハンズオンで使用するアプリケーションのスケッチを **Figure 11-1** に示す． STEP 1 では，AWS CDK を使用して Python で書かれたコードを Lambda に登録する． 続いて STEP 2 では，Invoke API を使用して，同時にいくつもの Lambda を起動し，並列な計算を行う． Lambda のワークフローを体験する目的で最小限の設定である．

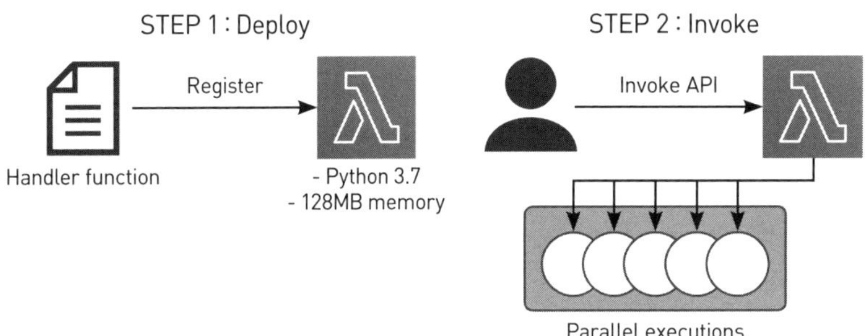

Figure 11-1. Lambda チュートリアルの概要

> ⚠ このハンズオンは，基本的に AWS Lambda の無料枠[※2] の範囲内で実行することができる．

app.py[※3] にデプロイするプログラムが書かれている． 中身を見てみよう．

```
❶
FUNC = """
import time
from random import choice, randint
```

※1 https://github.com/tomomano/learn-aws-by-coding-source-code/tree/main/handson/serverless/lambda
※2 https://aws.amazon.com/free/?all-free-tier.sort-by=item.additionalFields.SortRank&all-free-tier.sort-order=asc
※3 https://github.com/tomomano/learn-aws-by-coding-source-code/blob/main/handson/serverless/lambda/app.py

```
def handler(event, context):
    time.sleep(randint(2,5))
    sushi = ["salmon", "tuna", "squid"]
    message = "Welcome to Cloud Sushi. Your order is " + choice(sushi)
    print(message)
    return message
"""

class SimpleLambda(core.Stack):

    def __init__(self, scope: core.App, name: str, **kwargs) -> None:
        super().__init__(scope, name, **kwargs)

        ❷
        handler = _lambda.Function(
            self, 'LambdaHandler',
            runtime=_lambda.Runtime.PYTHON_3_7,
            code=_lambda.Code.from_inline(FUNC),
            handler="index.handler",
            memory_size=128,
            timeout=core.Duration.seconds(10),
            dead_letter_queue_enabled=True,
        )
```

❶ここで，Lambda で実行されるべき関数を定義している．これは非常に単純な関数で，2-5秒のランダムな時間スリープした後，["salmon", "tuna", "squid"] のいずれかの文字列をランダムに選択し，"Welcome to Cloud Sushi. Your order is XXXX" (XXXX は選ばれた寿司のネタ) というメッセージをリターンする．

❷次に，Lambda に ❶ で書いた関数を配置している．パラメータの意味は，文字どおりの意味なので難しくはないが，以下に解説する．

- **runtime=_lambda.Runtime.PYTHON_3_7**：ここでは，Python3.7 を使って上記で定義された関数を実行せよ，と指定している．Python3.7 のほかに，Node.js, Java, Ruby, Go などの言語を指定することが可能である
- **code=_lambda.Code.from_inline (FUNC)**：実行されるべき関数が書かれたコードを指定する．ここでは，FUNC=… で定義した文字列を渡しているが，文字列以外にもファイルのパスを渡すことも可能である
- **handler="index.handler"**: これは，コードの中にいくつかのサブ関数が含まれているときに，メインとサブを区別するためのパラメータである．handler という名前の関数をメイン関数として実行せよ，という意味である
- **memory_size=128**：メモリーは 128MB を最大で使用することを指定している
- **timeout=core.Duration.seconds (10)**：タイムアウト時間を10秒に設定している．

10秒以内に関数の実行が終了しなかった場合，エラーが返される

- **dead_letter_queue_enabled=True**：アドバンスンストな設定なので説明は省略する

上記のプログラムを実行することで，Lambda 関数がクラウド上に作成される．早速デプロイしてみよう．

11-1- 1 デプロイ

デプロイの手順は，これまでのハンズオンとほとんど共通である．ここでは，コマンドのみ列挙する（**#** で始まる行はコメントである）．シークレットキーの設定も忘れずに（A-4）．

```
# プロジェクトのディレクトリに移動
$ cd handson/serverless/lambda

# venv を作成し，依存ライブラリのインストールを行う
$ python3 -m venv .env
$ source .env/bin/activate
$ pip install -r requirements.txt

# デプロイを実行
$ cdk deploy
```

デプロイのコマンドが無事に実行されれば，**Figure 11-2** のような出力が得られるはずである．ここで表示されている **SimpleLambda.FunctionName = XXXX** の XXXX の文字列は後で使うのでメモしておこう．

Figure 11-2. CDKデプロイ実行後の出力

AWS コンソールにログインして，デプロイされたスタックを確認してみよう．コンソールから，Lambda のページに行くと **Figure 11-3** のような画面から Lambda の関数の一覧が確認できる．

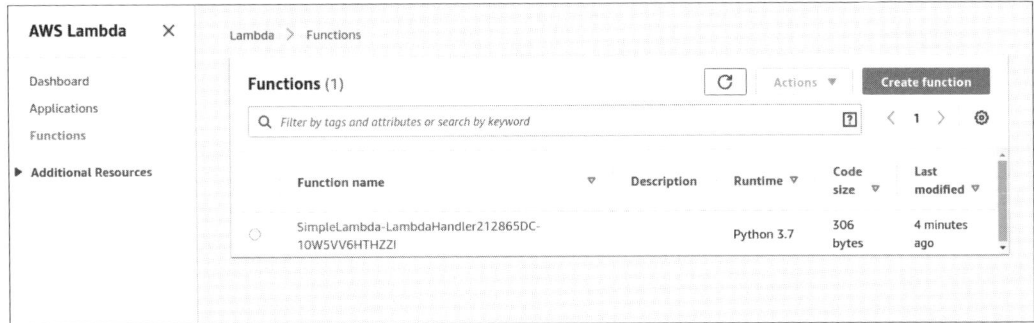

Figure 11-3. Lambda コンソール - 関数の一覧

今回のアプリケーションで作成したのが **SimpleLambda** で始まるランダムな名前のついた関数だ．関数の名前をクリックして，詳細を見てみる． すると **Figure 11-4** のような画面が表示されるはずだ．先ほどプログラムの中で定義したPythonの関数がエディターから確認できる． さらに下の方にスクロールすると，関数の各種設定も確認できる．

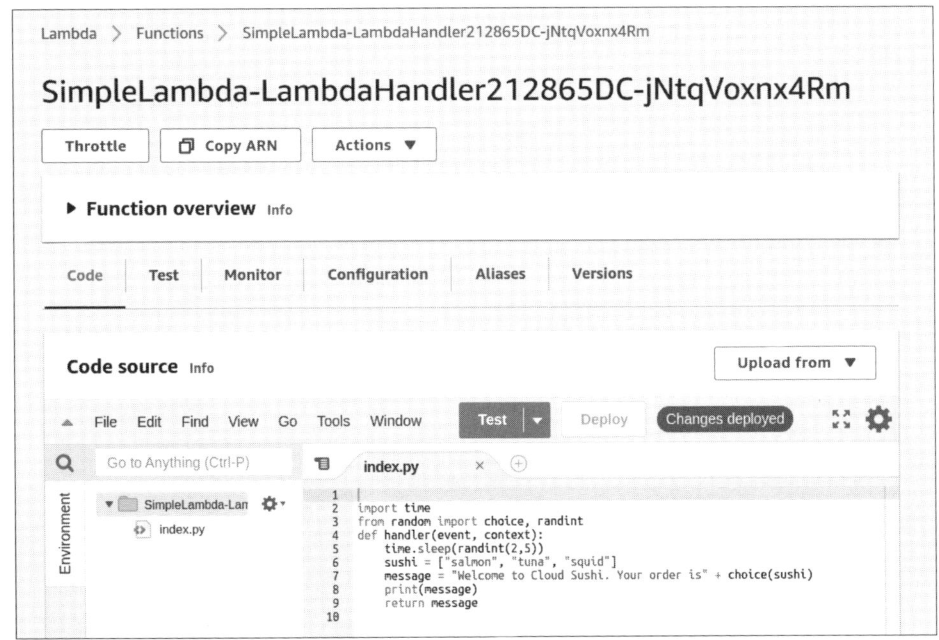

Figure 11-4. Lambda コンソール - 関数の詳細

> Lambda で実行されるコードは，Lambda のコンソール画面（**Figure 11-4**）のエディターで編集することもできる． デバッグをするときなどは，こちらを直接いじる方が早い場合もある． その場合は，CDK のコードに行った編集を反映させなおすことを忘れずに．

11-1- 2 Lambda 関数の実行

それでは，作成した Lambda 関数を実行（invoke）してみよう．AWS の API を使うことで，関数の実行をスタートすることができる．今回は，handson/serverless/lambda/invoke_one.py※4 に関数を実行するための簡単なプログラムを提供している．興味のある読者はコードを読んでもらいたい．

以下のコマンドで，Lambda の関数を実行する．コマンドの XXXX の部分は，先ほどデプロイしたときに **SimpleLambda.FunctionName = XXXX** で得られた XXXX の文字列で置換する．

```
$ python invoke_one.py XXXX
```

すると，**"Welcome to Cloud Sushi. Your order is salmon"** という出力が得られるはずだ．とてもシンプルではあるが，クラウド上で先ほどの関数が走り，乱数が生成されたうえで，ランダムな寿司ネタが選択されて出力が返されている．このコマンドを何度か打ってみて，実行ごとに異なる寿司ネタが返されることを確認しよう．

さて，このコマンドは，一度につき一回の関数を実行したわけであるが，Lambda の本領は一度に大量のタスクを同時に実行できる点である．そこで，今度は一度に 100 個のタスクを同時に送信してみよう．handson/serverless/lambda/invoke_many.py※5 のスクリプトを使用する．

次のコマンドを実行しよう．XXXX の部分は前述と同様に置き換える．第二引数の **100** は 100 個のタスクを投入せよ，という意味である．

```
$ python invoke_many.py XXXX 100
```

すると次のような出力が得られるはずだ．

```
....................................................................................................
Submitted 100 tasks to Lambda!
```

※4 https://github.com/tomomano/learn-aws-by-coding-source-code/blob/main/handson/serverless/lambda/invoke_one.py
※5 https://github.com/tomomano/learn-aws-by-coding-source-code/blob/main/handson/serverless/lambda/invoke_many.py

実際に，100 個のタスクが同時に実行されていることを確認しよう．**Figure 11-4** の画面に戻り，"Monitoring" というタブがあるので，それをクリックする．すると，**Figure 11-5** のようなグラフが表示されるだろう．

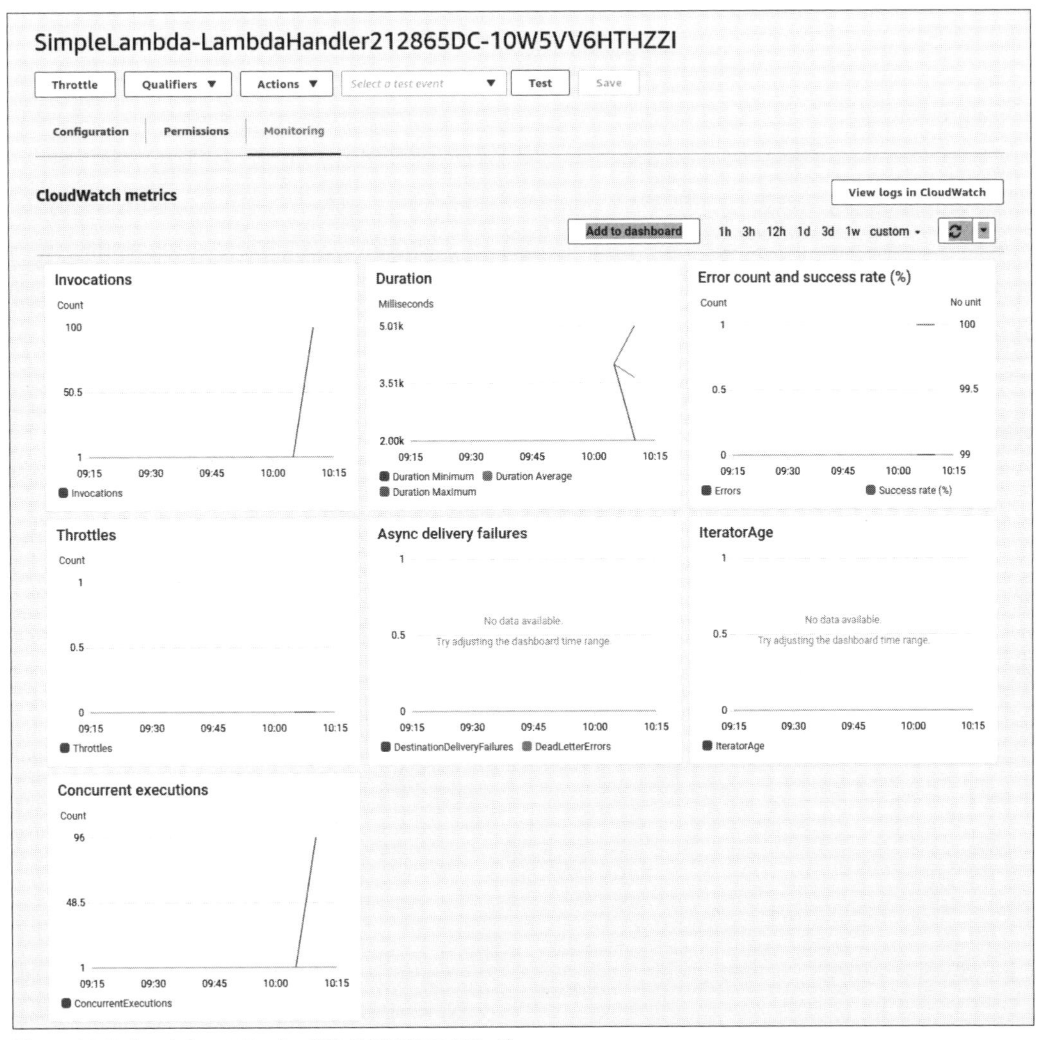

Figure 11-5. Lambda コンソール - 関数の実行のモニタリング

> ⚠ **Figure 11-5** のグラフの更新には数分かかることがあるので，なにも表示されない場合は少し待った後更新ボタンを押す．

Figure 11-5 で "Invocations" の下にあるグラフが関数が何度実行されたかを意味している．たしかに100回実行されていることがわかる．さらに，"Concurrent executions" は何個のタスクが同時に行われたかを示している．ここでは 96 となっていることから，96個のタスクが並列的に実行されたことを意味している（これが 100 とならないのは，タスクの開始のコマンドが送られたのが完全には同タイミングではないことに起因する）．

このように，非常にシンプルではあるが，Lambda を使うことで，同時並列的に処理を実行することのできるクラウドシステムを簡単に作ることができた．もし同様のシステムを serverful なクラウドで実現しようとした場合，複雑なクラスターのスケーリングを記述したコードを書くだけでなく，様々なパラメータのチューニングも必要になる．そもそも，数百ミリセカンドの時間内に0から100 あるいは 1000 の並列実行にスケーリングするのは，従来的なクラウドでは実現は難しいだろう．Lambda がいかに革新的な技術であるか，感覚がつかめただろうか？

> 興味がある人は，一気に1000個などのジョブを投入してみるとよい．Lambda はそのような大量のリクエストにも対応できることが確認できるだろう．が，あまりやりすぎると Lambda の無料利用枠を超えて料金が発生してしまうので注意．

11-1-3 スタックの削除

最後にスタックを削除しよう．スタックを削除するには，次のコマンドを実行すればよい．

```
$ cdk destroy
```

Chapter 11-2

DynamoDB ハンズオン

続いて，DynamoDB の簡単なチュートリアルをやってみよう． ハンズオンのソースコードは GitHub の /handson/serverless/dynamodb※6 に置いてある．

このハンズオンで使用するアプリケーションのスケッチを **Figure 11-6** に示す． STEP 1 では，AWS CDK を使用して DynamoDB のテーブルを初期化し，デプロイする． 続いて STEP 2 では，API を使用してデータベースのデータの書き込み・読み出し・削除などの操作を練習する．

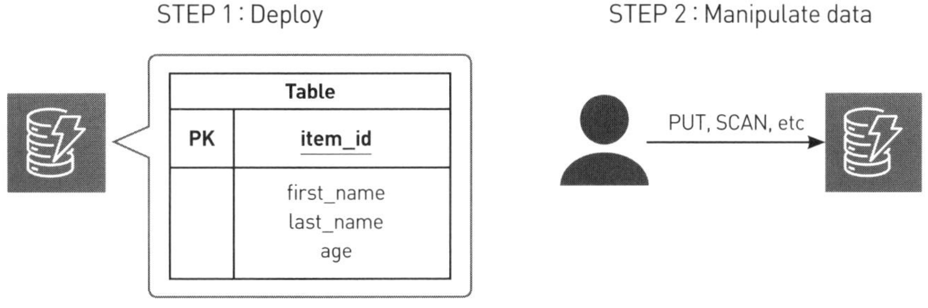

Figure 11-6. DynamoDB チュートリアルの概要

> ⚠ このハンズオンは，基本的に AWS DynamoDB の無料枠※7 の範囲内で実行できる．

handson/serverless/dynamodb/app.py※8 にデプロイするプログラムが書かれている． 中身を見てみよう．

```
class SimpleDynamoDb(core.Stack):
    def __init__(self, scope: core.App, name: str, **kwargs) -> None:
        super().__init__(scope, name, **kwargs)

        table = ddb.Table(
```

※6 https://github.com/tomomano/learn-aws-by-coding-source-code/tree/main/handson/serverless/dynamodb
※7 https://aws.amazon.com/free/?all-free-tier.sort-by=item.additionalFields.SortRank&all-free-tier.sort-order=asc
※8 https://github.com/tomomano/learn-aws-by-coding-source-code/blob/main/handson/serverless/dynamodb/app.py

```
        self, "SimpleTable",
        ❶
        partition_key=ddb.Attribute(
            name="item_id",
            type=ddb.AttributeType.STRING
        ),
        ❷
        billing_mode=ddb.BillingMode.PAY_PER_REQUEST,
        ❸
        removal_policy=core.RemovalPolicy.DESTROY
    )
```

このコードで，最低限の設定がなされた空の DynamoDB テーブルが作成される．それぞれのパラメータの意味を簡単に解説しよう．

❶**partition_key**：すべての DynamoDB テーブルには Partition key が定義されていなければならない．Partition key とは，テーブル内の要素（レコード）ごとに存在する固有のIDのことである．同一の Partition key をもった要素がテーブルの中に二つ以上存在することはできない（注: Sort Key を使用している場合は除く．詳しくは 公式ドキュメンテーション "Core Components of Amazon DynamoDB" 参照※9）．また，Partition key が定義されていない要素はテーブルの中に存在することはできない．ここでは，Partition key に **item_id** という名前をつけている．

❷**billing_mode**：**ddb.BillingMode.PAY_PER_REQUEST** を指定することで，On-demand Capacity Mode※10 の DynamoDB が作成される．ほかに **PROVISIONED** というモードがあるが，これはかなり高度なケースを除いて使用しないだろう．

❸**removal_policy**：CloudFormation のスタックが消去されたときに，DynamoDB も一緒に消去されるかどうかを指定する．このコードでは **DESTROY** を選んでいるので，すべて消去される．ほかのオプションを選択すると，スタックを消去しても DynamoDB のバックアップを残す，などの動作を定義することができる．

※9　https://docs.aws.amazon.com/amazondynamodb/latest/developerguide/HowItWorks.CoreComponents.html

※10　https://docs.aws.amazon.com/amazondynamodb/latest/developerguide/HowItWorks.ReadWriteCapacityMode.html#HowItWorks.OnDemand

11-2-1 デプロイ

デプロイの手順は，これまでのハンズオンとほとんど共通である． ここでは，コマンドのみ列挙する（**#** で始まる行はコメントである）． シークレットキーの設定も忘れずに（A-4）．

```
# プロジェクトのディレクトリに移動
$ cd handson/serverless/dynamodb

# venv を作成し，依存ライブラリのインストールを行う
$ python3 -m venv .env
$ source .env/bin/activate
$ pip install -r requirements.txt

# デプロイを実行
$ cdk deploy
```

デプロイのコマンドが無事に実行されれば，**Figure 11-7** のような出力が得られるはずである． ここで表示されている **SimpleDynamoDb.TableName = XXXX** の XXXX の文字列は後で使うのでメモしておこう．

Figure 11-7. CDKデプロイ実行後の出力

AWS コンソールにログインして，デプロイされたスタックを確認してみよう． コンソールから，DynamoDB のページに行き，左のメニューバーから "Tables" を選択する． すると，**Figure 11-8** のような画面からテーブルの一覧が確認できる．

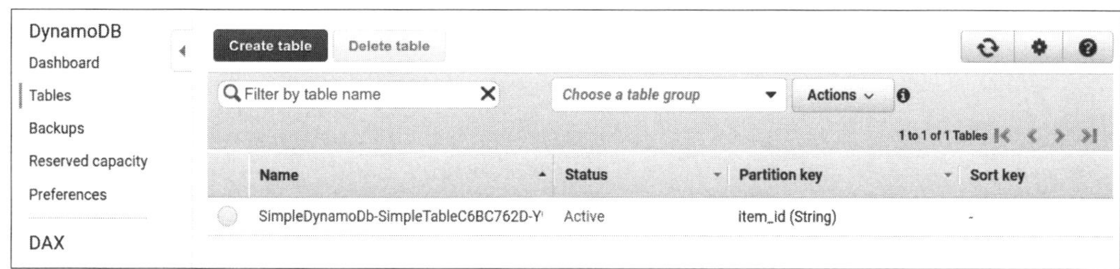

Figure 11-8. DynamoDB のコンソール（テーブルの一覧）

今回のアプリケーションで作成したのが **SimpleDynamoDb** で始まるランダムな名前のついたテーブルだ． テーブルの名前をクリックして，詳細を見てみる． すると **Figure 11-9** のような画面が表示されるはずだ． "Items" のタブをクリックすると，テーブルの中のレコードを確認できる． 現時点ではなにもデータを書き込んでいないので，空である．

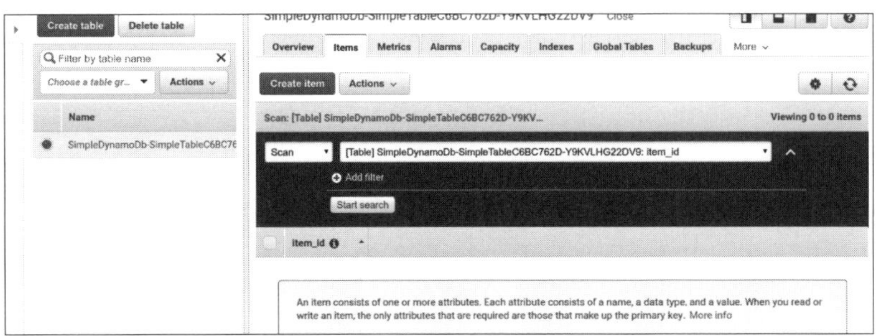

Figure 11-9. DynamoDB のコンソール（テーブルの詳細画面）

11-2- 2 データの読み書き

それでは，Chapter 11-2-1 で作ったテーブルを使ってデータの読み書きを実践してみよう． ここでは Python と boto3[※11] ライブラリを用いた方法を紹介する．

まずは，テーブルに新しい要素を追加してみよう． ハンズオンのディレクトリにある simple_write.py[※12] を開いてみよう． 中には次のような関数が書かれている．

```
import boto3
from uuid import uuid4
ddb = boto3.resource('dynamodb')

def write_item(table_name):
    table = ddb.Table(table_name)
    table.put_item(
    Item={
        'item_id': str(uuid4()),
        'first_name': 'John',
        'last_name': 'Doe',
        'age': 25,
        }
    )
```

※11　https://boto3.amazonaws.com/v1/documentation/api/latest/index.html
※12　https://github.com/tomomano/learn-aws-by-coding-source-code/blob/main/handson/serverless/dynamodb/simple_write.py

コードを上から読んでいくと，まずは boto3 ライブラリをインポートし，**dynamodb** のリソースを呼び出している．**write_item()** 関数は，DynamoDB のテーブルの名前（上で見たSimpleDynamoDb-XXXX）を引数として受け取る．そして，**put_item()** メソッドを呼ぶことで，新しいアイテムを DB に書き込んでいる．アイテムには **item_id**, **first_name**, **last_name**, **age** の四つの属性が定義されている．ここで，**item_id** は先ほど説明した Partition key に相当しており，UUID4[※13] を用いたランダムな文字列を割り当てている．

では，**simple_write.py** を実行してみよう．"XXXX" の部分を自分がデプロイしたテーブルの名前（**SimpleDynamoDb** で始まる文字列）に置き換えたうえで，次のコマンドを実行する．

```
$ python simple_write.py XXXX
```

新しい要素が正しく書き込めたか，AWS コンソールから確認してみよう．**Figure 11-9** と同じ手順で，テーブルの中身の要素の一覧を表示する．すると **Figure 11-10** のように，期待通り新しい要素が見つかるだろう．

Figure 11-10. DynamoDB に新しい要素が追加されたことを確認

boto3 を使ってテーブルから要素を読みだすことも可能である．ハンズオンのディレクトリにある simple_read.py[※14] を見てみよう．

※13 https://en.wikipedia.org/wiki/Universally_unique_identifier
※14 https://github.com/tomomano/learn-aws-by-coding-source-code/blob/main/handson/serverless/dynamodb/simple_read.py

```
import boto3
ddb = boto3.resource('dynamodb')

def scan_table(table_name):
    table = ddb.Table(table_name)
    items = table.scan().get("Items")
    print(items)
```

table.scan () .get ("Items") によって，テーブルの中にあるすべての要素を読みだしている．

次のコマンドで，このスクリプトを実行してみよう ("XXXX" の部分を正しく置き換えることを忘れずに)．

```
$ python simple_read.py XXXX
```

出力は次のようになるだろう．

```
[{'last_name': 'Doe', 'item_id': 'fde226b0-8a5e-4af8-b224-accf27876f7d', 'first_name': 'John',
'age': Decimal('25')}]
```

先ほど書き込んだ要素が出力されていることが確認できる．

11-2

11-2- 3 大量のデータの読み書き

DynamoDB の利点は，最初に述べたとおり，負荷に応じて自在にその処理能力を拡大できる点である．

そこで，ここでは一度に大量のデータを書き込む場合をシミュレートしてみよう． batch_rw.py※15 に，一度に大量の書き込みを実行するためのプログラムが書いてある．

次のコマンドを実行してみよう (XXXX は自分のテーブルの名前に置き換える)．

```
$ python batch_rw.py XXXX write 1000
```

このコマンドを実行することで，ランダムなデータが 1000 個データベースに書き込まれる．

※15　https://github.com/tomomano/learn-aws-by-coding-source-code/blob/main/handson/serverless/dynamodb/batch_rw.py

さらに，データベースの検索をかけてみよう． 今回書き込んだデータには **age** という属性に1から50のランダムな整数が割り当てられている． **age** が2以下であるような要素だけを検索し拾ってくるには，次のコマンドを実行すればよい．

```
$ python batch_rw.py XXXX search_under_age 2
```

この二つのコマンドを何回か繰り返し実行してみて，データベースに負荷をかけてみよう． とくに大きな遅延なく結果が返ってくることが確認できるだろう．

11-2- 4 スタックの削除

DynamoDB で十分に遊ぶことができたら，忘れずにスタックを削除しよう．

これまでのハンズオンと同様，スタックを削除するには，次のコマンドを実行すればよい．

```
$ cdk destroy
```

ⓘ boto3 を用いたより高度な DynamoDB の操作については，Chapter 13 で練習する．

11-2

Chapter 11-3

S3 ハンズオン

最後に，S3 の簡単なチュートリアルを紹介する． ハンズオンのソースコードは GitHub の handson/serverless/s3※16 に置いてある．

Figure 11-11 が今回提供する S3 チュートリアルの概要である． STEP 1 として，AWS CDK を用いて S3 に新しい空のバケット (Bucket) を作成する． 続いて STEP 2 では，データのアップロード・ダウンロードの方法を解説する．

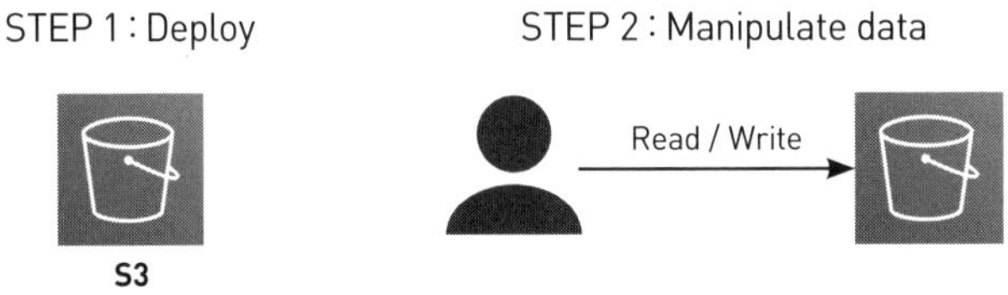

Figure 11-11. S3 チュートリアルの概要

> ⚠ このハンズオンは，基本的に S3 の無料枠※17 の範囲内で実行することができる．

app.py※18 にデプロイするプログラムが書かれている． 中身を見てみよう．

```
class SimpleS3(core.Stack):
    def __init__(self, scope: core.App, name: str, **kwargs) -> None:
        super().__init__(scope, name, **kwargs)

        # S3 bucket to store data
        bucket = s3.Bucket(
            self, "bucket",
            removal_policy=core.RemovalPolicy.DESTROY,
            auto_delete_objects=True,
        )
```

※16 https://github.com/tomomano/learn-aws-by-coding-source-code/tree/main/handson/serverless/s3
※17 https://aws.amazon.com/free/?all-free-tier.sort-by=item.additionalFields.SortRank&all-free-tier.sort-order=asc
※18 https://github.com/tomomano/learn-aws-by-coding-source-code/blob/main/handson/serverless/s3/app.py

s3.Bucket() を呼ぶことによって空のバケットが新規に作成される．上記のコードだと，バケットの名前は自動生成される．もし，自分の指定した名前を与えたい場合は，**bucket_name** というパラメータを指定すればよい．そのとき，バケットの名前はユニークでなければならない（i.e. AWS のデプロイが行われるリージョン内で名前の重複がない）点に注意しよう．もし，同じ名前のバケットが既に存在する場合はエラーが返ってくる．

デフォルトでは，CloudFormation スタックが削除されたとき，S3 バケットとその中に保存されたファイルは削除されない．これは，大切なデータを誤って消してしまうことを防止するための安全策である．**cdk destroy** を実行したときにバケットも含めてすべて削除されるようにするには，**removal_policy=core.RemovalPolicy.DESTROY, auto_delete_objects=True** とパラメータを設定する．結果もよく理解したうえで，自分の用途にあった適切なパラメータを設定しよう．

11-3- 1 デプロイ

デプロイの手順は，これまでのハンズオンとほとんど共通である．ここでは，コマンドのみ列挙する（**#** で始まる行はコメントである）．シークレットキーの設定も忘れずに（A-3）．

```
# プロジェクトのディレクトリに移動
$ cd handson/serverless/s3

# venv を作成し，依存ライブラリのインストールを行う
$ python3 -m venv .env
$ source .env/bin/activate
$ pip install -r requirements.txt

# デプロイを実行
$ cdk deploy
```

デプロイを実行すると，**Figure 11-12** のような出力が得られるはずである．ここで表示されている **SimpleS3.BucketName = XXXX** が，新しく作られたバケットの名前である（今回提供しているコードを使うとランダムな名前がバケットに割り当てられる）．これはあとで使うのでメモしておこう．

```
✅  SimpleS3

Outputs:
SimpleS3.BucketName = simples3-bucket43879c71-j96v4b58l3jd
```

Figure 11-12.
デプロイ実行後の出力

11-3- 2 データの読み書き

スタックのデプロイが完了したら，早速バケットにデータをアップロードしてみよう．

まずは，以下のコマンドを実行して，**tmp.txt** という仮のファイルを生成する．

```
$ echo "Hello world!" >> tmp.txt
```

ハンズオンのディレクトリにある simple_s3.py※19 に boto3※20 ライブラリを使用した S3 のファイルのアップロード・ダウンロードのスクリプトが書いてある． **simple_s3.py** を使って，上で作成した **tmp.txt** を以下のコマンドによりバケットにアップロードする． **XXXX** のところは，自分自身のバケットの名前で置き換えること．

```
$ python simple_s3.py XXXX upload tmp.txt
```

simple_s3.py のアップロードを担当している部分を以下に抜粋する．

```
def upload_file(bucket_name, filename, key=None):
    bucket = s3.Bucket(bucket_name)

    if key is None:
        key = os.path.basename(filename)

    bucket.upload_file(filename, key)
```

bucket = s3.Bucket (bucket_name) の行で **Bucket ()** オブジェクトを呼び出している． そして，**upload_file ()** メソッドを呼ぶことでファイルのアップロードを実行している．

S3 においてファイルの識別子として使われるのが **Key** である． これは，従来的なファイルシステムにおけるパス(Path)と相同な概念で，それぞれのファイルに固有な Key が割り当てられる必要がある． Key という呼び方は，S3 が Object storage※21 と呼ばれるシステムに立脚していることに由来する． **--key** のオプションを追加して **simple_s3.py** を実行することで，Key を指定してアップロードを実行することができる．

※19 https://github.com/tomomano/learn-aws-by-coding-source-code/blob/main/handson/serverless/s3/simple_s3.py
※20 https://boto3.amazonaws.com/v1/documentation/api/latest/index.html
※21 https://en.wikipedia.org/wiki/Object_storage

```
$ python simple_s3.py XXXX upload tmp.txt --key a/b/tmp.txt
```

ここではアップロードされたファイルに **a/b/tmp.txt** という Key を割り当てている.

ここまでコマンドを実行し終えたところで, 一度 AWS コンソールに行き S3 の中身を確認してみよう. S3 のコンソールに行くと, バケットの一覧が見つかるはずである. その中から, **simples3-bucket** から始まるランダムな名前のついたバケットを探し, クリックする. するとバケットの中に含まれるファイルの一覧が表示される (**Figure 11-13**).

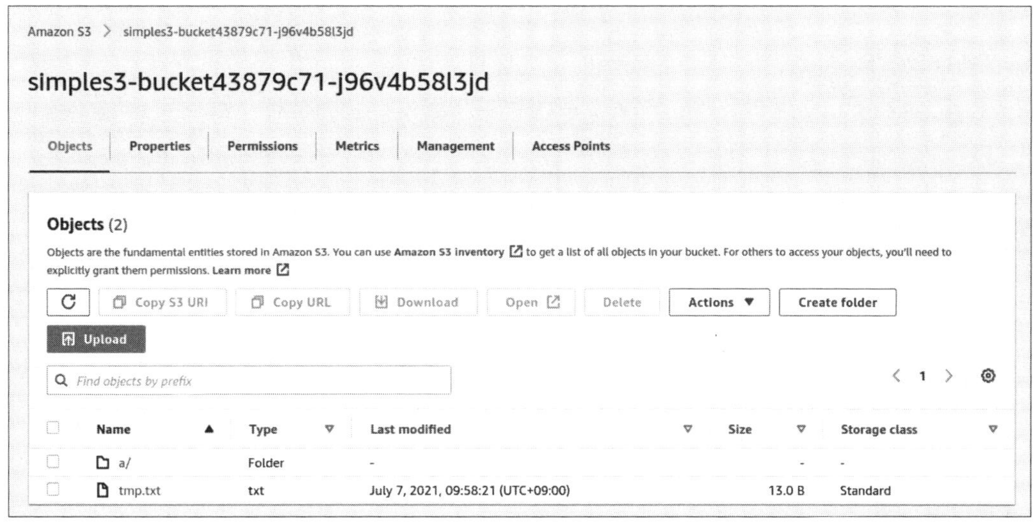

Figure 11-13. S3 バケットの中のファイル一覧

ここで実行した二つのコマンドによって, **tmp.txt** というファイルと, **a/b/tmp.txt** というファイルが見つかることに注目しよう. 従来的なファイルシステムと似た体験を提供するため, S3 では Key が **"/" (スラッシュ)** によって区切られていた場合, **ツリー状の階層構造**によってファイルを管理することができる.

> ⓘ オブジェクトストレージには本来ディレクトリという概念はない. 上で紹介した "/" による階層づけはあくまでユーザー体験向上の目的のお化粧的な機能である.

次に, バケットからファイルのダウンロードを実行してみよう. **simple_s3.py** を使って, 次のコマンドを実行すればよい. **XXXX** のところは, 自分自身のバケットの名前で置き換えること.

```
$ python simple_s3.py XXXX download tmp.txt
```

simple_s3.py のダウンロードを担当している部分を以下に抜粋する.

```
def download_file(bucket_name, key, filename=None):
    bucket = s3.Bucket(bucket_name)

    if filename is None:
        filename = os.path.basename(key)

    bucket.download_file(key, filename)
```

S3 からのダウンロードはシンプルで, **download_file ()** メソッドを使って, ダウンロードしたい対象の Key を指定すればよい. ローカルのコンピュータでの保存先のパスを2個目の引数として渡している.

11-3- 3 スタックの削除

以上のハンズオンで, S3 の一番基本的な使い方を紹介した. ここまでのハンズオンが理解できたら, 忘れずにスタックを削除しよう. これまでのハンズオンと同様, スタックを削除するには, 次のコマンドを実行すればよい.

```
$ cdk destroy
```

boto3 を用いたより高度な S3 の操作については, Chapter 13 で練習する.

Chapter 12

Hands-on #6：Bashoutter

第六回目のハンズオンでは，これまで学んできたサーバーレスクラウドの技術を使って，簡単なウェブサービスを作り上げよう．
具体的には，人々が自分の作った俳句を投稿するSNSサービス（**Bashoutter** と名付ける）を作成する．
Lambda, DynamoDB, S3 などの技術をすべて盛り込み，シンプルながらもサーバーレスの利点を生かしたスケーラブルな SNS アプリが誕生する．

Chapter 12-1
準備

本章で提供するハンズオンでは，サーバーレスクラウド（Lambda, S3, DynamoDB など）を使用して，シンプルな SNS アプリ を実装する．この SNS は利用者が自分の作った俳句を投稿したり，他の利用者から投稿された俳句の一覧をみて"いいね"をするなどのサービスを提供する．このプロジェクトを "Bashoutter" と名づけよう．最終的には，**Figure 12-1** のような，ミニマルではあるがとても現代風な SNS サイトが完成する！

ハンズオンのソースコードは GitHub のhandson/bashoutter※1 に置いてある．

本ハンズオンの実行には，第一回ハンズオンで説明した準備（Chapter 4-1）が整っていることを前提とする．それ以外に必要な準備はない．

このハンズオンは，基本的に AWS の無料枠※2 の範囲内で実行できる．

Figure 12-1. ハンズオン#5で作製する SNS アプリケーション "Bashoutter"

※1 https://github.com/tomomano/learn-aws-by-coding-source-code/tree/main/handson/bashoutter
※2 https://aws.amazon.com/free/?all-free-tier.sort-by=item.additionalFields.SortRank&all-free-tier.sort-order=asc

Chapter 12-2 アプリケーションの説明

12-2-1 API

今回のアプリケーションでは，人々からの俳句の投稿を受け付けたり，投稿された俳句の一覧を取得する，といった機能を実装したい．この機能を実現するための最小限の設計として，**Table 12-1** に示すような四つの REST API を今回は実装する．俳句を投稿する，閲覧する，削除するという基本的なデータ操作を行うための API が完備されている．また，**PATCH /haiku/{item_id}** は，**{item_id}** で指定された俳句に"いいね"をするために使用する．

Table 12-1. Hands-on #5 で実装するAPI

GET /haiku	俳句の一覧を取得する
POST /haiku	新しい俳句を投稿する
PATCH /haiku/{item_id}	{item_id} で指定された俳句にお気に入り票を一つ入れる
DELETE /haiku/{item_id}	{item_id} で指定された俳句を削除する

それぞれのAPIのパラメータおよび返り値の詳細は，ハンズオンのソースコードの中のswagger.yml[※3] に定義してある．

Open API Specification（**OAS**；少し前は Swagger Specification とよばれていた）は，REST API のための記述フォーマットである．OAS に従って API の仕様が記述されていると，簡単にドキュメンテーションを生成したり，クライアントアプリケーションを自動生成することができる．今回用意したAPI仕様も，OAS に従って書いてある．詳しくは Swagger の公式ドキュメンテーション[※4] などを参照．

※3 https://github.com/tomomano/learn-aws-by-coding-source-code/blob/main/handson/bashoutter/specs/swagger.yml
※4 https://swagger.io/docs/specification/about/

12-2-2 アプリケーションアーキテクチャ

このハンズオンで作成するアプリケーションの概要を **Figure 12-2** に示す.

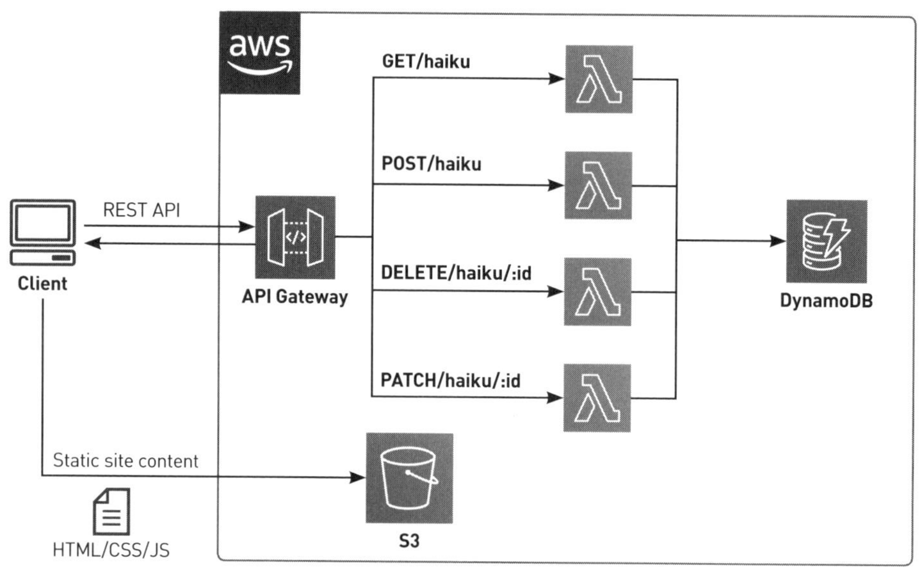

Figure 12-2. ハンズオン#5で作製するアプリケーションのアーキテクチャ

簡単にまとめると, 次のような設計である.

- クライアントからの API リクエストは, **API Gateway**（後述）にまず送信され, API の URI で指定された Lambda 関数へ転送される
- それぞれの API のパス（リソース）ごとに独立した Lambda を用意する
- 俳句の情報（作者, 本文, 投稿日時など）を記録するためのデータベース（DynamoDB）を用意する
- 各 Lambda 関数には, DynamoDB へのアクセス権を付与する
- 最後に, ウェブブラウザからコンテンツを表示できるよう, ウェブページの静的コンテンツを配信するための S3 バケットを用意する. クライアントはこの S3 バケットにアクセスすることで HTML/CSS/JS などのコンテンツを取得する

それでは，プログラムのソースコードを見てみよう（handson/bashoutter/app.py[※5]）．

```
class Bashoutter(core.Stack):

    def __init__(self, scope: core.App, name: str, **kwargs) -> None:
        super().__init__(scope, name, **kwargs)

        ❶
        # dynamoDB table to store haiku
        table = ddb.Table(
            self, "Bashoutter-Table",
            partition_key=ddb.Attribute(
                name="item_id",
                type=ddb.AttributeType.STRING
            ),
            billing_mode=ddb.BillingMode.PAY_PER_REQUEST,
            removal_policy=core.RemovalPolicy.DESTROY
        )

        ❷
        bucket = s3.Bucket(
            self, "Bashoutter-Bucket",
            website_index_document="index.html",
            public_read_access=True,
            removal_policy=core.RemovalPolicy.DESTROY
        )
        s3_deploy.BucketDeployment(
            self, "BucketDeployment",
            destination_bucket=bucket,
            sources=[s3_deploy.Source.asset("./gui/dist")],
            retain_on_delete=False,
        )

        common_params = {
            "runtime": _lambda.Runtime.PYTHON_3_7,
            "environment": {
                "TABLE_NAME": table.table_name
            }
        }

        ❸
        # define Lambda functions
        get_haiku_lambda = _lambda.Function(
            self, "GetHaiku",
            code=_lambda.Code.from_asset("api"),
            handler="api.get_haiku",
```

※5 https://github.com/tomomano/learn-aws-by-coding-source-code/blob/main/handson/bashoutter/app.py

```
        memory_size=512,
        **common_params,
    )
    post_haiku_lambda = _lambda.Function(
        self, "PostHaiku",
        code=_lambda.Code.from_asset("api"),
        handler="api.post_haiku",
        **common_params,
    )
    patch_haiku_lambda = _lambda.Function(
        self, "PatchHaiku",
        code=_lambda.Code.from_asset("api"),
        handler="api.patch_haiku",
        **common_params,
    )
    delete_haiku_lambda = _lambda.Function(
        self, "DeleteHaiku",
        code=_lambda.Code.from_asset("api"),
        handler="api.delete_haiku",
        **common_params,
    )

    ❹
    # grant permissions
    table.grant_read_data(get_haiku_lambda)
    table.grant_read_write_data(post_haiku_lambda)
    table.grant_read_write_data(patch_haiku_lambda)
    table.grant_read_write_data(delete_haiku_lambda)

    ❺
    # define API Gateway
    api = apigw.RestApi(
        self, "BashoutterApi",
        default_cors_preflight_options=apigw.CorsOptions(
            allow_origins=apigw.Cors.ALL_ORIGINS,
            allow_methods=apigw.Cors.ALL_METHODS,
        )
    )

    haiku = api.root.add_resource("haiku")
    haiku.add_method(
        "GET",
        apigw.LambdaIntegration(get_haiku_lambda)
    )
    haiku.add_method(
        "POST",
        apigw.LambdaIntegration(post_haiku_lambda)
    )
```

```
        haiku_item_id = haiku.add_resource("{item_id}")
        haiku_item_id.add_method(
            "PATCH",
            apigw.LambdaIntegration(patch_haiku_lambda)
        )
        haiku_item_id.add_method(
            "DELETE",
            apigw.LambdaIntegration(delete_haiku_lambda)
        )
```

❶ここで，俳句の情報を記録しておくための DynamoDB テーブルを定義している.

❷静的コンテンツを配信するための S3 バケットを用意している．また，スタックのデプロイ時に，必要なファイル群を自動的にアップロードするような設定を行っている.

❸それぞれの API で実行される Lambda 関数を定義している．関数は Python3.7 で書かれており，コードは handson/bashoutter/api/api.py※6 にある.

❹❷で定義された Lambda 関数に対し，データベースへの読み書きのアクセス権限を付与している.

❺ここで，API Gateway により，各APIパスとそこで実行されるべき Lambda 関数を紐付けている.

それぞれの項目について，もう少し詳しく説明しよう.

12-2- 3 Public access mode の S3 バケット

S3 のバケットを作成しているコードを見てみよう.

```
bucket = s3.Bucket(
    self, "Bashoutter-Bucket",
    website_index_document="index.html",
    public_read_access=True,
    removal_policy=core.RemovalPolicy.DESTROY
)
```

ここで注目してほしいのは **public_read_access=True** の部分だ.

前章で，S3 について説明を行ったときには触れなかったが，S3 には **Public access mode** という機能がある．Public access mode をオンにしておくと，バケットの中のファイルは認証なしで (i.e. インタ

※6 https://github.com/tomomano/learn-aws-by-coding-source-code/blob/main/handson/bashoutter/api/api.py

ーネット上の誰でも）閲覧できるようになる．この設定は，一般公開されているウェブサイトの静的なコンテンツを置いておくのに最適であり，多くのサーバーレスによるウェブサービスでこのような設計が行われる．public access mode を設定しておくと，**http://XXXX.s3-website-ap-northeast-1.amazonaws.com/** のような固有の URL（Uniform Resource Locator）がバケットに対して付与される．そして，クライアントがこの URL にアクセスをすると，バケットの中にある **index.html** がクライアントに返され，ページがロードされる（どのファイルが返されるかは，**website_index_document="index.html"** の部分で設定している．）

> より本格的なウェブページを運用するときには，public access mode の S3 バケットに，CloudFront という機能を追加することが一般的である．CloudFront[※7] により，**Content Delivery Network (CDN)** や暗号化された HTTPS 通信を設定することができる．Bashoutter プロジェクトに CloudFront を追加する拡張工事は，Chapter 14 にて行う．

> 今回の S3 バケットには，AWS によって付与されたランダムな URL がついている．これを **example.com** のような自分のドメインでホストしたければ，AWS によって付与された URL を自分のドメインの DNS レコードに追加すればよい．カスタムのドメインを付与する拡張工事は Chapter 14 にて行う．

Public access mode の S3 バケットを作成した後，バケットの中に配置するウェブサイトコンテンツを，次のコードによりアップロードしている．

```
s3_deploy.BucketDeployment(
    self, "BucketDeployment",
    destination_bucket=bucket,
    sources=[s3_deploy.Source.asset("./gui/dist")],
    retain_on_delete=False,
)
```

このコードの意味は，**./gui/dist** のディレクトリの中にあるファイルをバケットに配置せよ，と言っている．**./gui/dist** にはビルド済みのウェブサイトの静的コンテンツ（HTML/CSS/JavaScript）が入っている．今回は GUI の説明はとくに行わないが，コードは handson/bashoutter/gui[※8] のディレクトリの中にある．興味のある読者は中身を確認してみるとよい．

※7　https://aws.amazon.com/cloudfront/
※8　https://github.com/tomomano/learn-aws-by-coding-source-code/tree/main/handson/bashoutter/gui

今回のウェブサイトは Vue.js[※9] と Vuetify[※10] という UI フレームワークを使って作成した．Vue を使うことで，Single page application（SPA）の技術でウェブサイトの画面がレンダリングされる．

12-2-4 API のハンドラ関数

API リクエストが来たときに，リクエストされた処理を行う関数のことをハンドラ（handler）関数とよぶ．**GET /haiku** の API に対してのハンドラ関数を Lambda で定義している部分を見てみよう．

```
get_haiku_lambda = _lambda.Function(
    self, "GetHaiku",
    code=_lambda.Code.from_asset("api"),
    handler="api.get_haiku",
    memory_size=512,
    **common_params
)
```

簡単なところから見ていくと，**memory_size=512** の箇所でメモリーの使用量を512MBに指定している．また，**code=_lambda.Code.from_asset（"api"）** によって外部のディレクトリ（**api/**）を参照せよと指定しており，**handler="api.get_haiku"** のところで **api.py** というファイルの **get_haiku ()** という関数をハンドラ関数として実行せよ，と定義している．

次に，ハンドラ関数として使用されている **get_haiku ()** のコードを見てみよう（handson/bashoutter/api/api.py[※11]）．

```
ddb = boto3.resource("dynamodb")
table = ddb.Table(os.environ["TABLE_NAME"])

def get_haiku(event, context):
    """
    handler for GET /haiku
    """
    try:
        response = table.scan()

        status_code = 200
```

※9　https://vuejs.org/　※10　https://vuetifyjs.com/
※11　https://github.com/tomomano/learn-aws-by-coding-source-code/blob/main/handson/bashoutter/api/api.py

```
        resp = response.get("Items")
    except Exception as e:
        status_code = 500
        resp = {"description": f"Internal server error. {str(e)}"}
    return {
        "statusCode": status_code,
        "headers": HEADERS,
        "body": json.dumps(resp, cls=DecimalEncoder)
    }
```

response = table.scan() で，俳句の格納されたDynamoDBテーブルから，すべての要素を取り出している．もしなにもエラーが起きなければステータスコード200が返され，もしなにかエラーが起こればステータスコード500が返されるようになっている．

上記のような操作を，ほかのAPIについても繰り返すことで，すべてのAPIのハンドラ関数が定義されている．

> **GET /haiku** のハンドラ関数で，**response = table.scan()** という部分があるが，実はこれは最善の書き方ではない．DynamoDBの **scan()** メソッドは，最大で1MBまでのデータしか返さない．データベースのサイズが大きく，1MB以上のデータがある場合には，再帰的に **scan()** メソッドをよぶ必要がある．詳しくはboto3ドキュメンテーション※12を参照．

12-2-5 AWSにおける権限の管理（IAM）

以下の部分のコードに注目してほしい．

```
table.grant_read_data(get_haiku_lambda)
table.grant_read_write_data(post_haiku_lambda)
table.grant_read_write_data(patch_haiku_lambda)
table.grant_read_write_data(delete_haiku_lambda)
```

これまでは説明の簡略化のためにあえて触れてこなかったが，AWSにはIAM（Identity and Access Management）※13という重要な概念がある．IAMは基本的に，あるリソースがほかのリソースに対して

※12 https://aws.amazon.com/cloudfront/　※13 https://aws.amazon.com/iam/

どのような権限をもっているか，を規定するものである． Lambdaは，デフォルトの状態ではほかのリソースにアクセスする権限をなにも有していない． したがって，Lambda 関数が DynamoDB のデータを読み書きするためには，それを許可するような IAM が Lambda 関数に付与されていなければならない．

CDK による **dynamodb.Table** オブジェクトには **grant_read_write_data()** という便利なメソッドが備わっており，アクセスを許可したい Lambda 関数を引数としてこのメソッドを呼ぶことで，データベースへの読み書きを許可する IAM を付与することができる．同様に，CDK の **s3.Bucket** オブジェクトにも **grant_read_write()** というメソッドが備わっており，これによってバケットへの読み書きを許可することができる．このメソッドは，実は Chapter 8 で AWS Batch によるクラスターを構成したときに使用した．興味のある読者は振り返ってコードを確認してみよう．

各リソースに付与する IAM は，**必要最低限の権限を与えるにとどめる**というのが基本方針である．これにより，セキュリティを向上させるだけでなく，意図していないプログラムからのデータベースへの読み書きを防止するという点で，バグを未然に防ぐことができる．

そのような理由により，このコードでは **GET** のハンドラー関数に対しては **grant_read_data()** をあえて使うことによって，read 権限のみを付与している．

12-2- 6 API Gateway

API Gateway[※14] とは，API の"入り口"として，APIのリクエストパスに従って Lambda や EC2 などに接続を行うという機能を担う (**Figure 12-3**)．Lambda や EC2 によって行われた処理の結果は，再び API Gateway を経由してクライアントに返される．このように，クライアントとバックエンドサーバーの間に立ち，API のリソースパスに応じて接続先を振り分けるようなサーバーを**ルーター**，あるいは**リバースプロキシ**とよんだりする． 従来的には，ルーターにはそれ専用の仮想サーバーが置かれることが一般的であった． しかし，API Gateway はサーバーレスなルーターとして，固定されたサーバーを配置することなく，API のリクエストが来たときのみ起動し，API のルーティングを実行する． サーバーレスであることの当然の帰結として，アクセスの件数が増大したときにはそれにルーティングの処理能力を自動で増やす機能も備わっている．

※14 https://aws.amazon.com/api-gateway/

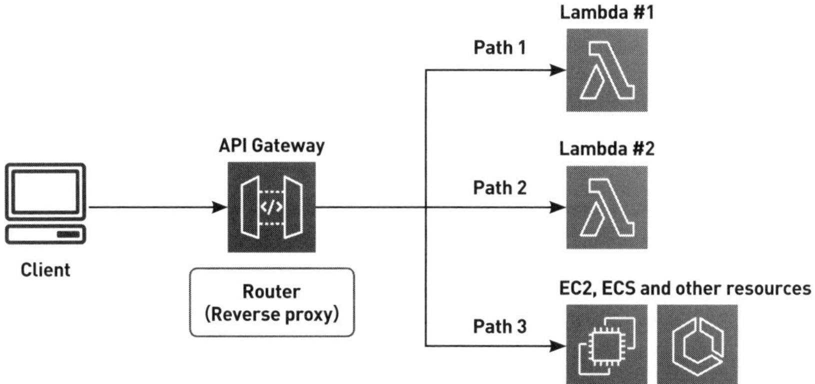

Figure 12-3. API Gateway

API Gateway を配置することで，大量（1秒間に数千から数万件）の API リクエストに対応することのできるシステムを容易に構築することができる． API Gateway の料金は **Table 12-2** のように設定されている． また，無料利用枠により，月ごとに100万件までのリクエストは0円で利用できる．

Table 12-2. API Gateway の利用料金設定※15

Number of Requests (per month)	Price (per million)
First 333 million	$4.25
Next 667 million	$3.53
Next 19 billion	$3.00
Over 20 billion	$1.91

ソースコードの該当箇所を見てみよう．

```
❶
api = apigw.RestApi(
    self, "BashoutterApi",
    default_cors_preflight_options=apigw.CorsOptions(
        allow_origins=apigw.Cors.ALL_ORIGINS,
        allow_methods=apigw.Cors.ALL_METHODS,
    )
)

❷
haiku = api.root.add_resource("haiku")
❸
haiku.add_method(
    "GET",
```

※15 https://aws.amazon.com/api-gateway/pricing/

```
        apigw.LambdaIntegration(get_haiku_lambda)
)
haiku.add_method(
        "POST",
        apigw.LambdaIntegration(post_haiku_lambda)
)

❹
haiku_item_id = haiku.add_resource("{item_id}")
❺
haiku_item_id.add_method(
        "PATCH",
        apigw.LambdaIntegration(patch_haiku_lambda)
)
haiku_item_id.add_method(
        "DELETE",
        apigw.LambdaIntegration(delete_haiku_lambda)
)
```

❶ **api = apigw.RestApi ()** により，空の API Gateway を作成している

❷ 次に，**api.root.add_resource ()** のメソッドを呼ぶことで，**/haiku** という API パスを追加している

❸ 続いて，**add_method ()** を呼ぶことで，**GET**, **POST** のメソッドを **/haiku** のパスに定義している

❹ さらに，**haiku.add_resource ("{item_id}")** により，**/haiku/{item_id}** という API パスを追加している

❺ 最後に，**add_method ()** を呼ぶことにより，**PATCH**, **DELETE** のメソッドを **/haiku/{item_id}** のパスに定義している

このように，API Gateway の使い方は非常にシンプルで，逐次的に API パスとそこで実行されるメソッド・Lambda を記述していくだけでよい．

> このプログラムで 新規 API を作成すると，ランダムな URL がその API のエンドポイントとして割り当てられる． これを， **api.example.com** のような自分のドメインでホストしたければ，AWS によって付与された URL を自分のドメインの DNS レコードに追加すればよい．この拡張工事は，Chapter 14 で行う．

> API Gateway で新規 API を作成したとき，**default_cors_preflight_options=** というパラメータで Cross Origin Resource Sharing (CORS) ※16 の設定を行っている． これは，ブラウザで走る Web アプリケーションと API を接続するときに必要な設定である．

※16 https://developer.mozilla.org/en-US/docs/Web/HTTP/CORS

Chapter 12-3 アプリケーションのデプロイ

アプリケーションの中身が理解できたところで，早速デプロイを行ってみよう．デプロイの手順は，これまでのハンズオンとほとんど共通である． ここでは，コマンドのみ列挙する（**#** で始まる行はコメントである）． シークレットキーの設定も忘れずに（A-4）．

```
# プロジェクトのディレクトリに移動
$ cd intro-aws/handson/bashoutter

# venv を作成し，依存ライブラリのインストールを行う
$ python3 -m venv .env
$ source .env/bin/activate
$ pip install -r requirements.txt

# デプロイを実行
$ cdk deploy
```

デプロイのコマンドが無事に実行されれば，**Figure 12-4** のような出力が得られるはずである． ここで表示されている **Bashoutter.BashoutterApiEndpoint = XXXX, Bashoutter.BucketUrl = YYYY** の二つ文字列はあとで使うのでメモしておこう．

Figure 12-4. CDKデプロイ実行後の出力

AWS コンソールにログインして，デプロイされたスタックを確認してみよう．まずは，コンソールから API Gateway のページに行く． すると，**Figure 12-5** のような画面が表示され，デプロイ済みの API エンドポイントの一覧が確認できる．

Figure 12-5. API Gateway コンソール画面 (1)

今回デプロイした "BashoutterApi" という名前の API をクリックすることで **Figure 12-6** のような画面に遷移し, 詳細情報を閲覧できる. **GET /haiku**, **POST /haiku** などが定義されていることが確認できる.

それぞれのメソッドをクリックすると, そのメソッドの詳細情報を確認できる. API Gateway は, 前述したルーティングの機能だけでなく, 認証機能などを追加することも可能である. このハンズオンではとくにこれらの機能は使用しないが, "Method Request" と書いてある項目などがそれに相当する. 次に, **Figure 12-6** で画面右端の点線で囲った部分に, この API で呼ばれる Lambda 関数が指定されていることに注目しよう. 関数名をクリックと, 該当する Lambda のコンソールに遷移し, 関数の中身を閲覧することが可能である.

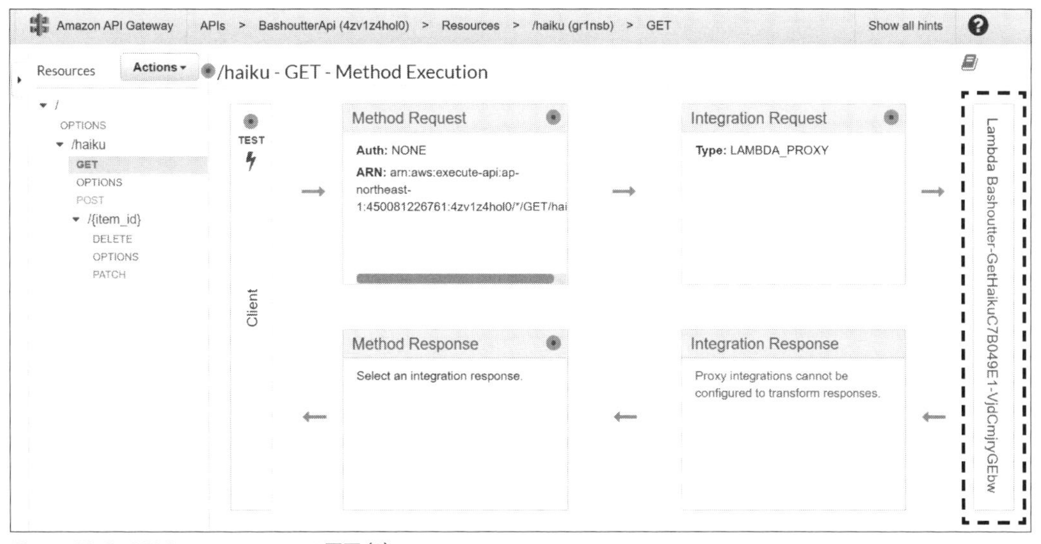

Figure 12-6. API Gateway コンソール画面 (2)

> API Gateway を利用したユーザー認証については, Chapter 14-3 で学ぶ.

次に，S3 のコンソール画面に移ってみよう． bashouter- で始まるランダムな名前のバケットが見つかるはずである（**Figure 12-7**）．

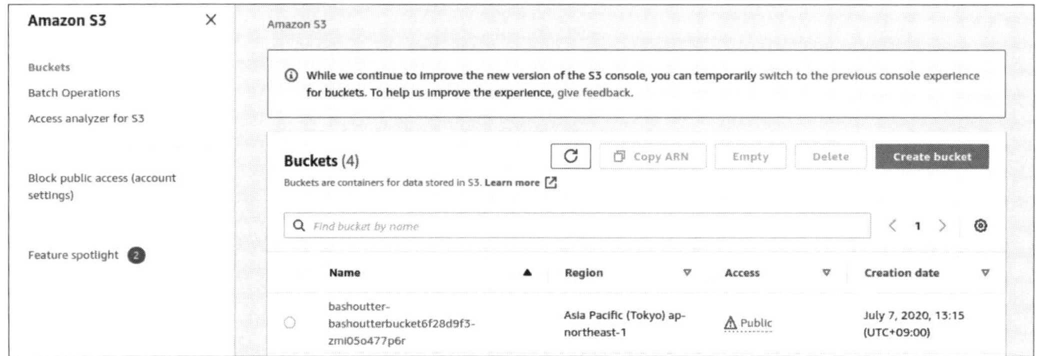

Figure 12-7. S3 コンソール画面

バケットの名前をクリックすることで，バケットの中身を確認してみよう． **index.html** のほか，**css/**, **js/** などのディレクトリがあるのが確認できるだろう（**Figure 12-8**）． これらが，ウェブページの"枠"を定義している静的コンテンツである．

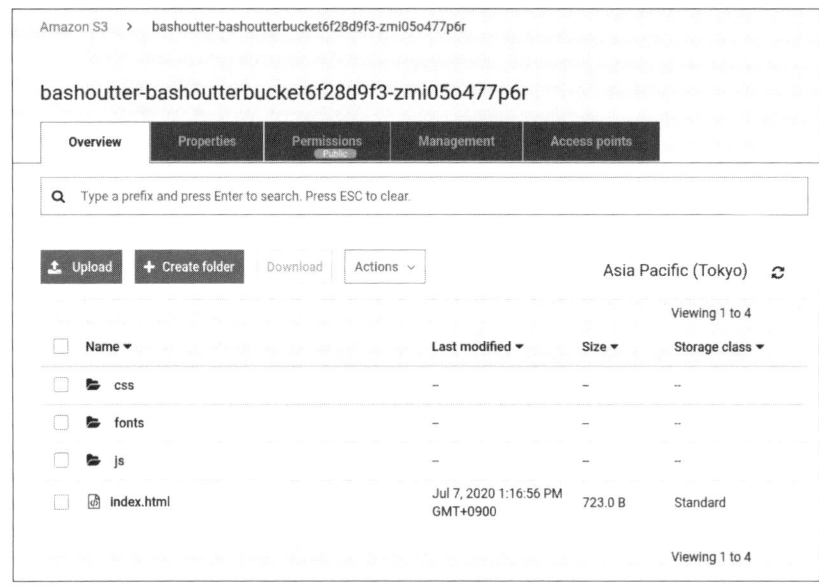

Figure 12-8. S3 バケットの中身

Chapter 12-4

APIリクエストを送信する

それでは，デプロイしたアプリケーションに対し，実際にAPIリクエストを送信してみよう．まずはコマンドラインからAPIを送信する演習を行おう．S3に配置したGUIは一旦おいておく．

ここではコマンドラインからHTTP APIリクエストを送信するためのシンプルなHTTPクライアントであるHTTPie※17を使ってみよう． HTTPieは，スタックをデプロイするときにPython仮想環境（venv）を作成したとき，一緒にインストールされている． venvの仮想環境の中から，以降で説明するコマンドを実行しよう．念のためインストールがうまくいっているか確認するには，コマンドラインに**http**と打ってみる． ヘルプのメッセージが出力されたら準備OKである．

まず，先ほどデプロイを実行したときに得られたAPIのエンドポイントのURL（**Bashoutter.BashoutterApiEndpoint = XXXX**で得られた**XXXX**の文字列）をコマンドラインの変数に設定しておく．

```
$ export ENDPOINT_URL=XXXX
```

次に，俳句の一覧を取得するため，**GET /haiku**のAPIを送信してみよう．

```
$ http GET "${ENDPOINT_URL}/haiku"
```

現時点では，まだだれも俳句を投稿していないので，空の配列（**[]**）が返ってくる．

それでは次に，**POST /haiku**を使って俳句を投稿してみよう．

```
$ http POST "${ENDPOINT_URL}/haiku" \
username="松尾芭蕉" \
first="閑さや" \
second="岩にしみ入る" \
third="蝉の声"
```

※17　https://httpie.org/

次のような出力が得られるだろう．

```
HTTP/1.1 201 Created
Connection: keep-alive
Content-Length: 49
Content-Type: application/json
....
{
    "description": "Successfully added a new haiku"
}
```

新しい俳句を投稿することに成功したようである． 本当に俳句が追加されたか，再び GET リクエストを呼ぶことで確認してみよう．

```
$ http GET "${ENDPOINT_URL}/haiku"

HTTP/1.1 200 OK
Connection: keep-alive
Content-Length: 258
Content-Type: application/json
...
[
    {
        "created_at": "2020-07-06T02:46:04+00:00",
        "first": "閑さや",
        "item_id": "7e91c5e4d7ad47909e0ac14c8bbab05b",
        "likes": 0.0,
        "second": "岩にしみ入る",
        "third": "蝉の声",
        "username": "松尾芭蕉"
    }
]
```

素晴らしい！

次に，**PATCH /haiku/{item_id}** を呼ぶことでこの俳句にいいねを追加してみよう． 一つ前のコマンドで取得した俳句の **item_id** を，次のコマンドの **XXXX** に代入した上で実行しよう．

```
$ http PATCH "${ENDPOINT_URL}/haiku/XXXX"
```

{"description": "OK"} という出力が得られるはずである．再び GET リクエストを送ることで，いいね（**likes**）が 1 増えたことを確認しよう．

```
$ http GET "${ENDPOINT_URL}/haiku"
...
[
    {
        ...
        "likes": 1.0,
        ...
    }
]
```

最後に，DELETE リクエストを送ることで俳句をデータベースから削除しよう．**XXXX** は **item_id** の値で置き換えたうえで次のコマンドを実行する．

```
$ http DELETE "${ENDPOINT_URL}/haiku/XXXX"
```

再び GET リクエストを送ることで，返り値が空（**[]**）になっていることを確認しよう．

これで，俳句の投稿・取得・削除そしていいねの追加，といった基本的な API がきちんと動作していることが確認できた．

Chapter 12-5

大量の API リクエストをシミュレートする

さて，前節ではマニュアルで一つずつ俳句を投稿した． 多数のユーザーがいるような SNS では，1秒間に数千件以上の投稿がされている． 今回はサーバーレスアーキテクチャを採用したことで，そのような瞬間的な大量アクセスにも容易に対応できるようなシステムが自動的に構築されている． このポイントを実証するため，ここでは大量の API が送信された状況をシミュレートしてみよう．

handson/bashoutter/client.py※18 に，大量のAPIリクエストをシミュレートするためのプログラムが書かれている． このプログラムを使用すると，**POST /haiku** の API リクエストを指定された回数だけ実行することができる．

テストとして，API を300回実行してみよう． 次のコマンドを実行する．

```
$ python client.py $ENDPOINT_URL post_many 300
```

数秒のうちに実行が完了するだろう． これがもし，単一のサーバーからなる API だったとしたら，このような大量のリクエストの処理にはもっと時間がかかっただろう． 最悪の場合には，サーバーダウンにもつながっていたかもしれない． したがって，今回作成したサーバーレスアプリケーションは，とてもシンプルながらも1秒間に数百件の処理を行えるような，スケーラブルなクラウドシステムであることがわかる． サーバーレスでクラウドを設計することの利点を垣間見ることができただろうか？

先述のコマンドにより大量の俳句を投稿するとデータベースに無駄なデータがどんどん溜まってしまう． データベースを完全に空にするには，次のコマンドを使用する．

```
$ python client.py $ENDPOINT_URL clear_database
```

※18 https://github.com/tomomano/learn-aws-by-coding-source-code/blob/main/handson/bashoutter/client.py

Chapter 12-6

Bashoutter GUI を動かしてみる

前節ではコマンドラインから API を送信する演習を行った． ウェブアプリケーションでは，これと同じことがウェブブラウザの背後で行われ，ページのコンテンツが表示されている（**Figure 9-1** 参照）．最後に，API が GUI と統合されるとどうなるのか，見てみよう．

デプロイを実行したときにコマンドラインで出力された，**Bashoutter.BucketUrl=** で与えられた URL を確認しよう（**Figure 12-4**）． これは，先述したとおり，Public access mode の S3 バケットの URL である．

ウェブブラウザを開き，アドレスバーに S3 の URL を入力しへアクセスしてみよう． すると，**Figure 12-9** のようなページが表示されるはずである．

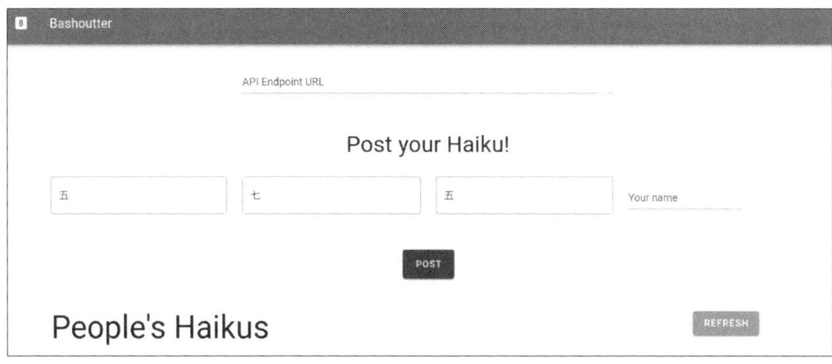

Figure 12-9. "Bashoutter" の GUI 画面

ページが表示されたら，一番上の "API Endpoint URL" と書いてあるテキストボックスに，今回デプロイした **API Gateway の URL を入力**する（今回のアプリケーションでは，API Gateway の URL はランダムに割り当てられるのでこのような GUI の仕様になっている）． そうしたら，画面の "REFRESH" と書いてあるボタンを押してみよう． データベースに俳句が登録済みであれば，俳句の一覧が表示されるはずである．各俳句の左下にあるハートのアイコンをクリックすることで，"like" の票を入れることができる．

新しい俳句を投稿するには，五七五と投稿者の名前を入力して，"POST" を押す． "POST" を押した後は，再び "REFRESH" ボタンを押すことで最新の俳句のリストをデータベースから取得する．

Column

Single-page application (SPA)

Bashoutter の GUI は Vue.js と Vuetify というフレームワークを使用して書かれている．ウェブブラウザで動作する GUI の作り方は本書のメインテーマとは少し異なるが，ここにコラムとして話題を提供しよう．Vue.js によってビルドされたウェブアプリケーションは，**Single-page application** とよばれる構造をもったアプリケーションである．SPA は，よりレスポンシブで，より自由な UI 体験を提供する機構として近年人気が高まっている．身近なところだと，現在の Gmail のウェブ UI が SPA を採用している．

SPA の特徴は，その名前のとおり，すべてのウェブサイトのコンテンツを一つのページで表現する，という点である．従来的な（multi-page application とよばれる）ウェブページと比較するとわかりやすいだろう．従来的なウェブページでは，ページを遷移する度にすべての HTML 文書全体がロードされていた．結果，ページのヘッダーやフッターなど，すべてのページで共通のコンポーネントも，ページを移動するたびにリロードされてしまう．データを配信するサーバーの観点からすると，同じデータを何度も配信しているので無駄な通信が発生していることになる．また，ページを移動するたびに画面が一瞬だけ真っ白になってしまうのも，ユーザー体験としてあまり良いものではない．このように，multi-page application ではサーバーにとってもユーザーにとっても，うれしくない挙動を抱えていた．

SPA は，そのような無駄なページの遷移を排するための機構である．SPA において，ページの遷移は，JavaScript によって"仮想的に"行われる．仮想的，というのは，アドレスバーの URL は変化するが，実際にはサーバーからのページ取得は行われない．代わりに，JavaScript が変化すべき画面の内容のみを書き換えることで，ページが変わったような体験を実現する．これにより，multi-page application で問題だった同じデータを何度もロードする問題や，画面が真っ白になる課題を解決している（Gmail の UI で，メールを開くときにいちいち画面が真っ白にならないことを思い出そう）．このような JavaScript によるページの動的なレンダリングが SPA のコアとなるコンセプトである．SPA はその分，ウェブサイトを最初に訪れたときに容量の大きな JavaScript をロードしなければならないので，初期起動に少し時間がかかる（Gmail の UI の起動が数秒かかることを思い出そう）．

SPA を構築するには，Vue.js や React※19，Angular※20 などの，いわゆる SPA フレームワークとよばれるツールを使用する．

※19 https://github.com/tomomano/learn-aws-by-coding-source-code/tree/main/handson/bashoutter/gui
※20 https://github.com/tomomano/learn-aws-by-coding-source-code/tree/main/handson/bashoutter/gui

Chapter 12-7

アプリケーションの削除

これで，Bashoutter プロジェクトが完成した！　この SNS は，インターネットを通じて世界のどこからでもアクセスできる状態にある．また，Chapter 12-6 で見たように，大量のユーザーの同時アクセスによる負荷がかかっても，柔軟にスケーリングが行われ遅延なく処理を行うことができる．極めて簡素ながらも，立派なウェブサービスとしてのスペックは満たしているのである！　Chapter 14 では，今回作成したアプリケーションをさらに拡張させ，より機能を充実させていくので，お楽しみに．

Bashoutter アプリを存分に楽しむことができたら，最後に忘れずにスタックを削除しよう．

コマンドラインからスタックの削除を実行するには，次のコマンドを使う．

```
$ cdk destroy
```

CDK のバージョンによっては S3 のバケットが空でないと，**cdk destroy** がエラーを出力する場合がある．この場合はスタックを削除する前に，S3 バケットの中身をすべて削除しなければならない．

コンソールから実行するには，S3 コンソールに行き，バケットの中身を開いたうえで，すべてのファイルを選択し，"Actions" → "Delete" を実行すればよいい．

コマンドラインから実行するには，次のコマンドを使う．<BUCKET NAME> のところは，自分の バケットの名前（"BashoutterBucketXXXX" というパターンの名前がついているはずである）に置き換えることを忘れずに．

```
$ aws s3 rm <BUCKET NAME> --recursive
```

12-7

Chapter 12-8

小括

ここまでが，本書第三部の内容であった.

第三部では，クラウドの応用として，一般の人に使ってもらうようなウェブアプリケーション・データベースをどのようにして作るのか，という点に焦点を当てて，説明を行った. その中で，従来的なクラウドシステムの設計と，ここ数年の最新の設計方法であるサーバーレスアーキテクチャについて解説した. Chapter 11 では，AWS でのサーバーレスの実践として，Lambda, S3, DynamoDB のハンズオンを行った. 最後に，Chapter 12 では，これらの技術を統合することで，完全サーバーレスなウェブアプリケーション "Bashoutter" を作成した.

これらの演習を通じて，世の中のウェブサービスがどのようにしてでき上がっているのか，少し理解が深まっただろうか？ また，そのようなウェブアプリケーションを自分が作りたいと思ったとき，今回のハンズオンがその出発点となることができたならば幸いである.

Chapter 13

Hands-on #7：boto3道場

ここからが，第四部（発展編）となる．

発展編では，第三部まででで学んだ技術にさらに磨きをかけ，実世界で運用されるようなクラウドシステムの開発へ近づいていく．

本章では，AWS API を操作するための Python ライブラリである **boto3** の使い方を解説する．boto3 はこれまで何度か使用してきたが，本章では細部を詳細かつ網羅的に解説していく．とくに，使用頻度の高い DynamoDB と S3に焦点を絞ったチュートリアルを用意した．

"道場"と銘打っているだけあるので，"百人組手"のような感覚で，たくさんのアプリケーションパターンを次々と実践し，技術を磨いていこう．

Chapter 13-1

boto3 の基本

boto3※1 とは，Python から AWS API を操作するためのライブラリで，AWS からオープンソースプロジェクトとして公式に提供されている．まずは，boto3 を使用するうえで基本となる知識を簡単に解説する．

> 今回は AWS API を操作するライブラリとして boto3 を用いるが，Python 以外の他の言語でも同様のライブラリは提供されている． ここで紹介するテクニックや概念は，ライブラリを変えても適用可能なものがほとんどである．

13-1- 1 boto3 のインストール

boto3 のインストールは **pip** を使って簡単に実行できる．

```
$ pip install boto3
```

venv による仮想環境（A-8）でこのコマンドを実行し，インストールを行おう．

13-1- 2 client と resource

boto3 で押さえておくべき大事な点として，関数の記述の仕方に **client** と **resource** を使った二種類があることを強調しておきたい（**Figure 13-1**）． 具体例に沿って説明しよう． S3 にファイルをアップロードするには，次の二通りのコードがある．

※1 https://github.com/boto/boto3

```
import boto3

# 書き方その1
client = boto3.client("s3")
client.upload_file(file_name, bucket_name, key)

# 書き方その2
s3 = boto3.resource("s3")
bucket = s3.Bucket(bucket_name)
bucket.upload_file(file_name, key)
```

一つ目の書き方は **client** を使った方法で，これは **client** 以下に定義された **"関数"を逐次的に列挙していく**ことで，プログラムを記述していく．関数型プログラミング（Functional programming）の考え方に近いアプローチである．**boto3.client("s3")** などの形で，リソースの名前を指定することで client オブジェクトを初期化し，使用する．

一方，二つ目の **resource** を使った方法は**オブジェクト指向型（object oriented）**に沿った書き方で，AWS のリソースに対応したオブジェクト（今回の例では **Bucket**）を生成したうえで，そのオブジェクトに定義されたメソッド・プロパティを使用することでプログラムを記述していく．**boto3.resource("s3")** などの形で，リソースの名前を指定することで resource オブジェクトを取得する．

client と **resource** は単純にプログラムの書き方の違いなので，背後で実行される AWS API は共通であり，どちらを使うかは個人の好みの問題である．筆者は，オブジェクト指向型の書き方のほうが好きなので，以降のチュートリアルでは基本的に **resource** を使ったコードを紹介していく．注意点としては，**resource** が提供されていないサービスもあり（例：ApiGateway），その場合は **client** を使ってプログラムを書く必要がある．

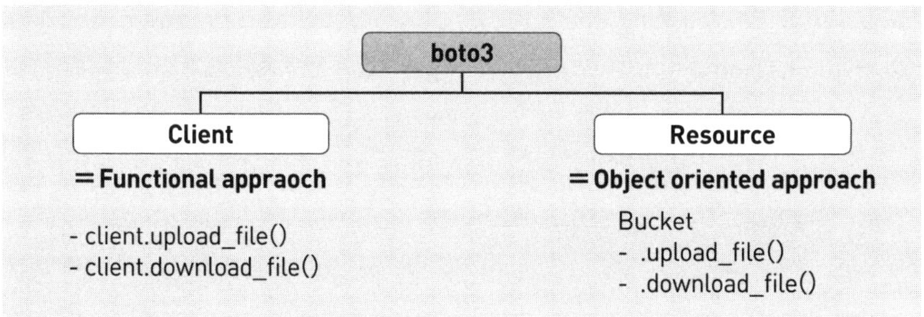

Figure 13-1. boto3 ライブラリにおける二通りのコーディングスタイル

13-1- 3 boto3 におけるシークレットキーの設定

次に，boto3 における認証情報の設定について触れよう． 本書で繰り返し説明してきた AWS CLI/CDK と同様，AWS のシークレットキーを使用して boto3 は AWS API と通信を行う． boto3 でのシークレットキーの設定の仕方は，CLI/CDK と基本的に一緒（A-4）で，次の方法が一般的である．

- 環境変数（**AWS_ACCESS_KEY_ID** など）を設定する
- **~/.aws/credentials** のファイルにシークレットキーを書き込む

これらに加えて，boto3 固有の設定の仕方も提供されている． 詳しくはドキュメンテーションの Credentials のページ[※2] を参照いただきたい．

~/.aws/credentials に複数のプロファイルが記述されている場合，プロファイルの切り替えは次の方法によって行う．

一つ目は，**AWS_PROFILE** という環境変数を設定する方法である． **export AWS_PROFILE=foo** のような形で，使用するプロファイルの名前を指定すればよい．

二つ目は，**Session ()** オブジェクトを使う方法である． 次のコードを見てもらいたい．

```
import boto3

session = boto3.Session(profile_name="foo")

client = session.client("s3")
s3 = session.resource("s3")
```

このコードのように，**Session ()** をプロファイル名を指定したうえで呼び出し（ここでは **foo** というプロファイル名が指定されている），Session を使って client や resource を作成する．

最後に，Default region などの設定も，環境変数か **~/.aws/config** のファイルのどちらかを通じて行う（公式ドキュメンテーション[※3] 参照）．

※2 https://boto3.amazonaws.com/v1/documentation/api/latest/guide/credentials.html
※3 https://boto3.amazonaws.com/v1/documentation/api/latest/guide/configuration.html

Chapter 13-2
S3 道場

ここでは boto3 を使った S3 のオペレーションを特訓していこう． **Figure 13-2** に S3 道場の特訓メニューを示している． LEVEL 1 では，基本となるデータのアップロード・ダウンロードの操作を見ていく． LEVEL 2 では，（ディスクの読み書きを介さない）メモリーのみを用いたデータのやり取りを紹介する． この技術は Lambda を用いたサーバーレスのウェブ API を作るときなどに大変重要である． LEVEL 3 では，S3 に備わっている Presigned URL という機能の使用方法を解説する． こちらも，サーバーレスクラウドを構築する上では欠かせない技術だ．

早速，特訓を始めよう！

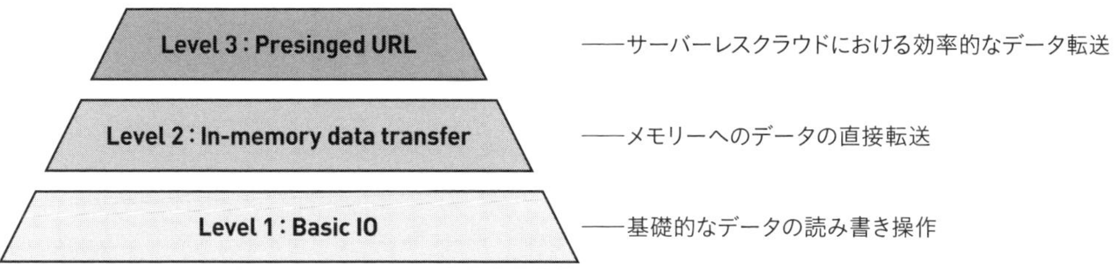

Figure 13-2. S3 道場 の特訓メニュー

13-2-1 デプロイ

まずは空のバケットを作成しよう． この操作は CDK による CloudFormation によって行う． boto3 で新規のバケットを作成することも可能であるが，Chapter 3-5 で述べたように静的リソースの配置は CloudFormation を使ったほうが好ましい．

デプロイするアプリケーションのソースコードは handson/dojo/s3/app.py[※4] にある． これは Chapter 11-3 のチュートリアルで使用したものと同一のプログラムであるので， 説明は省略する．

※4 https://github.com/tomomano/learn-aws-by-coding-source-code/blob/main/handson/dojo/s3/app.py

デプロイの手順は，これまでのハンズオンと共通である．ここでは，コマンドのみ列挙する（**#** で始まる行はコメントである）．シークレットキーの設定も忘れずに（A-4）．

```
# プロジェクトのディレクトリに移動
$ cd handson/dojo/s3

# venv を作成し，依存ライブラリのインストールを行う
$ python3 -m venv .env
$ source .env/bin/activate
$ pip install -r requirements.txt

# デプロイを実行
$ cdk deploy
```

デプロイが完了すると，**Figure 13-3** のような出力が得られる．ここで表示されている **SimpleS3.BucketName** に続くバケット名はこれから使用するのでメモしておこう．

Figure 13-3.
デプロイ実行後の出力

13-2- 2 LEVEL 1：Basic IO

デプロイが完了したところで，早速特訓を始めよう．ここでは，Jupyter Notebook を使ってインタラクティブにコードを実行していく．先のデプロイを実行したとき，venv を使って Jupyter も一緒にインストールされている．venv の仮想環境の中にいることを確認したうえで，次のコマンドにより Jupyter を立ち上げよう．

```
(.env) $ jupyter notebook
```

Jupyter が起動したら新しいノートブックを作成し，次に説明するコードを順に実行していこう．なお，完成したノートブックは handson/dojo/s3/s3_practice.ipynb[※5] にあるので，自分でコードを実行し終えた後の参考にしてほしい．

※5 https://github.com/tomomano/learn-aws-by-coding-source-code/blob/main/handson/dojo/s3/s3_practice.ipynb

まずは boto3 をインポートし，**Session()** オブジェクトを経由して **s3** リソースを呼び出す．

```
import boto3

session = boto3.Session(profile_name="default")
s3 = session.resource("s3")
```

default 以外のプロファイルを使用したい場合は，**profile_name=** の部分を書き換える．

次に，バケットの名前を格納する変数を定義しよう．**ここは自分自身のバケットの名前に置き換えることを忘れずに！** その上で，**Bucket()** オブジェクトを作成する．

```
bucket_name = "simples3-bucket43879c71-1enung2baj2j2"
bucket = s3.Bucket(bucket_name)
```

さて，まずはダミーのテキストファイル（**tmp.txt**）を生成して，それをバケットにアップロードしてみよう．ここでは，同じファイルを **myfile1.txt**，**myfile2.txt** という Key をつけて二度アップロードしている．

```
with open("tmp.txt", "w") as f:
    f.write("Hello world!")

bucket.upload_file("tmp.txt", "myfile1.txt")
bucket.upload_file("tmp.txt", "myfile2.txt")
```

次に，バケットの中のファイル（オブジェクト）の一覧を取得してみよう．

```
objects = bucket.objects.all()
for o in objects:
    print(o.key)
```

次のような出力が得られるはずである．

```
myfile1.txt
myfile2.txt
```

先ほどアップロードした二個のオブジェクトが確認できる．

S3 はオブジェクトストレージとよばれるシステムなので，個々のデータファイルのことをオブジェクト(Object)とよぶのが一般的である．オブジェクトは，ファイルに固有な **Key** (=ファイル名に相当)，**Value** (=データ本体のこと)，その他の**メタデータ**からなる．また，boto3 などからオブジェクトを操作する場合は，**get ()**, **delete ()** などのメソッドが使用できる．そのような現代的なプログラミングのオブジェクト的な要素が備わっていることから，ファイルではなくオブジェクトという言葉が使用される．

次に，**myfile1.txt** というオブジェクトを取得してみよう．さらに，**content_length** (ファイルのサイズ)，**last_modified** (最終更新日時) の属性を読み出してみよう．

```
obj = bucket.Object("myfile1.txt")
print(obj.content_length)
print(obj.last_modified)
```

次のような出力が得られるはずである．

```
12
2021-07-09 14:06:10+00:00
```

次に，**download_file ()** メソッドを呼び出すことで，バケットにあるオブジェクトをローカルのコンピュータにダウンロードしよう．

```
obj.download_file("downloaded.txt")
```

このコードを実行することで，ローカルのコンピュータに **downloaded.txt** というファイルが作成されたことを確認しよう．

次に，**delete ()** メソッドを呼ぶことでオブジェクトを削除しよう．

```
obj.delete()
```

13-2

オブジェクトが消去されたか確認するため，再びオブジェクトの一覧を取得しよう．

```
objects = bucket.objects.all()
for o in objects:
    print(o.key)
```

返り値から **myfile1.txt** が消え，**myfile2.txt** のみが残っていることを確認しよう．

13-2- 3 LEVEL 2：In-memory data transfer

先ほどまでは，ローカルのディスクに保存されたファイルをアップロードしたり，バケットにあるデータを**ローカルのディスク**にダウンロードする操作を行った．これらはシンプルでわかりやすくてよいのだが，データのやり取りにいちいちローカルのディスクを経由するのはあまり適切でない場合もあるだろう．とくに，Lambda で実行される関数は極力無駄を削減し，高速化することが望ましい．ここでは，ローカルマシンの**メモリー上**にあるデータを直接 S3 にアップロードしたり，S3 のオブジェクトを直接ローカルマシンのメモリーにロードする方法を見ていく．

まずは，pandas[※6] を使って CSV データを読み書きする方法を見ていこう．pandas は，CSV や Excel などのテーブルデータを操作するための汎用ライブラリである．最初に，使用するライブラリをインポートすることから始める．

```
import pandas as pd
import io
```

つづいて，pandas を使って適当な **DaraFrame** オブジェクト（テーブル）を作成する．

```
df = pd.DataFrame({'Manufacturer': ["Aston Martin", "Porche", "Ferrari"],
                   'Top spped (km/h)': [340, 318, 340],
                   '0-100 km/h (s)': [3.4, 3.4, 2.9],
                   'Power output (hp)': [715, 510, 710]},
                   index=['DBS', '911 GT3', 'F8'])
```

ここでは例として，スーパーカーのスペックをまとめた表を作っている．中身を表示してみよう．

```
df
```

出力は以下のようになるだろう．

```
+---------+--------------+------------------+----------------+-------------------+
|         | Manufacturer | Top spped (km/h) | 0-100 km/h (s) | Power output (hp) |
+---------+--------------+------------------+----------------+-------------------+
```

※6 https://pandas.pydata.org/

```
| DBS     | Aston Martin |             340 |            3.4 |              715 |
| 911 GT3 | Porche       |             318 |            3.4 |              510 |
| F8      | Ferrari      |             340 |            2.9 |              710 |
+---------+--------------+-----------------+----------------+------------------+
```

この **DataFrame** を，S3 に CSV 形式で保存しよう． まずはコードを見てみよう．

```
with io.BytesIO() as stream:
    df.to_csv(stream, index_label="Car")
    resp = bucket.put_object(
        Key="data.csv",
        Body=stream.getvalue()
    )
```

少し高度なことをやっているので，一行ずつ説明していこう． まずは，**io.BytesIO ()** を呼び出すことで，CSV データを書き込むためのメモリー上のストリームを用意している． そして，**df.to_csv ()** メソッドを呼ぶことによって，DataFrame オブジェクトを CSV に書き出し，メモリー上のストリームに一時的に格納する． このようにしてできあがった CSV データを，**bucket.put_object ()** によって S3 にアップロードしている． **bucket.put_object ()** の引数として **Key=** で Key を指定している． 次の **Body=** には書き込まれるべきデータを渡している． **stream.getvalue ()** は stream に書き込まれたデータをバイナリデータとして返す関数である．

似たような書き方だが，次のような書き方も可能である．

```
with io.BytesIO() as stream:
    df.to_csv(stream, index_label="Car")
    stream.seek(0)
    resp = bucket.put_object(
        Key="data.csv",
        Body=stream
    )
```

一つ前のコードとの違いは，**stream.seek (0)** の部分と，**Body=stream** とある部分である． **Body** の引数に渡すことができるのは，バイナリデータまたは file-like object である． file-like object とは，Python に固有の概念で，**read ()** , **write ()** , **seek ()** などのメソッドを備えた，ファイルの読み書きを担当する抽象クラスの総称である． stream や file object というよび方もされる． **Body** には file-like object を与えることも可能で，その場合，背後では boto3 ライブラリがそのオブジェクトの **read ()** などのメソッドを呼ぶことでデータを取得し，アップロードが行われる．

stream.seek (0) の箇所であるが，これはストリームのヘッドの位置をストリームのメモリー領域の先頭に戻せ，という意味である．データの書き込みがされると，ヘッドの位置はメモリー領域の一番後ろに移動してしまうので，データの書き込みが完了したあとにこのメソッドを呼ぶ必要がある．これらの概念についての詳細は，Python 公式ドキュメンテーション[※7] を参照されたい．

最後に，**upload_fileobj ()** 関数を使用したもう一つの書き方を紹介する．

```
with io.BytesIO() as stream:
    df.to_csv(stream, index_label="Car")
    stream.seek(0)
    resp = bucket.upload_fileobj(
        stream,
        "data.csv"
    )
```

ここで示した三つの書き方は，基本的に行われる操作は同一であり，どれを選択するかは書き方の好みの問題である（個人的には **seek (0)** を呼ぶのが面倒なので，一番目の書き方が好きである）．が，インターネット上の質問スレッドなどを見ると様々な書き方が示されていて，そのような場合に混乱しないためにもこの三つの書き方は押さえておくとよい．

次に，S3 にある CSV データを，直接ローカルマシンのメモリーにロードする方法を見ていこう．これもにもいくつかの書き方が考えられる．まずは一つ目の書き方を示そう．

```
obj = bucket.Object("data.csv").get()
stream = io.BytesIO(obj.get("Body").read())
df2 = pd.read_csv(stream, index_col="Car")
```

まず，**bucket.Object ("data.csv")** によって，**data.csv** という Key をもった S3 オブジェクトを作成する．次に，**get ()** メソッドを呼ぶことで，S3 からこのオブジェクトを取得する（この時点ではオブジェクトのメタデータなど抽象的な情報しか取得しておらず，データ本体のダウンロードは行われていない）．続いて，**get ("Body")** を呼ぶことによって，**StreamingBody** というオブジェクトを取得する．**StreamingBody** の **read ()** メソッドを呼ぶことで，データの中身がダウンロードされる．最後に，このようにして取得されたデータを **read_csv ()** 関数に渡している．

StreamingBody は **read ()** メソッドを備えているので，**read_csv ()** 関数に直接渡すことも可能であ

※7　https://docs.python.org/3/library/io.html

る．こちらの書き方のほうがコードはシンプルになるので便利である．

```
stream = bucket.Object("data.csv").get().get("Body")
df2 = pd.read_csv(stream, index_col="Car")
```

最後に，**download_fileobj()** メソッドを使用した書き方を示そう．

```
with io.BytesIO() as stream:
    bucket.download_fileobj("data.csv", stream)
    stream.seek(0)
    df2 = pd.read_csv(stream, index_col="Car")
```

繰り返しになるが，上記の三つの書き方は実質的には同じ操作が行われるので，自分の好みの書き方を採用していただきたい．

さて，テーブルデータの扱い方がわかったところで，次に画像データの読み書きも紹介しよう．基本的な流れは CSV テーブルの場合と同じである．ここからは，Python Image Library (PIL) ※8 を使って画像の読み書きを行う．まずは必要なライブラリのインポートを行おう．

```
from PIL import Image
import numpy as np
from matplotlib import pyplot as plt
```

続いて，テスト用の画像をロードする．

```
img = Image.open("clownfish.jpg")
```

確認のため，ロードした画像を表示してみよう．

```
plt.imshow(np.asarray(img))
```

Figure 13-4 のような出力が得られるはずである．

※8 https://pillow.readthedocs.io/en/stable/

Figure 13-4.
テスト用画像

さて，このようにしてメモリーにロードされた画像をバケットへアップロードしてみよう． 二通りの書き方を示そう．

```
with io.BytesIO() as buffer:
    img.save(buffer, "PNG")
    resp = bucket.put_object(
        Key="clownfish.png",
        Body=buffer.getvalue()
    )
```

```
with io.BytesIO() as buffer:
    img.save(buffer, "PNG")
    buffer.seek(0)
    resp = bucket.upload_fileobj(
        buffer,
        "clownfish.png"
    )
```

ここでは，PIL の **Image** オブジェクトに備わっている **save()** メソッドを使用することで，データをPNG形式でメモリーバッファーに書き込んでいる．そして，バッファーから S3 へのアップロードを行っている． その他は CSV テーブルのときと行っていることは同一なので説明は省略する．

アップロードが終わったら，**Image** オブジェクトを閉じることを忘れずに．

```
image.close()
```

つづいて，バケットからメモリーに直接画像をロードする方法を見ていこう． 今回も二通りの書き方を示しておく．

```
stream = bucket.Object("clownfish.png").get().get("Body")
img2 = Image.open(stream)

plt.imshow(np.asarray(img2))
img2.close()
```

```
with io.BytesIO() as stream:
    obj = bucket.Object("clownfish.png")
    obj.download_fileobj(stream)
    stream.seek(0)
    img2 = Image.open(stream)
    plt.imshow(np.asarray(img2))
    img2.close()
```

いずれのコードも，**Figure 13-4** と同じクマノミの画像を出力するはずである．
ローカルマシンのメモリーと S3 の間の直接のデータのやり取りの感覚が理解できただろうか？

> この例では boto3 ライブラリのみを利用してコードを書いたが，よりコードをシンプルにするためのサードパーティのライブラリがいくつか存在する． s3fs※9 ライブラリはそのようなライブラリの一つである． これを使うと，ローカルのファイルを操作するのと同じ感覚で S3 のデータの読み書きが可能になる． 興味のある読者はぜひ一度試していただきたい．

13-2- 4 LEVEL 3：Presigned URL

S3 の最後のチュートリアルとして，Presigned URL（署名付きURL）※10 の使用方法を解説しよう（**Figure 13-5**）．

S3 のバケットにあるオブジェクトは通常はプライベートなデータであり， ユーザー自身以外の人物がアクセスすることはできない． オブジェクトに対し Presigned URL を発行することで，URL を受け取った人物がそのオブジェクトへの書き込み・読み込みなどの操作を実行することができるようになる． Presigned URL には有効期限を設定することが可能で， 期限を過ぎた URL は無効となる．

※9 https://s3fs.readthedocs.io/en/latest/
※10 https://docs.aws.amazon.com/AmazonS3/latest/userguide/ShareObjectPreSignedURL.html

Presigned URL は，クライアントにファイルのアップロード・ダウンロードの権限を与える機構として，サーバーレスのウェブサービスを構築するときにしばしば利用されるテクニックであり，大変重要な S3 の機能である．ここでは Presigned URL の基本的な使い方をトライしてみよう．

まずは，使用するライブラリをインポートする．ここでは，HTTP (S) の通信を行うためのクライアントとして requests※11 ライブラリを用いる．

```
import requests
```

次に，S3 の **client** オブジェクトを作成する．Chapter 13-1-2 で述べたが，**resource** オブジェクトでは一部の AWS API がサポートされていない．Presigned URL を作成する API もこの一つで，**client** オブジェクトのみでサポートされている．

```
client = session.client("s3")
```

それでは最初に，S3 へのアップロードを行うための Presigned URL を発行する．まずはコードを示す．

```
resp = client.generate_presigned_post(
    Bucket=bucket.name,
    Key="upload.txt",
    ExpiresIn=600
)
print(resp)
```

generate_presigned_post () はアップロード専用の Presigned URL を発行するための関数である．**Bucket=bucket.name** で Presigned URL を発行するのに使用するバケットを指定している．次に，**Key="upload.txt"** によって，アップロードされるオブジェクトの Key を **upload.txt** にせよと定義している．最後に，**ExpiresIn=600** で，600 秒後に URL が失効するように設定している．

generate_presigned_post () が無事実行されると，**resp** という変数にアップロードを行うための認証情報が書かれている．**print (resp)** によって次のような出力が得られるだろう．


```
{'url': 'https://simples3-bucket43879c71-1enung2baj2j2.s3.amazonaws.com/', 'fields': {'key':
'upload.txt', 'AWSAccessKeyId': 'AKIAY2TKJUVROOFDYZWY', 'policy': 'eyJleHBpcmF0aW9uIjogIjIwMjEt
MDctMTJUMTQ6MTI6MTlaIiwgImNvbmRpdGlvbnMiOiBbeyJidWNrZXQiOiAic2ltcGxlczMtYnVja2V0NDM4NzljNzEtMWVudW
5nMmJhajJqMiJ9LCB7ImtleSI6ICJ1cGxvYWQudHh0In1dfQ==', 'signature': 'bjUSJ59e2hiBgCJ+j/4hLhJ2S
CM='}}
```


※11 https://pypi.org/project/requests/

この JSON の中で，**url** がアップロードする先の URL を，**fields** がアップロードするときに認証を行うための認証情報をそれぞれ表している． この情報を使うことで，クライアントは S3 へのアップロードを実行できる．取得した Presigned URL を用いてアップロードを実行してみよう．

```
resp2 = requests.post(
    resp["url"],
    data=resp["fields"],
    files={'file': ("dummy.text", "Hello world!")}
)

print("Upload success?", resp2.status_code == 204)
```

Upload success? True という出力が得られることを確認しよう．また，AWS コンソールにログインして，S3 の管理画面から **upload.txt** という名前のオブジェクトがバケットにアップロードされていることを確認しよう．

つづいて，S3 から特定のオブジェクトをダウンロードするための Presigned URL を発行してみよう．次のコードを実行してみよう．

```
resp3 = client.generate_presigned_url(
    ClientMethod='get_object',
    Params={
        'Bucket': bucket.name,
        'Key': "upload.txt",
    },
    ExpiresIn=600
)
print(resp3)
```

generate_presigned_url() は Presigned URL を発行するための汎用的な関数である（対して，先ほど用いた **generate_presigned_post()** はアップロード専用の関数であった）．**ClientMethod='get_object'** によって，**GET** の操作，すなわちダウンロードを許可すると設定している． **Params=** でバケットの名前と Key を定義している． ここでは，先ほど Presigned URL を使用してアップロードしたダミーのテキストファイル（**upload.txt**）を指定している． 仕上げに，**ExpiresIn** でリンクの有効期限を制限している． 最後の **print(resp3)** によって次のような出力が得られるだろう．

```
https://simples3-bucket43879c71-1enung2baj2j2.s3.amazonaws.com/upload.txt?AWSAccessKeyId=AKIAY2
TKJUVROOFDYZWY&Signature=AnD7lgFiCKl9a9JHOckD%2BIn9q8k%3D&Expires=1626100453
```

13-2

これが，オブジェクトのダウンロードに使用するURLである．上記のURLをウェブブラウザのアドレスバーに入力してアクセスすると，ダミーのテキストファイルがダウンロードされることが確認できるだろう．あるいは，Jupyter Notebookから以下のコードを実行することでも，ダウンロードが確認できる．

```
resp4 = requests.get(resp3)

print("Download success?", resp4.status_code == 200)
print("File content:", resp4.text)
```

次のような出力が得られるだろう．

```
Download success? True
File content: Hello world!
```

Presigned URLはサーバーレスクラウドの設計の上で非常に重要な技術である．クライアントがS3に保存されているデータ（例: 動画や画像）をダウンロードするという場面を想定して，Presigned URLを用いた場合と用いない場合を検討してみよう（**Figure 13-5**）．

Presigned URLを用いない場合（Model 1），クライアントはまずLambdaにダウンロードのリクエストを送信する．リクエストを受けたLambdaはS3からバイナリデータを取得し，それをクライアントに返す．この設計は，クライアントの視点からするとシンプルなのだが，バイナリデータがLambdaをとくに意味もなく通過することになる．データの容量が大きい場合，Lamdbaを経由することは通信速度を遅くするだけでなく，Lambdaのネットワークに対しての料金も発生してしまうので，非効率である．

一方，Presigned URLを用いた場合（Model 2）を考えてみよう．まず，クライアントはLambdaに対しデータのダウンロードのリクエストを送信する．Lambdaはリクエストを受けたオブジェクトに対するPresigned URLを発行し，それをクライアントに返す．クライアントは返されたPresigned URLを使用して，直接S3にダウンロードを実行する．結果として，Lambdaとクライアントが交換するのは極めて小さなURLの文字列だけであり，サイズの大きなバイナリデータはクライアントとS3で直接データのやり取りがされる．Model 1と比較してLambdaがデータの仲介を行う必要がないので，通信の効率化が実現される．また，Presigned URLには有効期限が設定されているので，仮にURLが悪意ある他人に漏洩したとしてもリスクは少なく，セキュリティの観点でも優れている．

アップロードに関しても，同様の検討が可能である．Presigned URLを利用することで，Lambdaを経由せずクライアントとS3が直接通信をするような状況を作り出すことができる．Model 1と2のどちらがよい設計なのかという判断はアプリケーションによって異なるが，サーバーレスクラウドでは一般的に Model 2 が好まれる場合が多いことは留意しておこう．Chapter 15 では，ウェブアプリケーションを構築する中で Presigned URL を利用して実装を行う．

Model 1：Direct data transfer via Lambda

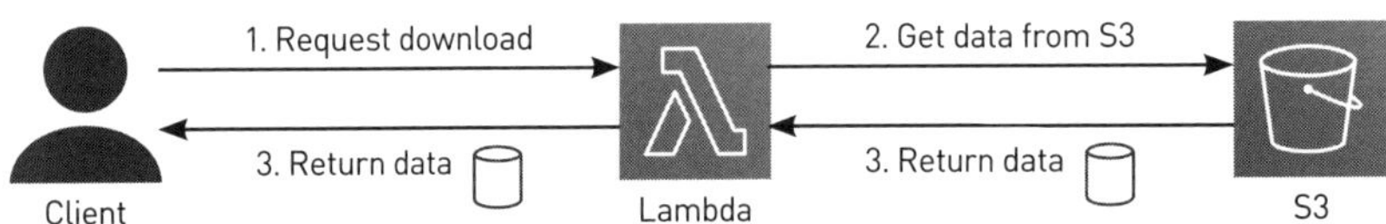

Model 2：Presigned URL

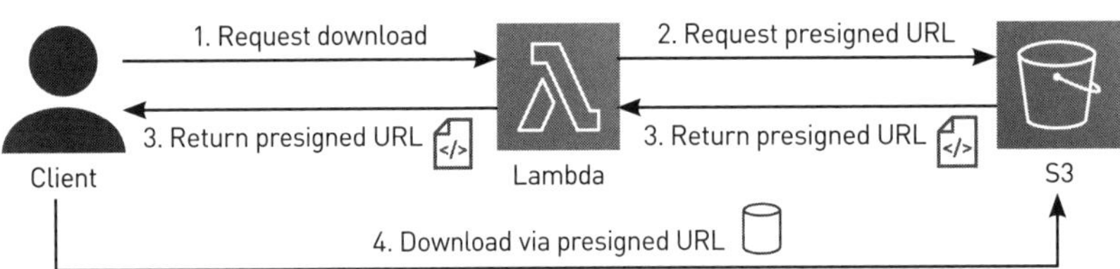

Figure 13-5. Presigned URL を使ったワークフロー

13-2-5 スタックの削除

チュートリアルを一通り終えることができたら，最後に忘れずにスタックを削除しておこう．以下のコマンドでスタックの削除を行う．

```
$ cdk destroy
```

13-2

Chapter 13-3

DynamoDB 道場

ここでは boto3 を使った DynamoDB のオペレーションを特訓していこう． **Figure 13-6** に S3 道場の特訓メニューを示している．LEVEL 1 では，DynamoDB のコアとなるコンセプトに習熟するとともに，基礎的なデータの読み書きの手順を練習する． LEVEL 2 では，テーブルの Query と Scan についての様々なデザインパターンを紹介する． LEVEL 3 では，テーブルのバックアップの作成とバックアップからの復元の方法を解説する．

早速，特訓を始めよう！

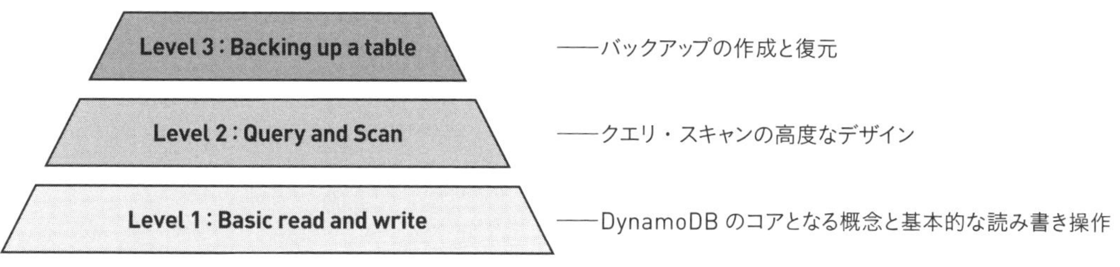

Figure 13-6. DynamoDB 道場の特訓メニュー

13-3-1 デプロイ

チュートリアルを開始するにあたり，まずは空のテーブルを DynamoDB に作成しよう．

デプロイするアプリケーションのソースコードは handson/dojo/dynamodb/app.py[※12] にある． これは Chapter 11-2 に，いくつかの変更を行ったものである． 変更については後ほど説明するとして，早速デプロイを行おう．

デプロイの手順は，これまでのハンズオンと共通である． ここでは，コマンドのみ列挙する（**#** で始まる行はコメントである）． シークレットキーの設定も忘れずに（A-4）．

※12 https://github.com/tomomano/learn-aws-by-coding-source-code/blob/main/handson/dojo/dynamodb/app.py

```
# プロジェクトのディレクトリに移動
$ cd handson/dojo/dynamodb

# venv を作成し，依存ライブラリのインストールを行う
$ python3 -m venv .env
$ source .env/bin/activate
$ pip install -r requirements.txt

# デプロイを実行
$ cdk deploy
```

デプロイが完了すると，**Figure 13-7** のような出力が得られる．ここで表示されている **SimpleDynamoDb.TableName** に続くテーブル名はこれから使用するのでメモしておこう．

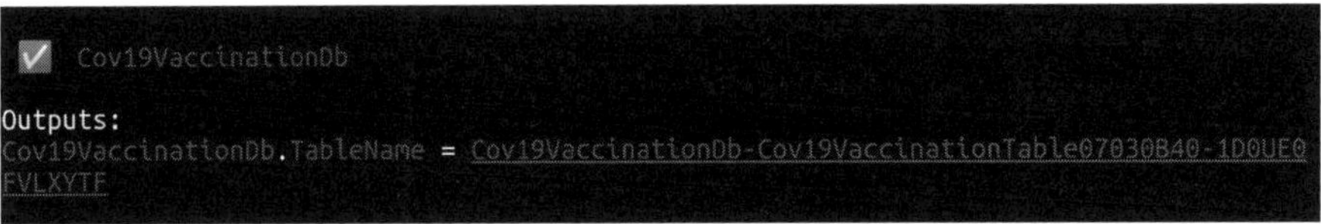

Figure 13-7. デプロイ実行後の出力

13-3-2 LEVEL 1：Basic Read and Write

デプロイが完了したところで，早速特訓を始めよう．ここでは，Jupyter Notebook を使ってインタラクティブにコードを実行していく．venv の仮想環境の中にいることを確認したうえで，次のコマンドにより Jupyter を立ち上げよう．

```
(.env) $ jupyter notebook
```

Jupyter が起動したら，新しいノートブックを作成し，次に説明するコードを順に実行していこう．なお，完成したノートブックは handson/dojo/dynamodb/dynamodb_practice.ipynb※13 にあるので，自分でコードを実行し終わった後の参考にしてほしい．

まずは必要なライブラリをインポートし，**Session ()** オブジェクトを経由して **dynamodb** リソースを呼び出す．

※13 https://github.com/tomomano/learn-aws-by-coding-source-code/blob/main/handson/dojo/dynamodb/dynamodb_practice.ipynb

```
import boto3
from pprint import pprint
from datetime import datetime

session = boto3.Session(profile_name="default")
ddb = session.resource("dynamodb")
```

次に，テーブルの名前を格納する変数を定義しよう．**ここは自分自身のテーブルの名前に置き換えることを忘れずに！**そのうえで，**Table()** オブジェクトを作成する．

```
table_name = "Cov19VaccinationDb-Cov19VaccinationTable07030B40-120RD60KUP67U"
table = ddb.Table(table_name)
```

さて，DynamoDB の演習をしていくにあたり，どんなデータベースを設計するのか，具体的な目標があったほうがよいだろう．そこで今回は，**新型コロナウイルスのワクチン接種予約システム**を想定して，データベースを作ってみよう．もちろん，これは練習であるので，実世界で使えるような代物ではないが，実際の運用をイメージするにはよい題材であると考える．

というわけで，今回のデータベースの仕様を **Table 13-1** に定義しよう．

Table 13-1. 新型コロナウイルスワクチン接種予約データベースの仕様

属性	データ型	説明
username	String	ユーザー名を記録(Partition key)
dose	Number	第何回目の接種かを記録(Sort key)
age	Number	ユーザーの年齢(Global Secondary Index)
prefecture	String	ユーザーの居住都道府県(Global Secondary Index)
last_name	String	ユーザーの苗字
first_name	String	ユーザーの名前
status	String	予約の状態．"reserved", "completed", "canceled" のいずれかの値を取る．
date	String	接種の予約日時．ISO 8601※14 フォーマットのタイムスタンプで記述．

ユーザーの名前，年齢，居住地，接種回数そして予約日時など，予約を管理するのに必要最低限な属性(Attribute)を定義している．また，年齢ごとの接種状況など，各種の統計を取る目的にも使用することができる．

※14　https://www.iso.org/iso-8601-date-and-time-format.htmla

13-3

まずは，この要件に従い，データベースにデータを追加していこう．DynamoDB へのデータの書き込みは Chapter 11-2 でも紹介したとおり，**put_item ()** メソッドを使用する．

```
resp = table.put_item(
    Item={
        "username": "sazae_huguta",
        "first_name": "Sazae",
        "last_name": "Huguta",
        "age": 24,
        "prefecture": "Tokyo",
        "dose": 1,
        "status": "reserved",
        "date": datetime(2021,7,20,hour=10,minute=0).isoformat(timespec="seconds"),
    }
)
```

ここでは，東京都にお住まいのフグタサザエさんの一回目のワクチン接種予約を追加した．データベースへの登録ができているか，**get_item ()** を呼ぶことで確認してみよう．

```
resp = table.get_item(
    Key={"username": "sazae_huguta", "dose": 1}
)
pprint(resp["Item"])
```

get_item () メソッドの返すディクショナリオブジェクトには様々な情報が含まれているのだが，今知りたいのは **"Item"** のキーで取得できる属性である．プリント関数の出力はつぎのようになるだろう．

```
{'age': Decimal('24'),
 'date': '2021-07-20T10:00:00',
 'dose': Decimal('1'),
 'first_name': 'Sazae',
 'last_name': 'Huguta',
 'prefecture': 'Tokyo',
 'status': 'reserved',
 'username': 'sazae_huguta'}
```


ここで，一つ重要な概念が登場したので解説する．Chapter 11-2 で説明したとおり，DynamoDB には **Primary key** というものが定義されていなければならない．Primary Key はテーブル内の要素を一意的に同定するために使われる．DynamoDB では二通りの Primary Key の設定の仕方がサポートされている．**Partition key（だけ）**を用いる場合と **Composite key（=Partition key と Sort key の組み合わせ）**を用いる場合である（**Figure 13-8**）．

Partition key だけを primary key に用いるケースは，すでに Chapter 11-2 で見た．この場合，Partition key は，テーブル内の要素ごとに固有のIDであり，この値をもとに DynamoDB はデータの並び替えを行い物理的なディスク上の保存場所を決定する．データベースではこのような仕組みによってデータの検索が高速化されている．

Composite key は，partition key と sort key の組み合わせによって，要素を一意的に指定する．この場合，二つ以上の要素が同じ partition key をもつことが可能であるが，同じ partition key をもつ要素は異なる sort key をもつ必要がある．今回のチュートリアルで用いているデータベースでは，**username** をpartition key に，**dose** を sort key に用いている．これは，同一の人物が複数回ワクチンの接種を受けることを想定しての設計である．したがって，今回のデータベースでは，**username** と dose の両方を指定することで，一つのワクチン接種予約が一意的に特定される．先に示したコードでは，**Key={"username": "sazae_huguta", "dose": 1}** の箇所がこれに相当する．sort key を用いる利点はこの後のコードでも再び体験することになる．

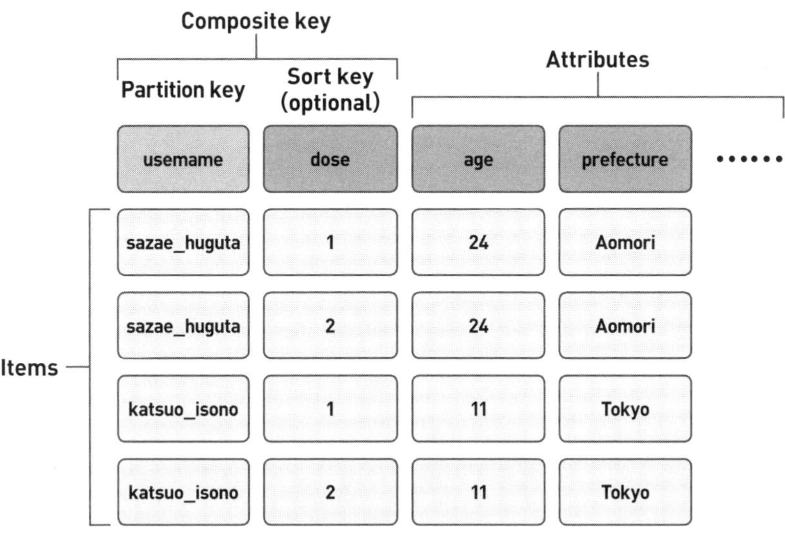

Figure 13-8. DynamoDB における Partition key と Sort key

Partition key/Sort key の話題が上がったので，CDK のコードの該当箇所も見ておこう．handson/dojo/dynamodb/app.py の，次の行に注目してほしい．

```
table = ddb.Table(
    self, "Cov19VaccinationTable",
    partition_key=ddb.Attribute(
        name="username",
        type=ddb.AttributeType.STRING
    ),
    sort_key=ddb.Attribute(
        name="dose",
        type=ddb.AttributeType.NUMBER
    ),
    #... other parameters
)
```

partition_key=, **sort_key=** のパラメータを指定することで，属性の名前とデータタイプを指定している．

さて，partition key と sort key について理解が深まったところで，次に要素の内容を更新する方法を見ていこう．それには **update_item ()** メソッドを用いる．

```
resp = table.update_item(
    Key={"username": "sazae_huguta", "dose": 1},
    UpdateExpression="SET prefecture = :val1",
    ExpressionAttributeValues={
        ":val1": "Aomori",
    }
)
```

update_item () メソッドは，まず **Key** パラメータによって書き換えを行う要素を指定する．ここでは，先述の **get_item ()** と同様，partition key と sort key の組み合わせで要素が指定されている．次に，**UpdateExpression** というパラメータに，書き換えの操作を記述した文字列を渡す．Update Expression の記法については 公式ドキュメンテーション※15 に詳細が書かれている．ここでは，**SET** というキーワードを使って，**prefecture** という属性を **:val1** に書き換えている．**:val1** は，Update expression で使用する変数のようなもので，その定義は **ExpressionAttributeValues** でされている．これによって，**prefecture** の属性が **Aomori** に書き換わる．

データベースできちんと変更が記録されているか，念のため確認してみよう．

※15 https://docs.aws.amazon.com/amazondynamodb/latest/developerguide/Expressions.UpdateExpressions.html

```
# Check that the item was updated
resp = table.get_item(
    Key={"username": "sazae_huguta", "dose": 1}
)
pprint(resp["Item"]["prefecture"])
```

Aomori という出力が得られただろうか？

続いて，ワクチンの接種が完了した状況を想定して，**status** を **reserved** から **completed** に書き換えを行ってみよう．まずはコードを見てみよう．

```
resp = table.update_item(
    Key={"username": "sazae_huguta", "dose": 1},
    UpdateExpression="SET #at1 = :val1",
    ExpressionAttributeNames={
        '#at1': 'status'
    },
    ExpressionAttributeValues={
        ":val1": "completed",
    }
)
```

ExpressionAttributeNames というパラメータに注目してほしい．ここで，**#at1** という変数に **status** という文字列を対応させている．DynamoDB では，Update expression の属性 (attribute) として使用することのできない単語のリスト (**Reserved words** とよばれる) が存在する※16 (Reserved words の一覧)．**status** という文字列も Reserved words の一つなので，**SET status = :val1** という書き方は**できない**．これを回避するための手段として，**ExpressionAttributeNames** という機構があり，上記のコードのように，属性の名前を変数として取り扱うことで解決している．

LEVEL 1 の最後のトピックとして，要素を削除する方法を示そう．**get_item ()** と同様に Key を指定したうえで **delete_item ()** メソッドを呼べばよい．

```
resp = table.delete_item(
    Key={"username": "sazae_huguta", "dose": 1},
)
```

要素が本当に削除されたか，次のコードで確認しよう．

※16　https://docs.aws.amazon.com/amazondynamodb/latest/developerguide/Expressions.UpdateExpressions.html

```
resp = table.get_item(
    Key={"username": "sazae_huguta", "dose": 1},
)
if item.get("Item"):
    print(item.get("Item"))
else:
    print("The item with the given ID was not found!")
```

The item with the given ID was not found! という出力が得られるだろう.

13-3- 3 LEVEL 2：Query and Scan

つづいて，たくさんの要素が記録されているデータベースから所望のデータを検索し取得する方法を見ていこう．それに先立ち，まずはバッチ書き込み (Batch write) という概念を説明しよう.

Batch write とは，複数の要素を一度に書き込むときの効率化を実現してくれる機構である．**with table.batch_writer () as batch:** で Batch writer を起動し，それに続けて **put_item ()** メソッドを呼ぶだけでよい．コードを見てみよう.

```
import json
with open("data.json", "r") as f:
    data = json.load(f)

with table.batch_writer() as batch:
    for d in data:
        batch.put_item(Item=d)
```

今回，仮想的なワクチン予約のデータを handson/dojo/dynamodb/data.json に用意した．このJSON ファイルを最初にロードし，Batch writer を使ってテーブルに書き込んでいる．Batch writer を使うと，データは一度ローカルのメモリーにキャッシュされ，十分な数がたまったときにまとめてDynamoDB に送信される．これによって，単純に **put_item ()** を何度も呼ぶよりも通信を効率的にし，さらには DynamoDB の write capacity を節約することでコストの削減にもつながる.

さて，いくつかのデータがデータベース上に揃ったところで，**Scan** と **Query** という二つのデータの検索方法を見ていこう．二つの方法は一見すると同じことのように見えるが，背後で行われる検索の方法は全く異なっており，速度やコストの面で大きな違いがある.

Query とは，特定の値をもつ partition key を探す検索である．オプションとして，sort key が定義されている場合は，sort key に対しても条件を指定することができる．DynamoDB で，データは partition key に従って物理的なストレージデバイス上に書き込まれていることから，Query を用いた場合 DynamoDB はすべてのデータベース領域を検索する必要なく，所望のデータを探しだすことができる．対して，**Scan** はデータベースのすべてのデータを走査し，所望のデータを検索する演算を行う．そのため，Query と比べ検索に時間がかかるが，partition key（あるいは Global secondary index; 後述）に指定されていない属性に対して検索をかける場合は Scan しか選択肢がない．

コードでより具体的に見ていこう．まずは，partition key を使って Query を実行してみよう．

```
resp = table.query(
    KeyConditionExpression=Key('username').eq('namihei_isono')
)
pprint(resp.get("Items"))
```

KeyConditionExpression というパラメータに検索の条件を渡している．ここでは，**Key(xxx).eq(xxx)** によって，データベースの partition key である **username** が **namihei_isono** という値をもつ要素を探せ，と命令している．ワクチンを二回接種することを反映して，次のような出力が得られるだろう．

```
[{'age': Decimal('54'),
  'date': '2021-07-25T10:00:00',
  'dose': Decimal('1'),
  'first_name': 'Namihei',
  'last_name': 'Isono',
  'prefecture': 'Chiba',
  'status': 'completed',
  'username': 'namihei_isono'},
 {'age': Decimal('54'),
  'date': '2021-08-20T10:00:00',
  'dose': Decimal('2'),
  'first_name': 'Namihei',
  'last_name': 'Isono',
  'prefecture': 'Chiba',
  'status': 'completed',
  'username': 'namihei_isono'}]
```

"一回目のワクチンのデータ"を指定したい場合は，次のように記述する．

```
resp = table.query(
    KeyConditionExpression=Key("username").eq("namihei_isono") & Key('dose').eq(1)
)
pprint(resp.get("Items"))
```

& に続けて条件を追加することで，**AND**（論理積）を表現する．あるいは，| を使うことで OR（論理和）を表現することも可能である．なお，partition key に対しては，同値（**eq ()**）のメソッドしかサポートされていないが，sort key に対しては比較演算子もサポートされている．比較演算子には less than を表す **lt ()** や greater than を表す **gt ()**，さらに **between ()** などのメソッドが定義されている（ドキュメンテーション参照※17）．

先に，query は primary key に対して有効な高速な検索手段と述べたが，デフォルトのデータベースでは一つの primary key しか持たない．Primary key 以外の属性で高速な検索を行いたい場合はどうしたらよいだろうか？その問題を解決してくれるのが，**Global secondary index (GSI)** という機構である．

GSI とは，**オリジナルのテーブル（Base table とよぶ）のコピーを作成することで，Base table とは別の属性を primary key として使用する**ことを可能にする機構である（**Figure 13-9**）．GSI では，Base table の一部の属性あるいはすべての属性をコピーするオプションがある．Base table と GSI で作成されたコピーは自動的に同期が行われる．これによって，GSI として指定された属性を使って，高速な query を実行できる．

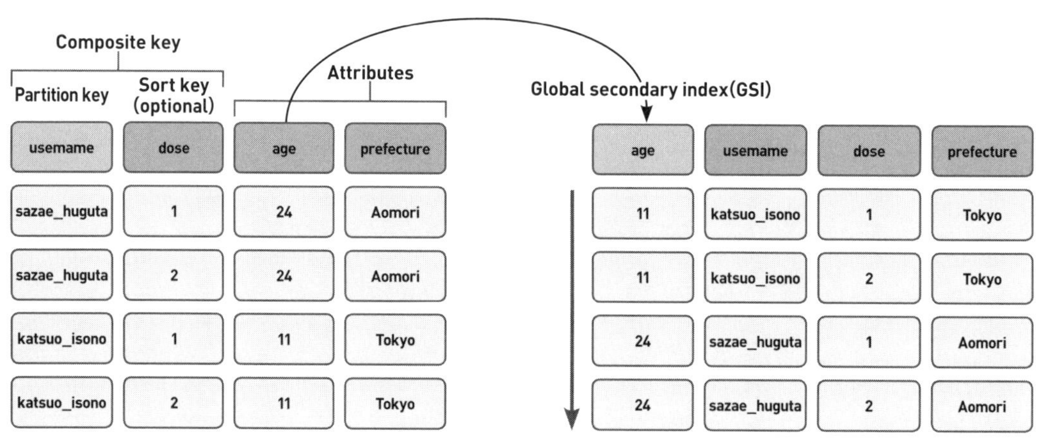

Figure 13-9. DynamoDB における Global secondary index (GSI)

※17　https://boto3.amazonaws.com/v1/documentation/api/latest/_modules/boto3/dynamodb/conditions.html

今回のチュートリアルで使用しているTableを構築したときのCDKのコードに戻ってみよう(handson/dojo/dynamodb/app.py). 次の行に注目してほしい.

```
table.add_global_secondary_index(
    partition_key=ddb.Attribute(
        name="age", type=ddb.AttributeType.NUMBER
    ),
    index_name="ItemsByAge"
)
table.add_global_secondary_index(
    partition_key=ddb.Attribute(
        name="prefecture", type=ddb.AttributeType.STRING
    ),
    index_name="ItemsByPrefecture"
)
```

add_global_secondary_index() メソッドを呼ぶことによって, 新しいGSIを定義している. ここでは, **age** と **prefecture** という属性をGSIとして登録している. GSIには固有な名前が必要であり, 今回はそれぞれ **ItemsByAge**, **ItemsByPrefecture** という名前を設定している.

さて, それではGSIである **age** の属性を使ってQueryを実行してみよう.

```
# query by age
resp = table.query(
    IndexName="ItemsByAge",
    KeyConditionExpression=Key('age').eq(11),
)
pprint(resp.get("Items"))
```

ここでは, **Key('age').eq(11)** によって, 11歳のユーザーを検索している. 出力は, 次のようにイソノカツオさんのワクチン予約記録が得られるはずだ.

```
[{'age': Decimal('11'),
  'date': '2021-07-25T10:00:00',
  'dose': Decimal('1'),
  'first_name': 'Katsuo',
  'last_name': 'Isono',
  'prefecture': 'Gunma',
  'status': 'reserved',
  'username': 'katsuo_isono'}]
```

13-3

同様に，東京に住所がある予約の一覧を取得してみよう．

```
resp = table.query(
    IndexName="ItemsByPrefecture",
    KeyConditionExpression=Key('prefecture').eq("Tokyo"),
)
pprint(resp.get("Items"))
```

東京にお住まいのフグタタラオさん，フグタマスオさんの記録が得られるはずだ．

さて，ここまでQueryの使用方法を見てきた． 次に，Scanの使用方法を見ていこう． Scanは先述のとおり，partition key以外の任意の属性に対して検索をかけることができるので，最も汎用性がある． その分，データベースをすべて走査していくので，データベースが巨大な場合は顕著に速度が劣ることになる．

まずは，なんの検索条件も指定せず，すべてのデータベースの要素を取ってきてみよう． 次のコードを実行すればよい．

```
resp = table.scan()
items = resp.get("Items")
print("Number of items", len(items))
```

Number of items: 8 と出力されただろうか？

ここで，一点注意しなければならない点がある．Scanは一度に1MBを上限としてデータの走査を行い，1MBの上限に達した時点のデータがユーザーに返される． したがって，1MB以上の範囲でデータベースを走査したければ，前回の"続き"から二度目のScanを始める必要がある． 次のコードを見てみよう．

```
resp = table.scan()
items = resp.get("Items")
while resp.get("LastEvaluatedKey"):
    resp = table.scan(ExclusiveStartKey=r["LastEvaluatedKey"])
    items.extend(resp["Items"])
print("Number of items", len(items))
```

scan() メソッドから返されるディクショナリには **LastEvaluatedKey** という要素が含まれている． これが空の文字列の場合は，Scanがデータベース全体で終了したことを意味する． 逆に，空でない文字列が含まれているときは，それがそのScanで最後に読んだ要素のprimary keyに対応している．

scan() を続きから実行したい場合は，**ExclusiveStartKey** というパラメータに，前回呼んだ最後の要素の primary key を渡せばよい．上記のコードでは，**LastEvaluatedKey** が空になるまで，**scan()** を繰り返し呼ぶ，というものになっている（**while** ステートメントは空の文字列に対して False の判定を行う点に留意）．実は，この 1MB の制約は Query についても同様で，1MB 以上の範囲を検索する場合は上記のように再帰的に query を実行する必要がある．

つづいて，Scan を使って所望の条件を満たす要素を検索する方法を見ていこう．Query のときと書き方はとても似ていて，**FilterExpression** というパラメータに満たすべき条件を記述する．

```
resp = table.scan(
    FilterExpression=Attr('age').lt(27)
)
print("Number of items", len(resp.get("Items")))
```

この例では，**age** が 27 以下の要素を取り出している．

次に，**date** の属性を使って，ある特定の日時の予約の一覧を取得してみよう．

```
resp = table.scan(
    FilterExpression=Attr('date').begins_with("2021-07-25"),
)
pprint(resp.get("Items"))
```

Scan を実行するときのもう一つの重要なオプションとして，要素の一部の属性を取り出す方法を紹介しよう．**ProjectExpression** というパラメータを使用することで，指定したの属性のみがリターンされる．次のコードでは，要素の属性のうち **first_name** と **prefecture** のみを返すよう指定している．

```
resp = table.scan(
    ProjectionExpression="first_name, prefecture"
)
print(resp.get("Items"))
```

現実の運用では，名前と都道府県だけ取り出せればよい，というケースもあるはずだ．一部のデータのみを取り出すことでデータの通信量を削減でき，速度の向上やコストの削減につながる．

データベースの要素の検索速度を向上させる方法として Global secondary index (GSI) を紹介した．ならば，すべての属性を GSI として登録してしまえばいいのではないか，と考えてしまうかもしれないが，そうはいかない．まず，一つのテーブルにつき設定できる GSI の数は 20 までという上限が設定されている．また，GSI は維持そのものにコストがかかることも忘れてはならない．GSI の背後の実装としては，partition key が異なるデータベースのコピーが GSI の数だけ作成されていることになる．したがって，GSI の数に応じて消費するストレージの量も増大するし，ベーステーブルと GSI の間の同期をするための read/write の演算コストも発生する．

よって，どの属性を GSI として登録するかは，データベースのアクセスパターンを見極めたうえで慎重に検討する必要がある．GSI はテーブルの作成後でも追加・削除ができるので，データベースを運用しながらフレキシブルに判断を行っていくことが可能である．

13-3- 4 LEVEL 3：Backing up a Table

現実の世界でデータベースを運用するとなった場合，バックアップの作成は必須である．ここでは，DynamoDB のバックアップの作成の方法と，バックアップからの復元の手順を見ていこう．

バックアップの作成関連の API は **Table ()** オブジェクトではサポートされていないので，**client ()** オブジェクトを使用する必要がある．というわけで，まずは DynamoDB の **client ()** オブジェクトを作成しよう．

```
client = session.client("dynamodb")
```

バックアップの作成はとても簡単で，**create_backup ()** という関数を呼ぶだけでよい．

```
resp = client.create_backup(
    TableName=table_name,
    BackupName=table_name + "-Backup"
)
backup_arn = resp["BackupDetails"]["BackupArn"]
print(backup_arn)
```

create_backup () には，バックアップをとる元のテーブルの名前と，バックアップの名前を指定する必要がある．返り値に含まれる **BackupArn** が，このバックアップを指し示す固有の ID を表している．

つづいて，バックアップの情報を取得してみよう．

```
resp = client.describe_backup(BackupArn=backup_arn)
pprint(resp["BackupDescription"]["BackupDetails"])
```

出力は次のようになるはずである．

```
{'BackupArn': 'arn:aws:dynamodb:ap-northeast-1:123456789012:table/Cov19VaccinationDb-Cov19VaccinationTable07030B40-12ORD6OKUP67U/backup/01626307682177-ec2eaf03',
 'BackupCreationDateTime': datetime.datetime(2021, 7, 15, 9, 8, 2, 177000, tzinfo=tzlocal()),
 'BackupName': 'Cov19VaccinationDb-Cov19VaccinationTable07030B40-12ORD6OKUP67U-Backup',
 'BackupSizeBytes': 903,
 'BackupStatus': 'AVAILABLE',
 'BackupType': 'USER'}
```

BackupStatus が **AVAILABLE** となっていることを確認しよう．

AWSコンソールからも，バックアップの状態を確認することができる． AWSコンソールから，DynamoDBのコンソールに行き，左端のメニューの **Tables** をクリックする． すると，**Cov19VaccinationDb-XXXX** という名前のテーブルが見つかるはずなので，クリックして詳細を開く． つづいて，**Backups** というタブをクリックすると，バックアップの情報が表示される（**Figure 13-10**：枠で囲った部分をクリックする）．

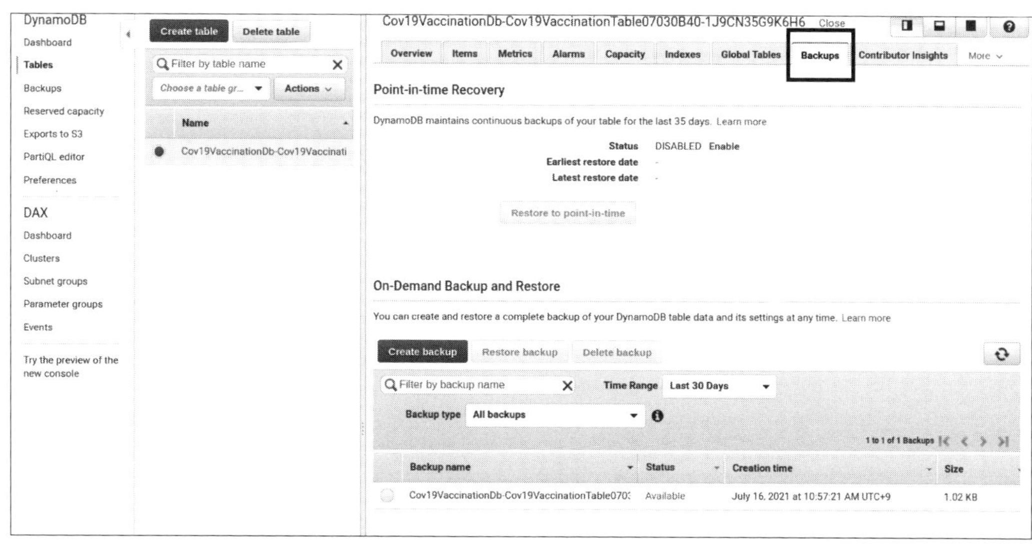

Figure 13-10. DynamoDBコンソールからバックアップを確認

このようにして，バックアップの作成をすることができた． つづいて，バックアップからテーブルを復元する方法を見ていこう．

練習のためバックアップの作成後，元となるデータベースの要素を書き換える． その後，バックアップを復元し，書き換えを行う前の要素の情報を取得する．

まずは，本体のデータベースで要素の書き換えを行う．ここではタラオフグタさんの **age** を4に書き換えている．

```
resp = table.update_item(
    Key={"username": "tarao_huguta", "dose": 1},
    UpdateExpression="SET age = :val1",
    ExpressionAttributeValues={
        ":val1": 4
    }
)

resp = table.get_item(
    Key={"username": "tarao_huguta", "dose": 1},
)
pprint(resp["Item"]["age"])
```

Decimal('4') という出力が得られただろう．

つづいて，この書き換えを行う前に作成しておいたバックアップを復元する． 次のコードを見てほしい．

```
restored_table_name = table_name + "-restored"
resp = client.restore_table_from_backup(
    TargetTableName=restored_table_name,
    BackupArn=backup_arn,
)
```

restore_table_from_backup() 関数を呼ぶことによってバックアップの復元を行っている． このとき，**TargetTableName** のパラメータに渡されるのが，復元されたあとのテーブルの名前である（元のテーブルに直接バックアップを復元させることはできない点に注意）．

復元されたテーブルの状態を確認してみよう．

```
resp = client.describe_table(TableName=table_name + "-restored")
pprint(resp["Table"]["TableStatus"])
```

復元を開始した直後だと，上記のコードは **CREATING** という文字列を出力するだろう． 数分待ってから再び実行すると，**ACTIVE** に変わるだろう． 状態が **ACTIVE** になるとテーブルへのデータの読み書きを行うことができる．

ACTIVE になったことを確認したうえで，次のコードで復元されたテーブルの情報を読んでみよう．

```
restored_table = ddb.Table(restored_table_name)
resp = restored_table.get_item(
    Key={"username": "tarao_huguta", "dose": 1},
)
pprint(resp["Item"]["age"])
```

Decimal ('3') という出力が得られるだろう． これは，元のテーブルで書き換えを行う前のデータの状態である． よって，無事データの復元ができたことが確認できる．
ここまでできたら，復元されたテーブルは不要なので削除してしまおう．

```
restored_table.delete()
```

また，不要になったバックアップも，無駄なストレージを削減するため削除しよう．

```
resp = client.delete_backup(BackupArn=backup_arn)
```

13-3- 5 スタックの削除

以上で DynamoDB のチュートリアルは終了である． DynamoDB の基礎的なオペレーションが身についただろうか？

最後に忘れずにスタックを削除しておこう． 以下のコマンドでスタックの削除を行う．

```
$ cdk destroy
```

13-3

Chapter 13-4

小括

おめでとう！ ここまで読み進めたあなたは，boto3 道場の厳しい特訓を見事クリアした！ これらの特訓によって，boto3 のコアとなる概念と使用方法は身についたはずである．

今回は紙面の都合もあり，S3 と DynamoDB に絞って練習を行った．一方，Lambda や ECS などのあらゆる AWS API が boto3 から操作可能である．今後は，読者自身のアプリケーションに応じて，boto3 のドキュメンテーションを読みながら，さらに腕を磨いていっていただきたい．

Column

boto3 の名前の由来

boto3 の開発者である Mitch Garnaat によると，boto とよばれるアマゾン川に生息する淡水イルカが，ライブラリの名前の由来であると言われている（出典：GitHub のスレッド※18）

※18 https://github.com/boto/boto3/issues/1023#issuecomment-287127647

Chapter 14

Hands-on #8：シン・Bashoutter

本章では，Chapter12 で開発した Bashoutter アプリケーションの拡張を行う．

Bashoutter のソースコードを書き直す中で，Route 53 を用いたドメインの登録，CloudFront による CDN と HTTPS通信の設定，そして Cognito を用いたユーザー認証の三つのテクニックを紹介する．

いずれも，実世界で運用されているようなクラウドサービスを構築するうえで欠かすことのない技術である．これらの拡張工事によって，新次元の俳句SNS（シン・Bashoutter）を完成させよう．

Chapter 14-1

シン・Bashoutter プロジェクトの概要

Chapter 12 では，Bashoutter と名付けた SNS アプリケーションを作成した．サーバーレスアーキテクチャを採用することで，大量のクライアントからのリクエストにも対応できるスケーラブルなウェブサーバーを簡単に構築できることを体験していただいた．さて，本章でこれから提供するハンズオンでは，Chapter 12 で作成した Bashoutter をさらに発展させ，より実世界で運用されているようなサービスに近づけていく．具体的には，以下に挙げる三つの拡張を行おう．

- Route 53 による独自ドメインの設定
- CloudFront による CDN および HTTPS 通信の設定
- Cognito によるユーザー認証の追加

これらの拡張を行うことで，大枠としては実世界での運用に使用できるようなシステムができ上がる．拡張後の生まれ変わったをアプリケーションを"シン・Bashoutter"と名付ける．この実装を通して，Route 53，CloudFront，Cognito など，ウェブサービスを構築する上で不可欠な AWS のコンポーネントを詳しく学んでいこう．大きな工事を行うことになるので，以降では2ステップに分けてアプリケーションを拡張していく．STEP 1 ではドメインの設定と CDN の配置を行い（**Figure 14-1**），STEP 2 で Cognito によるユーザー認証を設定する（**Figure 14-16**）．

実装に移る前に，今回使用する三つの AWS のサービスを簡単に紹介しよう．

Route 53：AWS が提供する Domain Name System（DNS）のサービスである．ドメインの取得や，DNS レコードの管理・編集を行う．DNS のサービスは他社からも提供されているが，Route 53 を使う利点はほかの AWS サービスとの連携がスムーズである点と，CDK（CloudFormation）を用いてドメインを管理できる点が挙げられる．

CloudFront：AWS が提供する Content Delivery Network（CDN）のサービスである．CDN とは，ウェブサイトのコンテンツのコピーを地理的に異なる複数のサーバーに分散して配置し，クライアントと地理的に近いサーバーからデータを配信する仕組みである．これにより，ウェブサイトのデータ配信の遅延を最小化できる．CloudFront は CDN としての役割に加えて，HTTPS 通信や Web firewall など，セキュリティの機能も担うことができる．

Cognito：Cognito は AWS が提供するユーザー認証のサービスである． Cognito を利用することで，クライアントのパスワードのデータベース化と暗号化などを AWS のセキュアなシステムに一任することができる． 結果として，開発者がユーザーの機密情報を保持するデータベースを維持する必要がなく，開発時間を短縮できる． 加えて，OAuth※1 や SAML※2 を通じた Google, Facebook などの Social idnentity provider との連携も可能である．

これらのコンポーネントについては後にプログラムを書きながら詳しく見ていく． 現時点では概要を頭においていただいて，早速実装に移っていこう．

> 本章で提供するハンズオンを実行するには，Route 53 を通じて新たなドメインを取得する必要がある．ドメインの取得には$12 前後のコストが発生することに注意．
>
> その他の実装については，基本的に AWS の無料利用枠の範囲内で実行できる．

※1 https://oauth.net/ ※2 https://en.wikipedia.org/wiki/SAML_2.0

Chapter 14-2

STEP 1：ドメインの設定とCloudFrontの配置

冒頭で述べたとおり，シン・Bashoutter プロジェクトの第一ステップでは，次の変更を実装していく．

- Route 53 による独自ドメインの設定
- CloudFront による CDN および HTTPS 通信の設定

変更後のアプリケーションの全体像を **Figure 14-1** に示す．

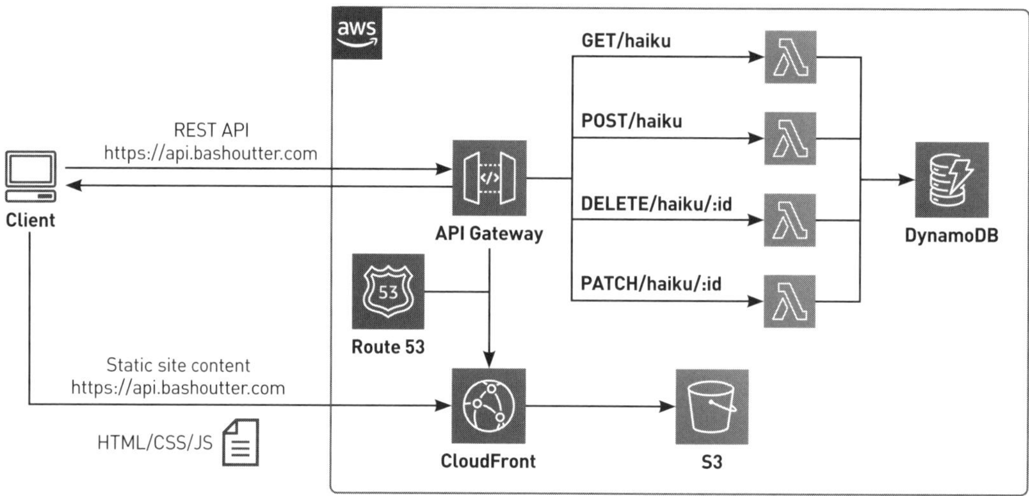

Figure 14-1. シン・Bashoutter（STEP 1）の全体像

変更前のアーキテクチャ（**Figure 12-2**）も振り返って見ていただきたい． Chapter 12 では，API Gateway を使って REST API を構築した． そのとき，API の エンドポイントは API Gateway によって自動作成された**ランダムな URL** にホストされていた． また，ブラウザで開く GUI は S3 バケットに配置されていたが，こちらも，パブリックアクセスモードに設定した S3 に与えられたランダムな URL を使用していた．

実用に向いたアプリケーションをデプロイするときには，このようなランダムなアドレスではなく，独自のドメイン（**bashoutter.com** など）にホストすることが好ましい． AWS でドメインの取得と管理を行うためのサービスが Route 53 である．シン・Bashoutter プロジェクトの第一ステップの工事では，Route 53 を使用して API Gateway および S3 に対して独自のドメインを付与する改修を施していく．ここでは，例として **bashoutter.com** というドメインを使用すると仮定しよう．ここで目指す実装では，API は **https://api.bashoutter.com** というエンドポイントに，S3 の静的コンテンツは **https://bashoutter.com** というエンドポイントに，それぞれ配置することとする．

さらに，ウェブサイトのコンテンツをより高速にクライアントに配信するための機構として，**CloudFront** を配置する工事も行う．CloudFront とは AWS が提供している **Content Delivery Network (CDN)** のサービスである．以前の実装（Chapter 12）では単一の S3 バケットがコンテンツの配信を担っていた（**Figure 14-2** の "Without CDN" の状態）．CloudFront を用いることで，ウェブサイトのコンテンツのコピーが世界各地の AWS のサーバーに配置され，クライアントと地理的に近いサーバーからデータが配信される（**Figure 14-2** の "With CDN" の状態）．これにより，クライアントに遅延なくデータを配信できるだけでなく，オリジンとなるサーバーへの過度な負荷を防ぐことができる．CDN の機能に加えて，CloudFront は **HTTPS 通信**を仲介する機能も有する．CloudFront の設定を施すことで，クライアントとの通信には HTTPS が常に使用されるような実装を行おう．

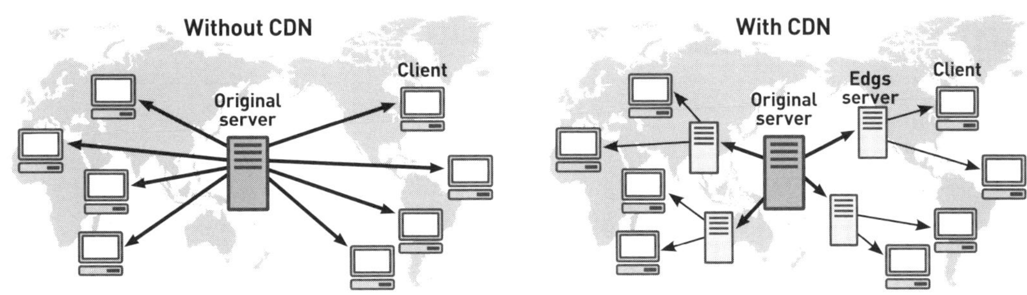

Figure 14-2. Content delivery network (CDN)

14-2-1 Route 53 でドメインを取得

さて，独自ドメインを設定するという工事に移る前の準備として，アプリケーションで使用するドメインの取得が必要である．**ドメインの取得と，次に続く証明書の発行は取得人の身元の確認が必要なので，CloudFormation (CDK) からは実行できない**．したがって，**AWS コンソールから情報を手入力**していく必要がある．ここでは，Route 53 を使ったドメインの取得方法を解説しよう．

本章で提供するハンズオンを実行するには，Route 53 で取得したドメインが必要である． Route 53 でドメインを取得するには，$12 程度のコストが発生する．

AWS でドメインの取得と管理を行うためのサービスが **Route 53** である． まずは，AWS コンソールから Route 53 の画面を開こう． 左側のメニューから **Registered domains** に移動すると，**Figure 14-3** に示したような画面が開く． ここの **Register Domain**（図の点線で囲った部分）と書かれたボタンをクリックすることで，ドメインの登録手続きが開始できる． 次に，画面の指示に従って自分の希望するドメインを購入する． 購入のときには，ドメイン取得人の住所などの情報提供が求められる． **.com**，**.org**，**.net** などのドメインは比較的安く購入でき，**.io**，**.jp** などのドメインは比較的高額である． 今回のハンズオンは練習なので，自分の好きな安いドメインを入手すればよい． あるいは，すでに Route 53 でドメインを所有している人は，それを使用しても構わない（が，ハンズオンを実行することで Hosted zone のレコードが書き変わってしまう点には注意）．

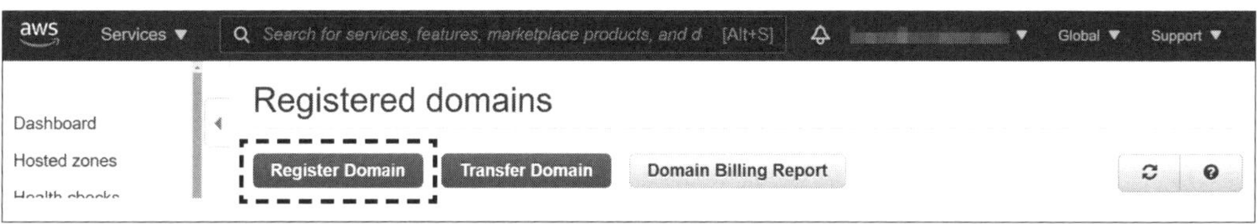

Figure 14-3. Route 53 からドメインの登録を行う

ドメインの購入に成功すると，**Registered domains** の画面から自分の所有しているドメインの一覧を確認できる（**Figure 14-4**）． ここでは，例として **bashoutter.com** というドメインを購入した． 以降も **bashoutter.com** というドメインを用いて説明を行っていく． 読者は，自身の取得したドメインに置き換えて読み進めるように．

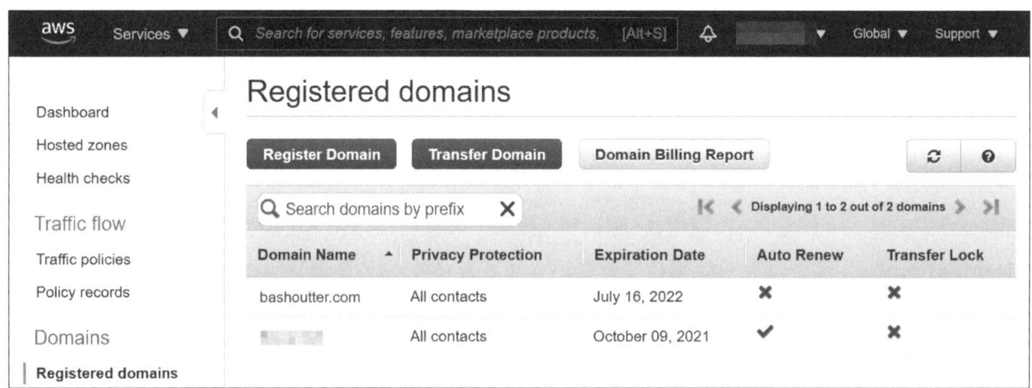

Figure 14-4. Route 53 で取得したドメインの一覧を確認

14-2

Route 53 で購入したドメインは一年ごとに更新する必要がある． "Enable auto renewal" のオプションにチェックしておくと，自動的に更新が行われる．もし練習のためだけにドメインを購入した読者は，知らぬ間に更新が行われ料金の請求が行われるのを防ぐため，自動更新はオフにしておこう．

Route 53 でドメインを取得すると，そのドメインに対しての **Hosted zone** が自動的に作成される．Hosted zone とは，該当するドメインのリンクする先の IP アドレスなどの記録を管理するシステムのことである． Route 53 の左側メニューの **Hosted zones** をクリックすると，自分のアカウントが管理する Hosted zone の一覧が表示される． その中から，今回取得したドメイン（たとえば **bashoutter.com**）を見つけ， クリックする． すると，Hosted zone に定義されたレコードの一覧が表示される（**Figure 14-5**）． 初期状態では NS レコードと SOA レコードが定義されているはずだ． この二つのレコードは基本的に触ってはならない． ここまで確認できたら次のステップに進もう． Hosted zone の使い方はあとでより詳しく見ていく．

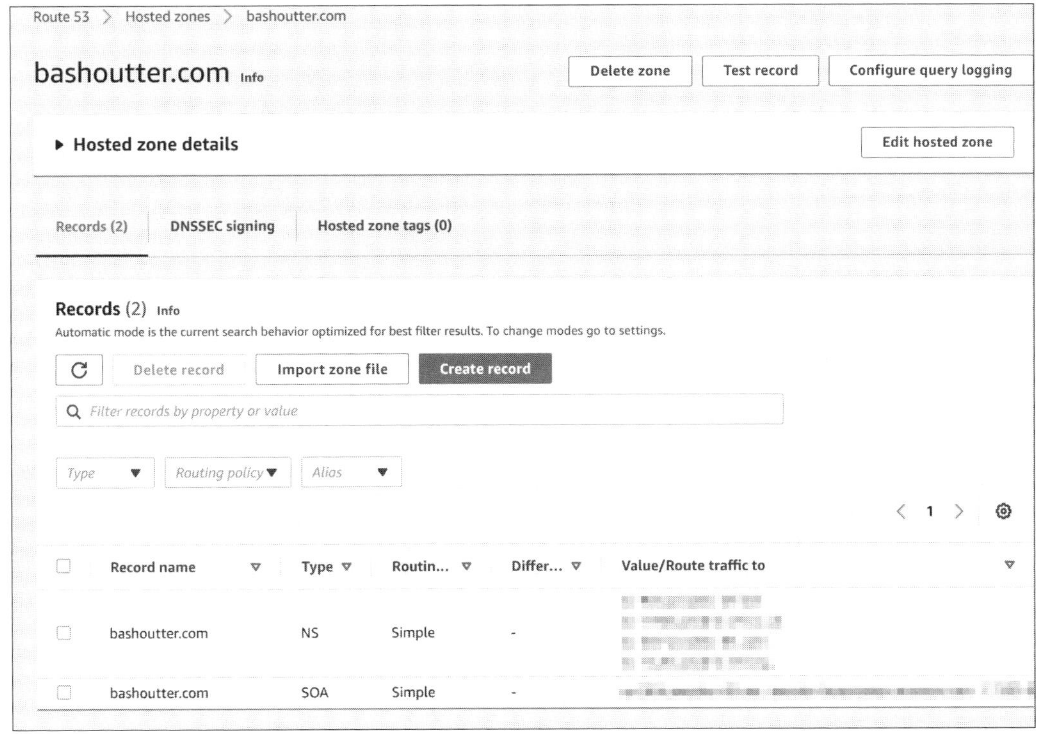

Figure 14-5. Hosted zone の確認

14-2-2 AWS Certificate Manager(ACM)で証明書を取得

つづいて，取得したドメインに対して HTTPS 通信を行うための SSL/TLS 証明書を発行しよう．AWS で SSL/TLS 証明書(certificate)の発行と管理を担うサービスが **AWS Certificate Manager (ACM)** である．

AWS コンソールから ACM と検索し，ACM の管理画面を開こう(**Figure 14-6**)．このとき，**必ず us-east-1 をリージョンとして選択しなければならない**．これは，**CloudFront に渡す ACM 証明書は，us-east-1 で発行された証明書のみが使用できる，という AWS の仕様に従うためである**．(詳細は公式ドキュメンテーション "Requirements for using SSL/TLS certificates with CloudFront"※3 を参照)．したがって，アプリケーション本体(Lambda や S3 など)は **ap-northeast-1** などのリージョンにデプロイする場合でも，証明書は **us-east-1** で取得しなければならない．

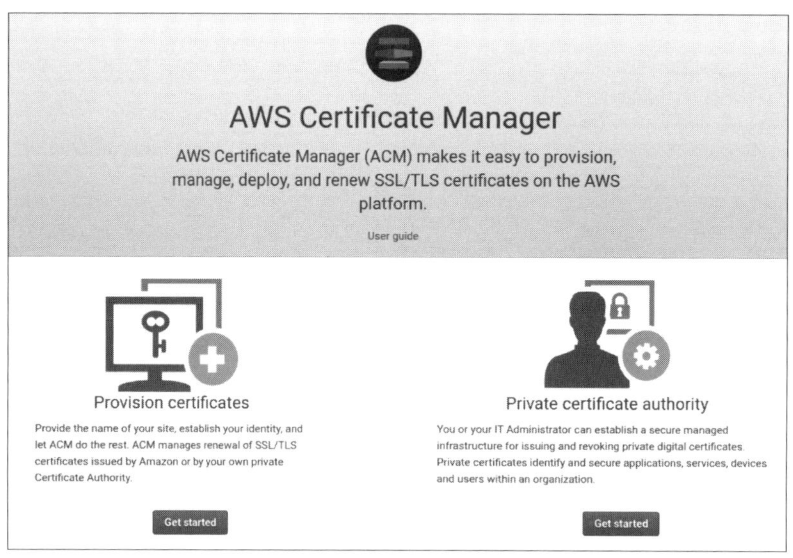

Figure 14-6. ACM の初期画面

us-east-1 にリージョンが設定されていることを確認したうえで，"Provision certificates" の "Get started" のボタンをクリックする(Figure 14-6)．続く画面で，"Request a public certificate" を選択する(**Figure 14-7**)．

※3 https://docs.aws.amazon.com/AmazonCloudFront/latest/DeveloperGuide/cnames-and-https-requirements.html

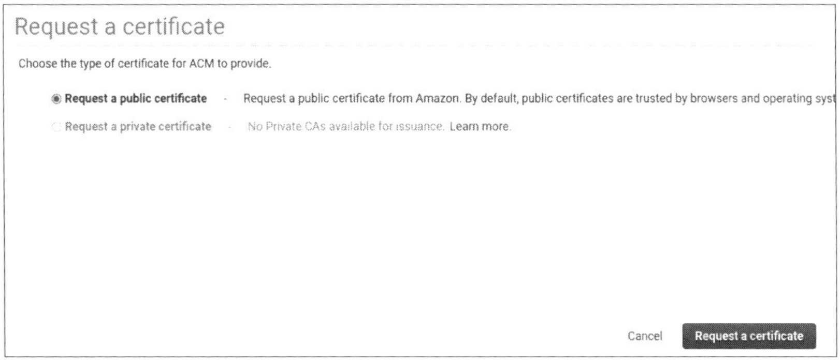

Request a certificate

Choose the type of certificate for ACM to provide.

◉ Request a public certificate - Request a public certificate from Amazon. By default, public certificates are trusted by browsers and operating syst

○ Request a private certificate - No Private CAs available for issuance. Learn more.

Cancel　Request a certificate

Figure 14-7. ACM からの証明書の発行

次の "Add domain names" の画面では，証明書をリクエストするドメインを入力していく（**Figure 14-8**）．今回のハンズオンでは，API のエンドポイントとして **api.bashoutter.com**，ウェブページコンテンツを配信するエンドポイントとして **bashoutter.com** を，それぞれ用いる．よって，証明書を発行するドメイン名には以下を登録する（**Figure 14-8**）．

- **bashoutter.com**
- ***.bashoutter.com**

ここで，***** はワイルドカードで，任意の文字列を意味する（**api.bashoutter.com** も含まれることになる）．

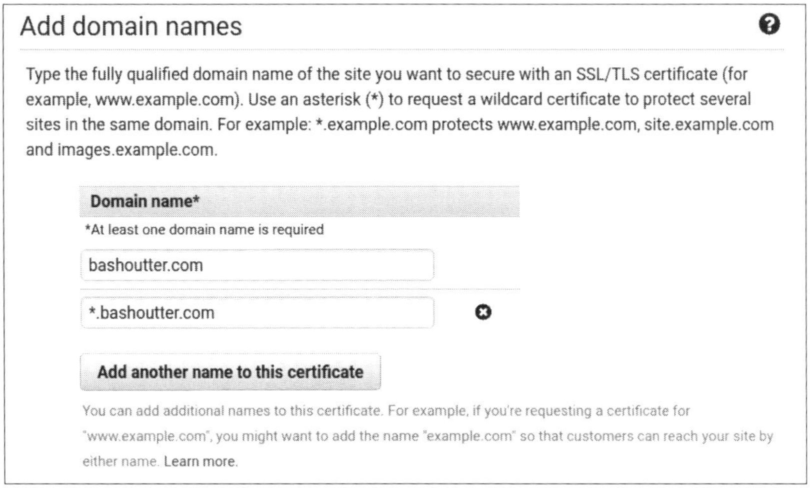

Add domain names

Type the fully qualified domain name of the site you want to secure with an SSL/TLS certificate (for example, www.example.com). Use an asterisk (*) to request a wildcard certificate to protect several sites in the same domain. For example: *.example.com protects www.example.com, site.example.com and images.example.com.

Domain name*

*At least one domain name is required

bashoutter.com

*.bashoutter.com

Add another name to this certificate

You can add additional names to this certificate. For example, if you're requesting a certificate for "www.example.com", you might want to add the name "example.com" so that customers can reach your site by either name. Learn more.

Figure 14-8. 証明書のドメイン名の追加

つづいて，リクエストを行うユーザーがドメインの所有権を有しているかの確認が行われる（**Figure 14-9**）．Route 53 でドメインを取得した場合は，"DNS validation" を選択すればよい．

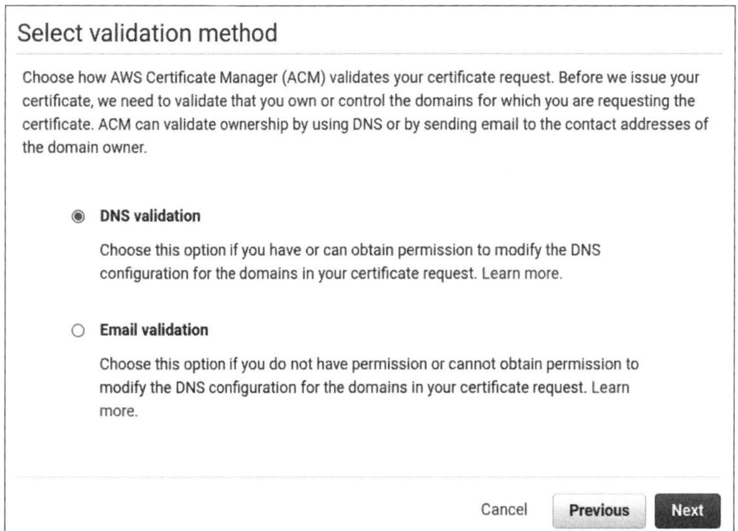

Figure 14-9. ドメインの所有権の証明方法を選択

続く画面で，Route 53 に新しい CNAME レコードを追加することによって認証が行われる（**Figure 14-10**）．**Create record in Route 53** のボタンをクリックすることで自動的に Route 53 に CNAME レコードが追加される．あるいは，自分自身で Route 53 の Hosted zone の画面に行き，提示された CNAME レコードを手で入力しても構わない．

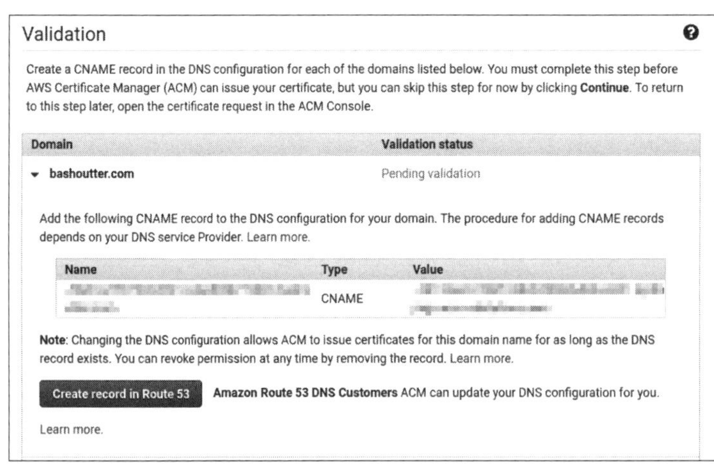

Figure 14-10. Route 53 に CNAME レコードを追加する

CNAME レコードが登録されたのち，しばらく待つと，証明書が発行される（**Figure 14-11**）．**Status** が **Issued** となっていることを確認しよう．また，詳細情報の中の **ARN** を確認しよう（**Figure 14-11** で破線の箱で囲った箇所）．ここで表示されている文字列は後ほど使うのでメモしておく．

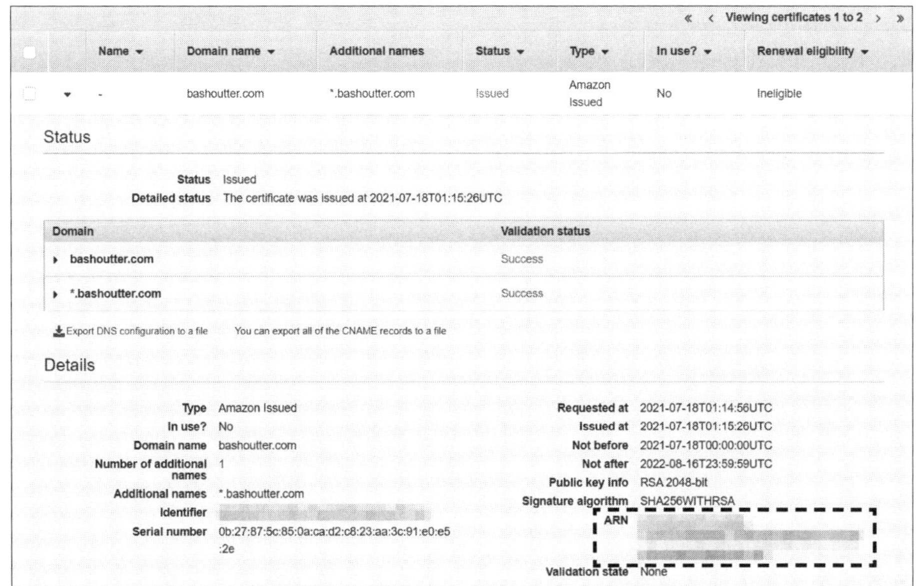

Figure 14-11. ACM から証明書を確認

以上で，ドメインの取得と，SSL/TLS 証明書の発行が完了した． 次からはアプリケーションのデプロイに進もう．

14-2- 3 アプリケーションの説明

ドメインと証明書の準備が整ったところで，デプロイするアプリケーションのソースコードを見ていこう．

まず，メインのプログラムとなる handson/shin-bashoutter-1/app.py※4 を見てほしい． ここでは，CDK の重要なテクニックを導入している． これまでハンズオンで紹介してきたプログラムは，EC2 や Lambda などをすべて**一つのスタック**の中に記述してきた． しかし，アプリケーションが大きくなると，いくつかのスタックに分割したほうが便利なことが多い． シン・Bashoutter では，**API を担当するスタック**と **S3/CloudFront を担当するスタック**の二つに分割し，コードが書かれている． それぞれのスタックは，基本的に独立に機能するので，このような分割は開発や管理の点で合理的である．

スタックを分割するため，まずはメインのプログラムである handson/shin-bashoutter-1/app.py を変更する． 該当するコードを次に示そう．

※4 https://github.com/tomomano/learn-aws-by-coding-source-code/blob/main/handson/shin-bashoutter-1/app.py

```
from aws_cdk import (
    core,
)
import os
❶
from static_site_stack import StaticSiteStack, StaticSiteStackPrpos
from api_stack import ApiStack, ApiStackPrpos

❷
app = core.App()

❸
static_site = StaticSiteStack(
    app, "StaticSiteStack",
    props=StaticSitePrpos(
        domain_name=app.node.try_get_context('domain'),
        certificate_arn=app.node.try_get_context('certificate_arn')
    ),
    env={
        "region": os.environ["CDK_DEFAULT_REGION"],
        "account": os.environ["CDK_DEFAULT_ACCOUNT"],
    }
)

❹
api_stack = ApiStack(
    app, "ApiStack",
    props=StaticSitePrpos(
        domain_name=app.node.try_get_context('domain'),
        certificate_arn=app.node.try_get_context('certificate_arn')
    ),
    env={
        "region": os.environ["CDK_DEFAULT_REGION"],
        "account": os.environ["CDK_DEFAULT_ACCOUNT"],
    }
)

app.synth()
```

❶で **StaticSiteStack** と **ApiStack** を，それぞれ **static_site_stack.py** と **api_stack.py** からインポートしている．**StaticSiteStack** には S3/CloudFront の定義が記述されており，**ApiStack** には API Gateway や Lambda の定義が書かれている．

❷次に **App()** オブジェクトを初期化している．**App()** オブジェクトは，スタックの上位にある概念で，複数のスタックを束ねて管理するための役割を担う．すべてのスタックは **App()** のスコープの中に定義されなければならない（詳しくは 公式ドキュメンテーション "Apps"※5 を参照）．

※5 https://docs.aws.amazon.com/cdk/latest/guide/apps.html

❸で **StaticSiteStack** を **app** 以下に配置している.

❹で **ApiStack** を **app** 以下に配置している.

以上のように, クラウドシステムの全体の構成要素のうち, **役割や機能の観点から独立して管理・開発できる要素はスタックに分割し, それぞれ別のソースファイルに記述する**というのが一般的な開発手法である. そして, すべてのスタックを **App()** オブジェクト以下に配置することで, 全体のアプリケーションを構成する.

続いて, **StaticSiteStack** の中身を見てみよう (handson/shin-bashoutter-1/static_site_stack.py※6). **StatickSiteStack** の **props** という引数には, 使用するドメイン名と, ACM から取得した証明書の ARN が渡されることに留意して読んでいただきたい.

```
class StaticSiteStack(core.Stack):
    def __init__(self, scope: core.App, name: str, props: StaticSitePrpos, **kwargs) -> None:
        super().__init__(scope, name, **kwargs)

        ❶
        bucket = s3.Bucket(
            self, "Bashoutter-Bucket",
            public_read_access=False,
            auto_delete_objects=True,
            removal_policy=core.RemovalPolicy.DESTROY
        )

        ❷
        certificate = acm.Certificate.from_certificate_arn(
            self, "ACMCertificate", props.certificate_arn
        )

        ❸
        distribution = cfront.Distribution(
            self, 'SiteDistribution',
            default_behavior=cfront.BehaviorOptions(
                origin=origins.S3Origin(bucket),
                viewer_protocol_policy=cfront.ViewerProtocolPolicy.HTTPS_ONLY
            ),
            domain_names=[props.domain_name],
            certificate=certificate,
            default_root_object="index.html",
            minimum_protocol_version=cfront.SecurityPolicyProtocol.TLS_V1_2016
        )
```

※6 https://github.com/tomomano/learn-aws-by-coding-source-code/blob/main/handson/shin-bashoutter-1/static_site_stack.py

```
    ❹
    route53.ARecord(
        self, 'SiteAliasRecord',
        zone=route53.HostedZone.from_lookup(
            self, 'zone', domain_name=props.domain_name,
        ),
        record_name=props.domain_name,
        target=route53.AddressRecordTarget.from_alias(
            aws_route53_targets.CloudFrontTarget(distribution)
        )
    )
```

❶は，オリジナルの Bashoutter のコードとほぼ共通している (Chapter 12-2-2)．異なる点は，今回は CloudFront を介してウェブサイトのコンテンツを配信するので，S3 自体は public access mode に設定しなくてよい．そのような理由で，**public_read_access=False** というパラメータが渡されている．

❷では，CloudFront が HTTPS を使用して通信を行うための証明書を ACM から取得している．**acm.Certificate.from_certificate_arn()** を使用することで，ACM から証明書の参照を行っている．

❸では，CloudFront を配置している．**default_behavior** の箇所で，❶で作成した S3 バケットの中身を配信せよと指定している．**domain_names** のパラメータには，使用するドメイン名を渡す．**certificate** のパラメータには，❷で取得した certificate オブジェクトを渡す．

❹では，Route 53 の Hosted zone に新しい A レコードを追加している．これによって指定されたドメイン (例: **bashoutter.com**) へのアクセスが❸で作成した CloudFront へ転送される．

このようにして，S3 に配置した HTML/CSS/JS ファイルを CloudFront を経由して配信することができる．また，同時に HTTPS 通信によってデータの配信が行われる．

Origin access identity (OAI)

CloudFront を経由して S3 バケットに配置したウェブサイトコンテンツを配信するときの実装の詳細を解説しよう．S3 バケットを public access mode に設定した場合，CloudFront はパブリックなデータをキャッシュし配信するだけなので，特段の設定は必要ない．この場合，CloudFront による URL と，S3 の URL の二つのアドレスから，同じウェブサイトコンテンツにアクセスできることになる (**Figure 14-12** の左側)．

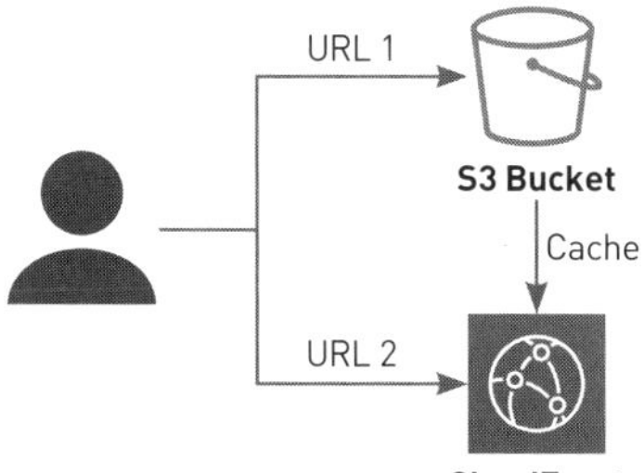

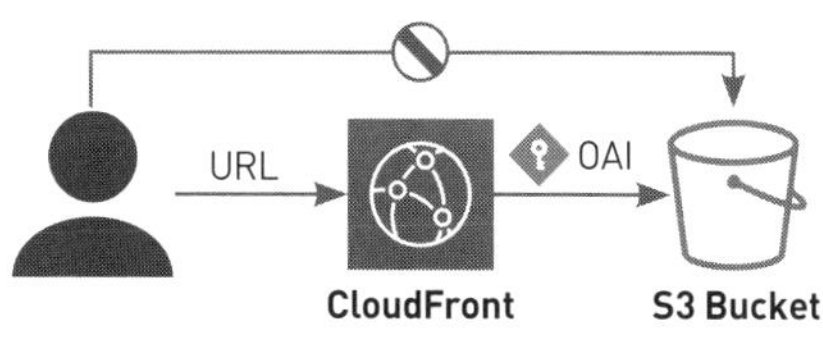

Figure 14-12. OAI を用いた S3 からのデータ取得

このような，二重の URL 構造は好ましくない場合が多いので，S3 は public access mode にせず，CloudFront 経由のみでしかウェブサイトコンテンツにアクセスできないようにする設定も可能である．事実，本章で提供している **StaticSiteStack** ではそのような構造になっている．S3 が public access mode に設定されていない場合，CloudFront は **Origin access identity (OAI)** という仕組みを利用して S3 のバケットの中身を取得している（**Figure 14-12** の右側）．プライベートなバケットに対して CloudFront が配置された場合，OAI の作成は CDK によって自動的に行われる．が，独自のカスタマイズをしたければ自分で OAI を作成して，CloudFront に付与することも可能である．以下のコードに，その例を示す．

```
❶
oai = cfront.OriginAccessIdentity(self, "OAI")
bucket.add_to_resource_policy(
    iam.PolicyStatement(
        actions=["s3:GetObject"],
        resources=[f"{bucket.bucket_arn}/*"],
        principals=[iam.CanonicalUserPrincipal(oai.cloud_front_origin_access_identity_
s3_canonical_user_id)]
    )
)

distribution = cfront.Distribution(
    self, 'SiteDistribution',
    default_behavior=cfront.BehaviorOptions(
        origin=origins.S3Origin(
            bucket,
            ❷
            origin_access_identity=oai
        ),
    ),
    # ... skip ...
)
```

❶で，OAI を作成し，バケットのすべてのオブジェクトに対して **GetObject** の操作の許可を与えている．❷で，CloudFront に❶で作成した OAI を渡している．

つづいて，**ApiStack** の中身を見てみよう（handson/shin-bashoutter-1/api_stack.py※7）． 多くの部分はオリジナルの Bashoutter のコードとほぼ共通している（Chapter 12-2-2）ので，今回改修を行う箇所のみを抜き出して説明する．

```
❶
api = apigw.RestApi(
    self, "BashoutterApi",
    # ... skip ...
)

❷
certificate = acm.Certificate.from_certificate_arn(
    self, "ACMCertificate", props.certificate_arn
)

❸
domain = apigw.DomainName(
    self, "domain",
    domain_name="api." + props.domain_name,
    certificate=certificate,
    endpoint_type=apigw.EndpointType.EDGE,
)
❹
domain.add_base_path_mapping(api)

❺
# create A record in Route 53
route53.ARecord(
    self, "AliasRecord",
    zone=route53.HostedZone.from_lookup(
        self, 'zone', domain_name=props.domain_name,
    ),
    record_name="api." + props.domain_name,
    target=route53.RecordTarget.from_alias(
        route53_targets.ApiGatewayDomain(domain)
    )
)
```

❶で API Gateway による REST API を作成している．

❷では，**StaticStiteStack** で行ったのと同様に，ACM から証明書を取得している．

❸では，API Gateway をホストするためのドメインを定義している． **domain_name="api." + props.domain_name** によって，**api** というサブドメインを使用せよと指定している． また，❷で取得した証明書を渡している．

※7 https://github.com/tomomano/learn-aws-by-coding-source-code/blob/main/handson/shin-bashoutter-1/api_stack.py

❹では，❸で定義したドメインに❶で作成した **RestApi ()** オブジェクトを割り当てている．

❺では，Route 53 の Hosted zone に A レコードを追加している．これによって，**api.bashoutter.com** のドメインが API Gateway にマッピングされる．

14-2-4 スタックのデプロイ

ソースコードの意味が理解できたところで，スタックのデプロイを行おう．

まずは，次のコマンドにより Python の依存ライブラリをインストールする．

```
# プロジェクトのディレクトリに移動
$ cd handson/shin-bashoutter-1

# venv を作成し，依存ライブラリのインストールを行う
$ python3 -m venv .env
$ source .env/bin/activate
$ pip install -r requirements.txt
```

つづいて，使用するドメイン名と，ACM で取得した証明書の ARN（**Figure 14-11** 参照）を環境変数に記録する．それぞれ，自分自身のアカウントで取得した値に置き換えることを忘れずに．

```
$ export MY_DOMAIN=bashoutter.com
$ export CERTIFICATE_ARN=XXXX
```

ここまでの準備ができたら，次のコマンドによってデプロイを実行する．

```
$ cdk deploy --all -c domain=$MY_DOMAIN -c certificate_arn=$CERTIFICATE_ARN
```

--all のフラグをつけることで，**App ()** 以下に定義されたすべてのスタックがデプロイされる．スタックの名前（**ApiStack** など）を渡すことで，特定のスタックのみデプロイすることも可能である．

CloudFront のデプロイに10分程度の時間がかかるので，しばらく待つ．デプロイが完了すると，**Figure 14-13** のような出力が得られるはずである．ここで表示されている **StaticSiteStack.BucketName** は後ほど使用するのでメモしておこう．

Figure 14-13. デプロイ実行後の出力

スタックのデプロイが完了したら，AWS コンソールからデプロイしたリソースの状態を見てみよう．まずは，Route 53 のコンソールに行ってみよう．CDK から追加した二つの A レコードが存在することを確認しよう（**Figure 14-14**）．**bashoutter.com** に対しての A レコードが，CloudFront にマッピングされていることが見て取れる（**Figure 14-14** の実線で囲った部分）．また，**api.bashoutter.com** に対しての A レコードが，API Gateway にマッピングされている（**Figure 14-14** の点線で囲った部分）．

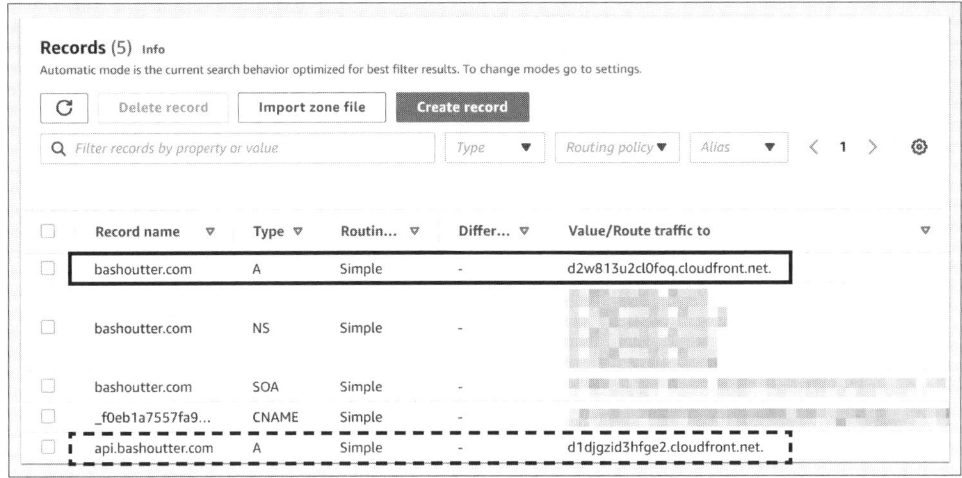

Figure 14-14. Route 53 の Hosted zone から A レコードを確認

では，ドメインの設定が正しくできているか，API リクエストを送信してテストしてみよう．

ステップは Chapter 12-4 で示したものとほとんど共通である．まずは，API のエンドポイントの URL を環境変数に設定しよう．URL は自分自身がデプロイした URL に置き換えることを忘れずに．

```
$ export ENDPOINT_URL="https://api.bashoutter.com"
```

つづいて，最初の俳句を投稿してみよう．

```
$ http POST "${ENDPOINT_URL}/haiku" \
username="松尾芭蕉" \
first="閑さや" \
second="岩にしみ入る" \
third="蝉の声"
```

ここまでの設定がすべてうまく行っていれば，**{"description": "Successfully added a new haiku"}** のような出力が得られるはずだ．

> DNS レコードの更新が各地の DNS サーバーに波及するまで数分から数十分の時間がかかる． もし，上記のコマンドを実行したときに 403（Not Found）エラーなどが返って来た場合は， 少し待ってから再度トライするとよい．

次に， 俳句の一覧を取得してみよう．

```
$ http GET "${ENDPOINT_URL}/haiku"
```

先ほど投稿した俳句が取得できただろうか？

以上のようにして， ランダムな URL ではなく， 自分の指定した URL に API Gateway を配置することが完了した！

14-2- 5 GUI の配置

さて，API が所望の URL に配置できたことが確認できたので， 次に GUI についても同様に確認していこう． そのためには， もう少しだけデプロイの仕上げの作業をしなければならない．

最初の Bashoutter（Chapter 12）の GUI を振り返ってほしい（**Figure 12-8**）． このときは， デプロイの手順をなるべくシンプルにする目的で，GUI の一番上のテキストボックスでエンドポイント URL を手で入力するという仕様を採用した． しかし， これは UI としては大変不便な仕様である． 一方で， シン・Bashoutter で行ってきた工事により， 現在では API は指定された URL にホストされている． よって，この不便な URL を入力する UI を撤廃し，URL は**プログラムのソースコードにハードコー**ドしてしまおう．

handson/shin-bashoutter-1/gui/src のフォルダにある **main.js**※8 を開いてみてほしい． このファイルの 12 行目から 14 行目にかけて， 次のようなコードが見つかるだろう．

※8 https://github.com/tomomano/learn-aws-by-coding-source-code/blob/main/handson/shin-bashoutter-1/gui/src/main.js

```
state: {
    url: "https://api.bashoutter.com",
},
```

この行が，API のエンドポイント URL を指定している． **url に続く文字列を，自分のデプロイした URL に書き換えよう**．

URL の書き換えを行ったうえで，GUI のビルドを行う． 次のコマンドで Vue で書かれたアプリケーションのビルドが実行できる（ここまで読んできた読者なら問題ないと思うが， 実行には Node.js のインストールが必要である）．

```
# move to the gui directory
$ cd gui/

# install dependent libraries
$ npm install

# build
$ npm run build
```

すると， **gui/** のディレクトリの中に **dist/** というディレクトリが作成され， その中にウェブサイトのコンテンツが格納されている． これを，S3 バケットに配置しよう． ローカルにあるファイル群とS3 のバケットの中身を同期させるには AWS CLI の **s3 sync** コマンドが便利である． 次のコマンドを，**BUCKET_URI** を自分のバケットの URL に置き換えた上で， 実行する．

```
# Replace with your own bucket name!
export BUCKET_URI=s3://staticsitestack-bashoutterbucket6f28d9f3-1s15n2ibfsvvk

aws s3 sync dist $BUCKET_URI --delete
```

上記のコマンドにより，**dist/** というディレクトリの中身がバケットと同期される．

これで， すべての準備が整った！

ウェブブラウザのアドレスバーから **https://bashoutter.com** というアドレスにアクセスしてみよう． すると，**Figure 14-15** のように， シン・Bashoutter のウェブサイトが表示されるはずだ！

Figure 14-15. シン・Bashoutter のウェブサイトの誕生

> 少し前にも述べたが，DNS レコードの更新が各地の DNS サーバーに波及するまで数分から数十分の時間がかかる．ウェブブラウザで **https://bashoutter.com** にアクセスしたときにエラーが返ってくる場合は，少し待ってから再度トライするとよい．

新しいウェブサイトでは，要求した仕様どおり，API のエンドポイント URL を手で入力する必要なく，俳句の投稿と閲覧が可能である．テストとして，いくつか俳句を投稿したり，Refresh のボタンを押して俳句の一覧を更新してみるとよい．

14-2- 6 スタックの削除

これで，シン・Bashoutter プロジェクトの STEP 1 の工事は終了である．最後に，忘れずにスタックを削除しておこう (STEP 2 はまたゼロからデプロイし直すので，STEP 1 のスタックは削除して構わない)．

AWS コンソールから削除する場合は，CloudFormation のコンソールに行き，**StaticSiteStack**，**ApiStack** の両方を削除する．

コマンドラインから削除する場合は，次のコマンドを用いる．

```
$ cdk destroy --all -c domain=$MY_DOMAIN -c certificate_arn=$CERTIFICATE_ARN
```

Chapter 14-3

STEP 2：Cognito によるユーザー認証の追加

シン・Bashoutter プロジェクトの第二ステップとして，Cognito を利用したユーザー認証を実装していこう． 今回目指す仕様は次のとおりである．

- ユーザーはメールアドレスとパスワードによってログインを行う
- 俳句の投稿や一覧の取得などの操作はログインをしなければ実行できない

変更後のアプリケーションの全体像を **Figure 14-16** に示す．

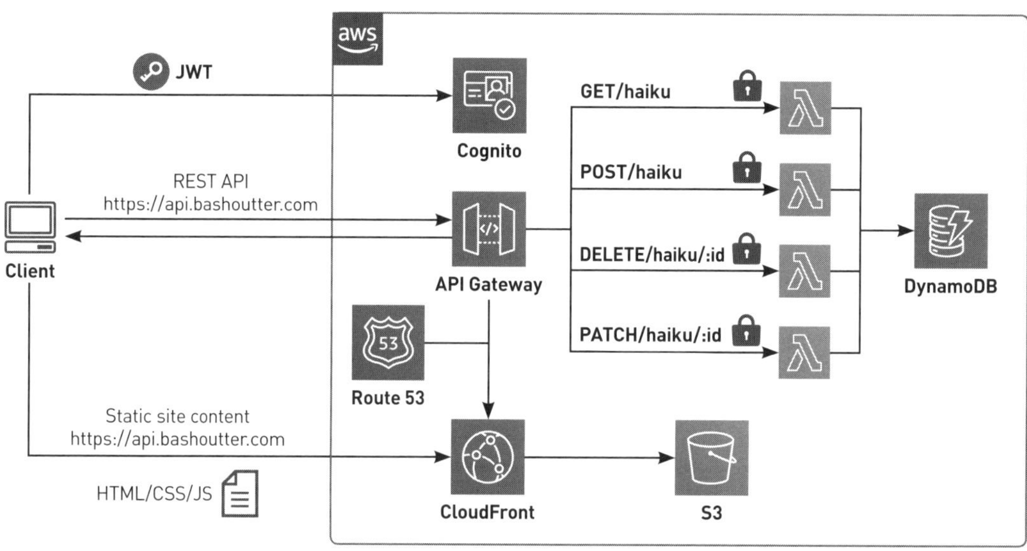

Figure 14-16. シン・Bashoutter (STEP 2) の全体像

STEP 1 との違いは，第一に Cognito がクラウドシステムに追加された点である． Cognito を使用することでユーザーの Sign up と Sign in を実現する． また，**GET /haiku** などの API エンドポイントに対して，ユーザー認証を設定する． これにより，ログインをしたユーザーのみが シン・Bashoutter のアプリケーションを利用することができるように制限する．

それでは，早速コードを見ていこう．

14-3- 1 アプリケーションの説明

メインのプログラムとなる handson/shin-bashoutter-2/app.py[※9] を見てみよう． STEP 1 で行った工事で，クラウドシステム全体を複数のスタックに分割する方法を示した．STEP 2 でもこの方針に従い，**CognitoStack** という名前のスタックを新たに追加する． app.py からとくに重要な行を以下に抜き出して解説する．

```
app = core.App()

❶
cognito_stack = CognitoStack(
    app, "CognitoStack",
    env=...
)

❷
api_stack = ApiStack(
    app, "ApiStack",
    props=ApiStackPrpos(
        domain_name=app.node.try_get_context('domain'),
        certificate_arn=app.node.try_get_context('certificate_arn'),
        user_pool=cognito_stack.user_pool,
    ),
    env=...
)
```

❶で **CognitoStack** を **app** 以下に新たに追加している．

❷で，**ApiStack** を追加している． そのとき，引数に **user_pool=cognito_stack.user_pool** と渡していることに注目してほしい． ❶で定義した **CognitoStack** の **user_pool** というプロパティを **ApiStack** が参照する形になっている． このように，CDK では**スタック間の依存関係を定義**することも可能である． 例えば，**Figure 14-17** に示したように Stack B と Stack C に依存関係があるとしよう． この場合，Stack B をデプロイするにはまず Stack C がデプロイされなければならないが，CDK ライブラリはその依存関係を自動的に検出してデプロイを実行してくれる． また，Stack C で変更がなされた場合，依存関係にある Stack B および Stack D にも自動的に変更が反映されるように CDK で処理が行われる． アプリケーションの規模が大きくなってくるとこのようなスタックの依存関係は必然的に生じてくるので，とても重要な概念である．

14-3

※9 https://github.com/tomomano/learn-aws-by-coding-source-code/blob/main/handson/shin-bashoutter-2/app.py

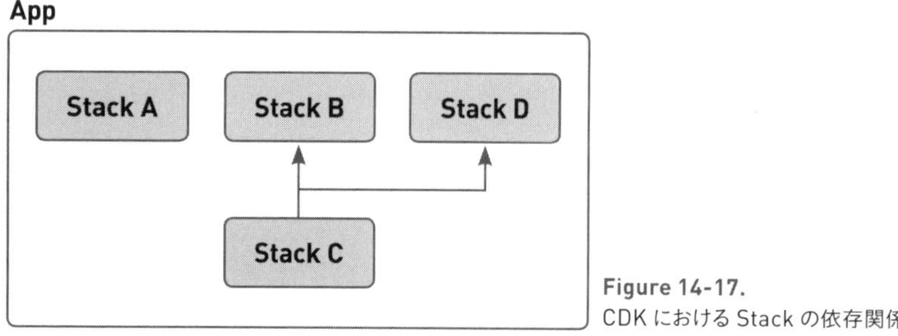

Figure 14-17.
CDKにおけるStackの依存関係

つづいて，新たに登場したCognitoStackの中身を見てみよう(handson/shin-bashoutter-2/cognito_stack.py[※10])．

```
class CognitoStack(core.Stack):

    def __init__(self, scope: core.App, name: str, **kwargs) -> None:
        super().__init__(scope, name, **kwargs)

        ❶
        user_pool = cognito.UserPool(
            self, "UserPool",
            self_sign_up_enabled=True,
            sign_in_aliases=cognito.SignInAliases(
                username=False, email=True,
            ),
            password_policy=cognito.PasswordPolicy(
                min_length=8,
                require_digits=True,
                require_lowercase=True,
                require_uppercase=True,
                require_symbols=False,
            ),
            removal_policy=core.RemovalPolicy.DESTROY,
        )
        ❷
        self.user_pool = user_pool

        ❸
        client = user_pool.add_client(
            "UserClient",
            auth_flows=cognito.AuthFlow(
                user_password=True
            ),
        )
```

※10　https://github.com/tomomano/learn-aws-by-coding-source-code/blob/main/handson/shin-bashoutter-2/cognito_stack.py

❶で，Cognito に新たな**ユーザープール (User pool)** を定義している．ユーザープールとは，登録されたユーザーのデータベースのことで，ユーザー名とパスワードを基本とし，さらに追加でその他の属性も保存することが可能である．**self_sign_up_enabled=True** とすることで，外部のクライアントが自由にサインアップすることを許可する．ここを False とした場合，管理者のみがユーザーの作成を行うことができる状態になる．**sign_in_aliases=cognito.SignInAliases (username=False, email=True)** のところでは，ユーザーネームのエイリアスとしてメールアドレスを用いよ，と指定している．これにより，Eメールアドレス=ユーザーネームという形でユーザープールが作成される．つづいて，**password_policy=** の箇所で，パスワードの複雑さに対して最低限の要求を定義している．

❷では，**UserPool ()** オブジェクトがほかのスタックから参照できるよう，**CognitoStack** のプロパティとして登録している．これにより，依存関係にあるほかのスタックが **UserPool ()** オブジェクトにアクセスすることが可能になる．

❸では，❶ で作成したユーザープールに付随した**ユーザープールアプリクライアント (User Pool App Client)** を定義している．これは，外部のクライアントがユーザープールにサインアップやパスワード変更をするための仲介となる機構である．ここでの外部のクライアントとは，たとえばウェブブラウザやスマートフォンのアプリなどが想定される．ユーザープールアプリクライアントに適切な権限を付与することで，クライアントがユーザープールにどんな操作を許可するのか指定できる．

このような形で，Cognito のユーザープールが作成された．つづいて，Cognito によるユーザー認証を **ApiStack** に追加しよう．handson/shin-bashoutter-2/api_stack.py から，変更のあった重要な箇所を抜粋して示す．

```
api = apigw.RestApi(
    self, "BashoutterApi",
    default_cors_preflight_options=apigw.CorsOptions(
        allow_origins=apigw.Cors.ALL_ORIGINS,
        allow_methods=apigw.Cors.ALL_METHODS,
        ❸
        allow_headers=apigw.Cors.DEFAULT_HEADERS + ['Authorization']
    ),
)
❶
authorizer = apigw.CognitoUserPoolsAuthorizer(
    self, "Authorizer",
    cognito_user_pools=[props.user_pool]
)

❷
haiku = api.root.add_resource("haiku")
haiku.add_method(
```

```
    "GET",
    apigw.LambdaIntegration(get_haiku_lambda),
    authorizer=authorizer,
    authorization_type=apigw.AuthorizationType.COGNITO
)
```

❶で，Cognito によるオーソライザーを定義している．とくに，**CognitoStack** の **UserPool ()** オブジェクトを参照している点に注意してもらいたい．

❷以前のコードと比較すると **authorizer=authorizer, authorization_type=apigw.AuthorizationType.COGNITO** というパラメータが追加された．これにより，**GET /haiku** のエンドポイントに Cognito による認証が追加されることになる．ほかのエンドポイントに対しても同様の操作を繰り返すことで認証を追加する．

❸順番が前後してしまうが，この行も大事である．Cognito を用いた API Gateway の認証は，HTTP リクエストのヘッダーの **Authorization** という項目にトークンを入力することで行われる．なので，CORS の設定で，**Authorization** というヘッダーを許可しなければならない．CORS については TIPS を参照いただきたい．

Cross Origin Resource Sharing (CORS) について

CORS とは，ドメインA でサーブされているウェブページが，ドメインB から追加のリソースを取得するための機構である．シン・Bashoutter の例でいうと，ウェブページ (HTML など) は https://bashoutter.com にホストされているのに対し，API は https://api.bashoutter.com にホストされている．ウェブブラウザでは，セキュリティの目的で，基本的に同一のドメインからのリソースの取得しか許可されていない．異なるドメインからリソースが取得される場合は，正しい CORS の設定がなされている必要がある．

CORS についての詳細はほかの資料を参照いただくとして，API Gateway での CORS の設定は，直前のコードで示したように，次のように行う．

```
api = apigw.RestApi(
    self, "BashoutterApi",
    default_cors_preflight_options=apigw.CorsOptions(
        allow_origins=apigw.Cors.ALL_ORIGINS,
        allow_methods=apigw.Cors.ALL_METHODS,
        allow_headers=apigw.Cors.DEFAULT_HEADERS + ['Authorization']
    ),
)
```

allow_origins=apigw.Cors.ALL_ORIGINS によって，任意のドメインからの CORS を許可している．この設定はあくまでデバッグ用で，実際に運用されるときには特定のドメインに限定するのがセキュリティなどの観点から推奨される．

StaticSiteStack については変更はない．それでは早速デプロイに移っていこう．

14-3- 2 スタックのデプロイ

デプロイの手順は STEP 1 で行ったものとほぼ共通であるので，ここではコマンドの列挙に留める．ドメイン・証明書の取得などは STEP 1 で行ったものをそのまま用いればよい．STEP 1 のスタックがクラウドに残っているとエラーになる可能性があるので，一度 STEP 1 のスタックはすべて削除して，STEP 2 のスタックをデプロイすることを推奨する．

```
# プロジェクトのディレクトリに移動
$ cd handson/shin-bashoutter-2

# venv を作成し，依存ライブラリのインストールを行う
$ python3 -m venv .env
$ source .env/bin/activate
$ pip install -r requirements.txt

# ドメイン名と証明書のARNを環境変数に設定
$ export MY_DOMAIN=bashoutter.com
$ export CERTIFICATE_ARN=XXXX

# デプロイの実行
$ cdk deploy --all -c domain=$MY_DOMAIN -c certificate_arn=$CERTIFICATE_ARN
```

デプロイが完了したら，AWS コンソールからリソースを確認してみよう．

まず，Cognito のユーザープールを見てみよう．コンソールの検索バーに Cognito と入力し，Cognito のメインページを開き，**Manage User Pools** というボタンをクリックする．すると，ユーザープールの一覧が表示される．その中に **UserPoolXXXXX** という名前のユーザープールが見つかるはずなので，クリックすると詳細画面が起動する（**Figure 14-18**）．ここで，実線で囲った **Pool ID** で与えられている文字列は後ほど使用するのでメモしておこう．

Figure 14-18. ユーザープールの詳細画面

つづいて，左側のメニューバーから **Users and groups** をクリックしてみよう．ここでは，ユーザープールに登録されたユーザーの一覧を確認できる．この時点ではユーザーは登録されていないので，空のはずである．コンソールからユーザーを作成したい場合は，**Create User** と書かれたボタンをクリックし，ダイアログに従って情報を入力すればよい．興味のあるユーザーは試してみるとよい．本チュートリアルでは AWS CLI からユーザーを作成する方法を後ほど見ていく．

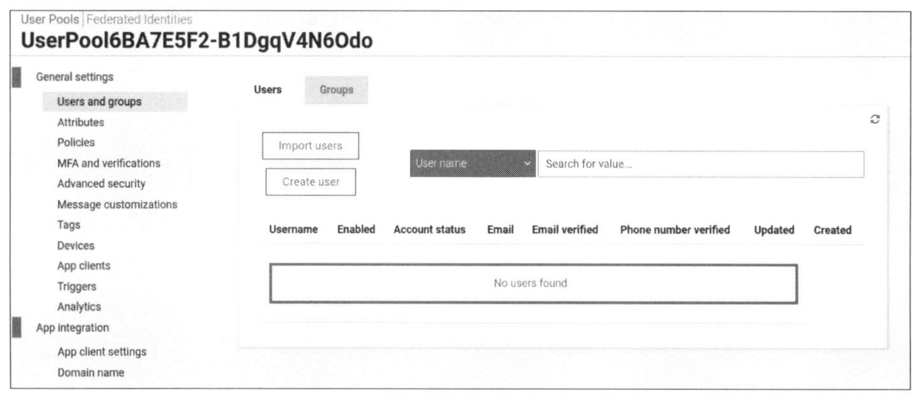

Figure 14-19. ユーザープールのユーザー一覧の表示

ほかにも，Cognito を利用するとで二段階認証 (Multifactor authentication; **MFA**) を設定する，ユーザーのサインアップ・ログインなどのイベントによって実行される Lambda 関数 (**Trigger**) を定義する，などの様々なカスタマイズが可能である．本チュートリアルではそのうちのごく基本的な使用方法のみ取り上げる．

つづいて，左側のメニューバーから App client settings を開こう．ここから ユーザープールに付随したアプリクライアント（App client）を確認できる（**Figure 14-20**）．アプリクライアントとは，先述のとおり，ユーザープールとクライアントアプリケーション（ウェブブラウザなど）との仲介を担う機構で，アプリクライアントを経由することでサインアップやサインイン，パスワードのリセットなどの操作が可能になる．**Figure 14-20** の実線で囲った ID に続く文字列は，後ほど使用するのでメモしておこう．

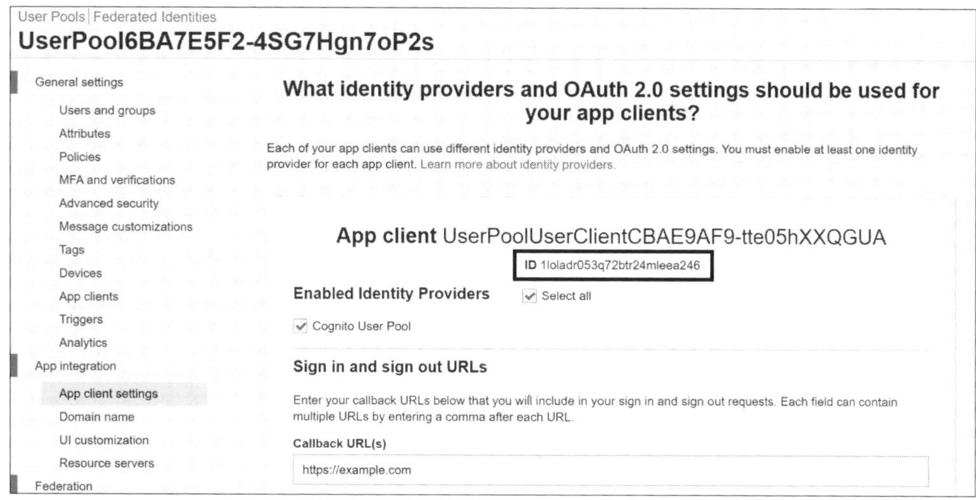

Figure 14-20. ユーザープールに付随したアプリクライアントを確認

14-3-3 CLI から認証保護された API エンドポイントを呼ぶ

AWS コンソールからの操作方法がわかってきたところで，次はコマンドラインからユーザーの作成とログインを行う方法を見ていこう．

handson/shin-bashoutter-2/scripts/cognito_client.py※11 にユーザー作成とログインを行うためのスクリプトが提供されている．

スクリプトを実行する前に，次のコマンドにより環境変数を設定しよう．それぞれ，自分の AWS コンソールで確認した User pool ID と Client ID に置き換えることを忘れずに．

```
$ export USER_POOL_ID=XXXX
$ export APP_CLIENT_ID=YYYY
```

※11　https://github.com/tomomano/learn-aws-by-coding-source-code/blob/main/handson/shin-bashoutter-2/scripts/cognito_client.py

この設定が終わったら，次のコマンドで新規ユーザーを作成しよう． **create_user** につづく最初の引数がユーザー名（=Eメールアドレス），二つ目の引数がパスワードである． パスワードは，**CognitoStack** を作成するときに定義した最低文字数などの要件を満たしている必要があることに注意．

```
$ python3 cognito_client.py create_user example@example.com BashoutterIsGreat2021
```

ここで作成するユーザーはテスト用のダミーであるので，Eメールアドレスはリアルなものを用いなくてもよい． 一方，後にシン・Bashoutter アプリの GUI からサインアップを行うときは，メールアドレスの確認（confirmation）が必要なので，リアルなメールアドレスを使用する．

このコマンドを実行して，**User successfully created**. と表示されたら成功だ． 先ほどの Cognito のコンソール画面に戻ってみると，確かに新しいユーザーが作成されたことが確認できるだろう．

つづいて，新しく作成したユーザーでログインを行ってみよう． 次のコマンドを実行する． 先ほどと同様，login に続く最初の引数がユーザー名（=Eメールアドレス），二つ目の引数がパスワードである．

```
$ AUTH=`python3 cognito_client.py login example@example.com BashoutterIsGreat2021`
```

login コマンドは，ログインに用いる **JSON Web Token（JWT）**※12 を返す． このコマンドでは，**AUTH** という変数に JWT の文字列を格納している． 勉強として，JWT の中身を見てみよう．

```
$ echo $AUTH
```

eyJraWQiOiJ2…. のような人間には解読不能な文字列が出力されるだろう． クラウドサーバーはこの文字列を HS256 などの暗号化アルゴリズムでデコードすることによってユーザーの認証を行う．

さて，これで得られた JWT を使って，Cognito によって保護された API エンドポイントを試してみよう．

前回までと同様，ドメイン名を環境変数に設定したうえで，次のコマンドを実行してみよう．

```
# 環境変数にドメイン名を設定
$ export ENDPOINT_URL="https://api.bashoutter.com"
```

※12 https://jwt.io/

```
# 俳句を投稿
$ http POST "${ENDPOINT_URL}/haiku" \
"Authorization:${AUTH}" \
username="松尾芭蕉" \
first="閑さや" \
second="岩にしみ入る" \
third="蝉の声"
```

"Authorization:${AUTH}" の行で，JWT を HTTP リクエストのヘッダーに追加して送信している．**"Successfully added a new haiku"** というレスポンスが得られただろうか？

もし，JWT が与えられなかったならば，401 エラー（Unauthorized）が返ってくるはずである．確認してみよう．

```
$ http POST "${ENDPOINT_URL}/haiku" \
username="松尾芭蕉" \
first="閑さや" \
second="岩にしみ入る" \
third="蝉の声"
```

Unauthorized というレスポンスが得られるだろう．よって，Cognito から取得した JWT がなければ API を実行できないことが確認できた．

ほかの API エンドポイントも試してみよう．俳句の一覧を取得する API（**GET /haiku**）を実行してみる．

```
# JWT をつける
$ http GET "${ENDPOINT_URL}/haiku" "Authorization:${AUTH}"

# JWT をつけない
$ http GET "${ENDPOINT_URL}/haiku"
```

POST /haiku の場合と同様，JWT をヘッダーに追加した場合は API は 200 番（Success）を返し，JWT をつけなかった場合は401エラーが返ってくる．

14-3-4 GUI をデプロイ

CLI からの操作で，Cognito と API Gateway で API のユーザー認証が正しく設定されていることが確認できた．最後の仕上げとして，GUI をデプロイしよう．

手順は Chapter 14-1-5 とほとんど共通である．が，Cognito のアプリクライアントと連携させるところだけが異なるので，丁寧に見ていこう．

handson/shin-bashoutter-2/gui/src というディレクトリに aws-exports.js※13 というファイルが見つかるはずだ．開くと以下のような内容になっている．

```
module.exports = {
    Auth: {
        region: 'ap-northeast-1',
        userPoolId: 'ap-northeast-1_trU9ZOpQM',
        userPoolWebClientId: '5vsfkkp1jt4c0p3bihclpa39km',
        authenticationFlowType: 'USER_PASSWORD_AUTH',
    }
}
```

ここの，**userPoolId**, **userPoolwebclientId** を，それぞれ自分自身のユーザープールの ID とアプリクライアントの ID に書き換える．もし，**ap-northeast-1** 以外のリージョンを利用する場合は，**region** もあわせて書き換える．先ほど CLI で見たのと同様，この二つの情報を使ってブラウザのクライアントは Cognito へのサインアップ・ログインを行う．

つづいて，Chapter 14-1-5 と同様に，**main.js** から次の行を見つけ，自分のドメインに書き換えよう．

```
state: {
url: "https://api.bashoutter.com",
},
```

ここまでできたら，次のコマンドでビルドを実行する（詳細は Chapter 14-1-5）．

※13 https://github.com/tomomano/learn-aws-by-coding-source-code/blob/main/handson/shin-bashoutter-2/gui/src/aws-exports.js

```
$ cd gui/
$ npm i
$ npm run build
```

最後に，S3 バケットにビルドされた HTML/CSS/JS をアップロードしよう（バケットの URI を自分の値に変更することを忘れずに）．

```
$ export BUCKET_URI=s3://staticsitestack-bashoutterbucket6f28d9f3-1s15n2ibfsvvk
$ aws s3 sync dist $BUCKET_URI --delete
```

バケットへのアップロードが完了したら，ウェブブラウザを開き，https://bashouter.com というアドレスにアクセスしてみよう（アドレスは自分自身のドメイン名で置き換える）．すると，**Figure 14-21** のようなログイン画面が提示されるだろう．

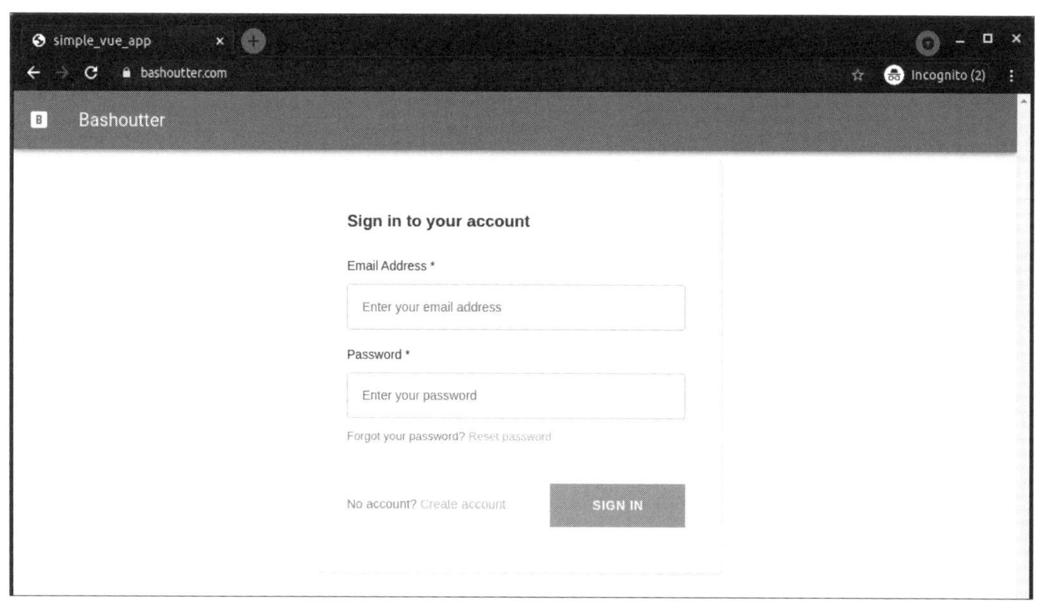

Figure 14-21. シン・Bashoutter ログイン画面

先ほど CLI から作成したアカウントを使ってログインをすることもできるのだが，シン・Bashoutter のウェブアプリからもユーザーの作成（サインアップ）を行うことが可能である．それを試してみよう．ログイン画面に **No account? Create account** と表示されているので，それをクリックしよう．すると，ユーザーサインアップの画面が起動する（**Figure 14-22**）．自分のメールアドレスとパスワードを入力して，ユーザーを作成してみよう．

14-3

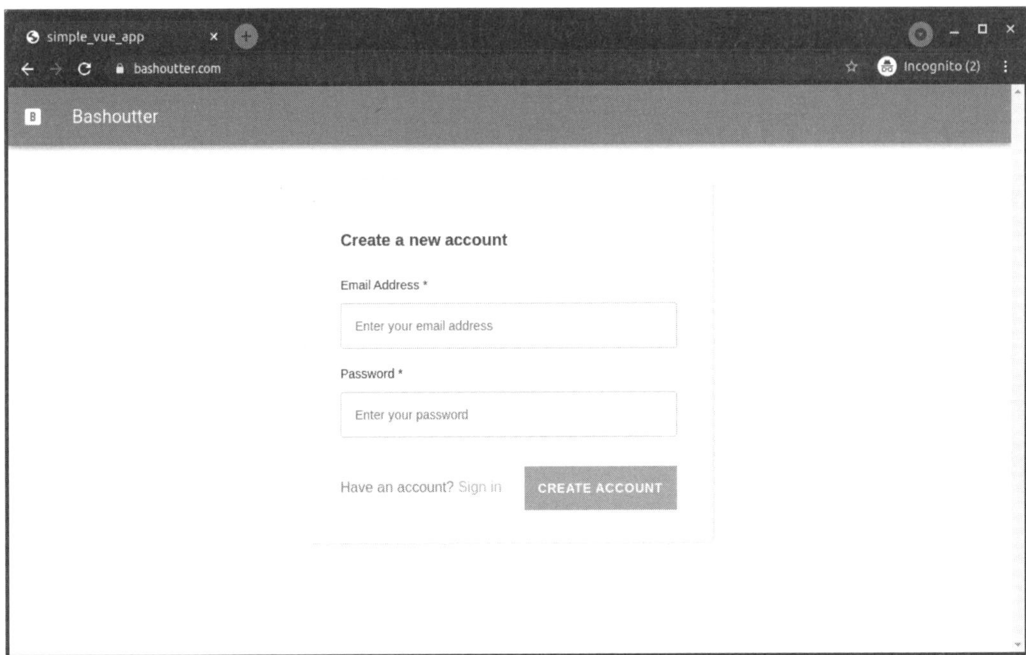

Figure 14-22. シン・Bashoutter サインアップ画面

Create Account ボタンを押すと，メールアドレスに確認用の六桁のコードが送られてくる． サインアップの画面の続きにこのコードを入力して，ユーザー登録を完了させよう（**Figure 14-23**）．

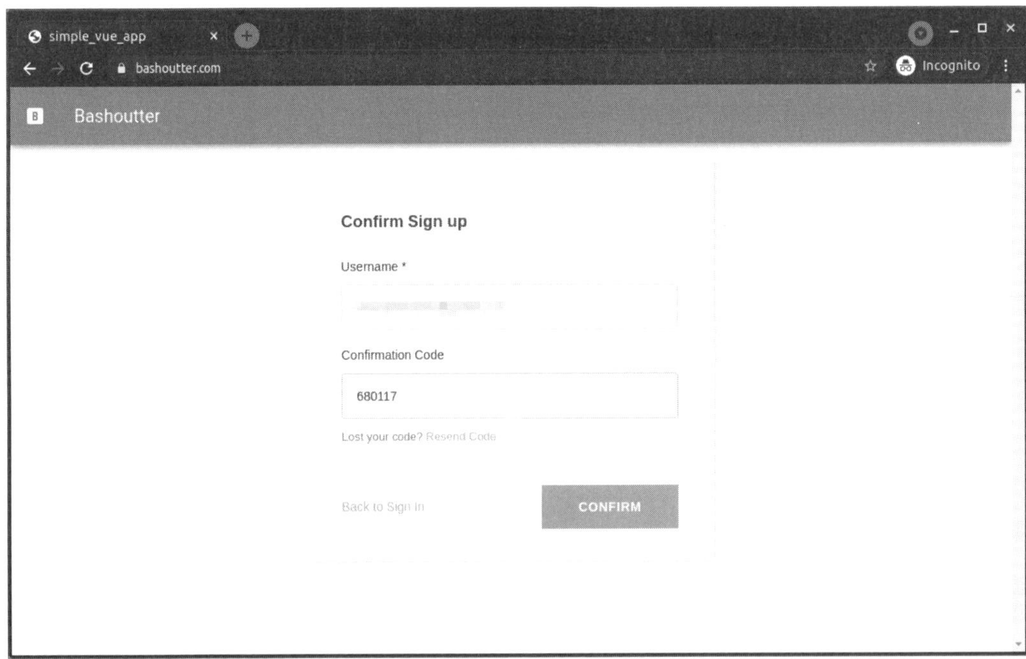

Figure 14-23. シン・Bashoutter メールアドレスを確認

14-3

無事にサインアップが成功すると，**Figure 14-24** に示したような画面に導かれるだろう．おめでとう！ シン・Bashoutter にユーザーログイン機能を追加することに成功した！

俳句の投稿や閲覧は前のバージョンと同様に実行できる．ぜひ自分で試してみよう．

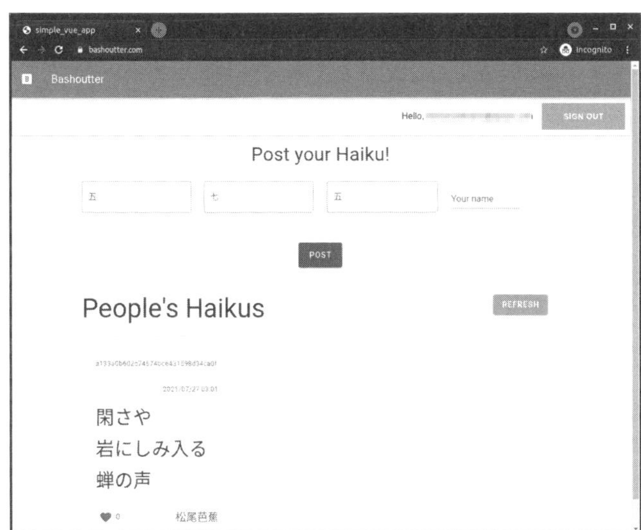

Figure 14-24.
ログイン後のシン・Bashoutter

上で見たように，Cognito にはサインアップ・メールアドレスの確認・パスワードのリセットなど，ユーザーの管理を行うえで必須となる機能がすでに提供されており，自分で実装を行う必要が全くない．それに加えて，ユーザー数が数百万人以上の巨大なプールになっても Cognito はスケーラブルにそのような状況に対応可能である．そのような意味で，Cognito も抽象化された意味での Serverless アーキテクチャの要素の一つとして数えられることが多い．

今回提供している シン・Bashoutter の GUI では，ログインやサインアップの部分については Amplify UI Components※14 というライブラリを用いた．興味のある読者はソースコードもあわせて見ていただきたい．たった数十行のコードで，今回体験したようなクオリティの高いログイン画面を組み込むことができる．

Amplify※15 は AWS が提供しているバックエンド・フロントエンドを両方含んだ開発フレームワークである．バックエンドの部分に関しては，CDKと比べると操作できる AWS リソースの種類が限られているのだが，その分使い方がシンプルで，簡単なウェブアプリケーションを作成するときには最適である．また，今回のようにフロントエンド（JavaScript）のライブラリだけ使用する，というような使い方も可能である．興味のある読者はぜひ Amplify の公式ドキュメンテーション※16 を参照されたい．

14-3

※14 https://docs.amplify.aws/ui/q/framework/vue　※15 https://aws.amazon.com/amplify/?nc1=h_ls
※16 https://aws.amazon.com/amplify/?nc1=h_ls

14-3- 5 スタックの削除

これにて，シン・Bashoutter プロジェクトは完成を迎えた． ミニマムながら，モダンなウェブアプリケーションに必要な多くの要素を取り入れた，なかなか素敵なアプリケーションを構築することができた．なにより，サーバーレスアーキテクチャを採用したことで，たった数百行程度のコードで，何万人ものユーザーが利用する状況にも対応したスケーラブルなシステムを構築することができた． ここで提供しているコードは，読者が自身のウェブアプリケーションを作成するときにも，ひな形として使用できるだろう．

シン・Bashoutter を十分に楽しむことができたら，最後に忘れずにスタックの削除を行おう． AWS コンソールから削除する場合は，CloudFormation のコンソールに行き，**StaticSiteStack**，**ApiStack**，**CognitoStack** のすべてを削除する．

コマンドラインから削除する場合は，以下のコマンドを用いる．

```
$ cdk destroy --all -c domain=$MY_DOMAIN -c certificate_arn=$CERTIFICATE_ARN
```

Chapter 15

Hands-on #9：深層学習を用いたアート自動生成アプリケーション

Chapter 15 では，本書の締めくくりとして，これまで学んできた技術をすべて集結したクラウドアプリケーションを構築する．EC2, ECS, Batch, Lambda, S3, DynamoDB, API Gateway などのスケーラブルなクラウドを構成するためのコンポーネント，それに Docker や GPU を用いた深層学習などのテクニックを余すところなく駆使し，アートを自動生成するウェブアプリケーションを実装しよう．

Chapter 15-1

Neural Art Canvas プロジェクト

本書ではこれまでに AWS の様々なサービスを解説し，その使用方法をハンズオンを通じて学んできた．本書を締めくくる最後のチャレンジとして，本書で学んできたすべての知識と技術を集結させたアプリケーションを構築しよう．具体的には，**深層学習を用いてアートを自動生成するクラウドアプリケーション**を作成する．このアプリケーションでは，ユーザーは二つの画像（スタイル画像とコンテンツ画像）をアップロードし，クラウドにデプロイされた深層学習によるアルゴリズムによって二つの画像の特徴を融合させ，新たな画像を合成する．これらのワークフローをサーバーレスアーキテクチャなどの最新のクラウド技術を用いて実装することで，大量の画像リクエストを同時に処理することのできるスケーラブルなシステムを構築しよう．ニューラルネットワークを用いてアートを自動生成するという意味を込めて，このプロジェクトを **Neural Art Canvas** と名付けよう．

Neural Art Canvas を構築するにあたり，利用する AWS のサービスを次に列挙しよう．

- 計算系：EC2, ECS, ECR, AWS Batch
- サーバーレス系：Lambda, S3, DynamoDB, CloudFront, Route 53, API Gateway

本書をここまで読んできた読者ならば，これらの文字がなにを意味するのか，容易にわかるだろう．ハンズオンではこれまでに培ってきた技術を余すことなく使用するので，復習をしながら理解を深めていただきたい．これらに加えて，新たな技術として **Step Functions を用いたタスクのオーケストレーション** と **Lambda layers によるライブラリのパッケージング** の二つのトピックを導入する．これらは比較的ハイレベルな技術ではあるが，実世界でクラウドシステムを構築するうえでコアとなる技術である．

本ハンズオンでは，GPU 搭載型インスタンスを用いて計算を行うので，少額の AWS 利用料金が発生する．具体的には，一つの画像生成のジョブごとにおよそ2-5円程度の料金が発生する．

また，Route 53 を通じてドメインの取得も必要である．ドメインは，Chapter 14 で取得したものを再び使用すればよい．これにより，二重のコストが発生するのを防ぐことができる．

15-1

Chapter 15-2

Neural style transfer

まずは Neural Art Canvas プロジェクトの仕様を定義しよう. このアプリケーションでは, **"スタイル"画像で与えられた画風を用いて, "コンテンツ"画像となる別の画像の画風を変換する**, というタスクを考える(**Figure 15-1**). **Figure 15-1** の例では, ルノアールの"二人の姉妹"という作品の画風を, 猫の写真に適用している. 生成された画像では, ネコやラップトップコンピュータなどの情報は保存しつつも, 絵筆で書かれたような画風に変換されている. このような, ある画像のスタイルを別の画像に適用するアルゴリズムを総称して **Neural style transfer** とよぶ. Neural style transfer を利用することで, 自分の撮った写真を絵画風・漫画風に変換するなど, 様々な応用が考えられ, 実世界でもとても役に立つアルゴリズムだ.

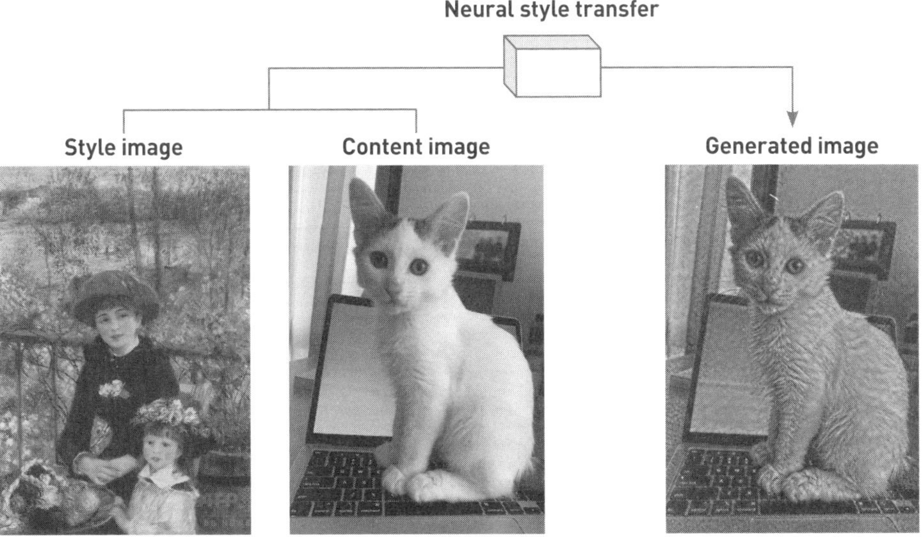

Figure 15-1. Neural style transfer

Neural style transfer にはいくつかの手法が知られているが, 本プロジェクトではその中でも有名かつ実装がシンプルな **A Neural Algorithm of Artistic Style** とよばれる深層学習を用いたアルゴリズムを採用することにする. A Neural Algorithm of Artistic Style のアイディアは2015年に Gatys らによって提案された. アルゴリズムの詳細に興味がある読者は, 原著論文[※1] を参照いただくとして, ここではごく簡単にアルゴリズムのアイディアを述べよう.

※1 https://openaccess.thecvf.com/content_cvpr_2016/html/Gatys_Image_Style_Transfer_CVPR_2016_paper.html

出発点として，A Neural Algorithm of Artistic Style は **VGG とよばれる学習済みのニューラルネットワーク**を利用する． VGG とは，**Figure 15-2** に示したようなアーキテクチャをもった畳み込みニューラルネットワークであり，2014 年時点では ImageNet の物体識別タスクに置いて State-of-the-art (SOTA) の性能を発揮した．

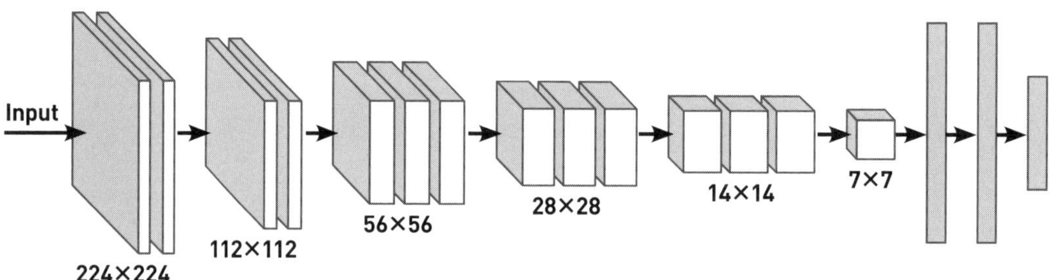

Figure 15-2. VGG16 のアーキテクチャ

物体識別タスクで学習された畳み込みニューラルネットワークの一般的な性質として，ネットワークの深い層の出力には"ネコ"や"イヌ"などの**物体のカテゴリを表象**する特徴が埋め込まれており，浅い層には**ローカルなピクセルの情報**（色味・輝度・テクスチャなど）が表現されている，という経験的事実が知られている． よって，コンテンツ画像 p と生成された画像 x に対し，画像の"コンテンツ"が似通っているか否かは，それぞれの画像をニューラルネットに入力したときに"深い層"で得られる応答（それぞれ $P^l_{i,j}$ と $F^l_{i,j}$ で表す）の差分で測ることが可能である． なお，"深い層"として，Gatys らの原著論文では，3 回プーリングを行った後の層の二度目の畳み込みの出力（**conv4_2**）が使用されている． 式にすると，次のような評価関数で与えられる（添字の意味などの詳細は原著論文を辿っていただきたい）．

$$L_{\text{content}} = \frac{1}{2}\sum_{i,j} (F^l_{i,j} - P^l_{i,j})^2$$

つづいて，二つの画像の"スタイル"がどれほど似通っているかを評価するための指標であるが，これにはニューラルネットの中間層で得られる出力のグラム行列（Gramm matrix）を利用する． グラム行列とは，レイヤー l で得られるニューラルネットの N_l 個の出力からすべての組み合わせについて相関を計算したもので，次式で与えられる．

$$G^l_{i,j} = \sum_k F^l_{i,k} \, F^l_{j,k}$$

コンテンツ画像 p と生成された画像 x からそれぞれグラム行列を計算し（それぞれ $A^l_{i,j}$ と $G^l_{i,j}$ で表す），二つの画像のスタイルの類似度を次の関数で評価する.

$$L_{\text{style}} = \sum_{l=0}^{L} \omega_l \sum_{i,j} (G_{i,j}^{l} - A_{i,j}^{l})^2$$

ここでは，層ごとに重みをつけて和を計算しており，ω_l はレイヤー l における重みパラメータである. Gatys らの原著論文では，ω_l はプーリングレイヤーの 1,2,3,4 層（**Figure 15-2** で 画像サイズが224×224, 112×112, 56×56, 28×28 となっている層）の最初の畳み込みの出力で 1/5 とし，ほかの層の出力では0としている.

これでコンテンツの類似度・スタイルの類似度をそれぞれ評価する関数ができ上がった. 最終的には，これら二つの線形和をロス関数として用いる.

$$L_{\text{total}} = \alpha L_{\text{content}} + \beta L_{\text{style}}$$

コンテンツの類似度・スタイルの類似度をどれほど重視するかを決定するのが α, β のパラメータの役割である. α が大きいと生成された画像はコンテンツ画像に近くなり，β が大きいと生成された画像はスタイル画像に近くなる.

A Neural Algorithm of Artistic Style では，生成される画像（x）はランダムな画像から出発し，L_{total} で与えられるロス関数が小さくなるようにピクセルの値を更新していく. このとき，ニューラルネットワーク（VGG）の重みパラメータは固定であり，入力画像自体が更新されてく点に留意しよう. 入力画像を更新していくときにも誤差逆伝播（Backpropagation）によって勾配を計算することが可能である. 数百回程度イテレーションを繰り返して，L_{total} が十分小さくなった画像を，最終的な画像として出力する.

Chapter 15-3

ローカルでNeural style transferを実行

クラウドのデプロイに入っていく前に，まずはNeural style transferが実装されたDockerイメージをローカルで実行してみよう．Dockerのソースコードはhandson/neural-style/docker[※2]にある．

> 今回提供しているNeural style transferのプログラムは，PyTorchの公式チュートリアル"NEURAL TRANSFER USING PYTORCH"[※3]を参考に，多少の改変を行ったものである．コードの詳細に興味のある読者は，このチュートリアルを参照していただきたい．

まずは，**Dockerfile**が保存されたディレクトリに移動し，イメージをビルドしよう．

```
$ cd handson/neural-style/docker
$ docker build -t neuralart .
```

> ビルド済みのDocker imageはDocker Hubからダウンロードすることも可能である．次のコマンドを実行する．
>
> ```
> $ docker pull tomomano/neural-style
> ```

サンプル用の画像が，**images/**というディレクトリに入っている．開くと**Figure 15-3**で示したような画像がスタイル画像・コンテンツ画像として与えられていることが確認できるだろう．

※2 https://github.com/tomomano/learn-aws-by-coding-source-code/tree/main/handson/neural-style/docker
※3 https://pytorch.org/tutorials/advanced/neural_style_tutorial.html

munch.png
(Style image)

koala.png
(Content image)

Figure 15-3. サンプル画像

これらの画像を使用して，Neural style transfer を実行してみよう．次のコマンドで Docker を起動し，**images/** の画像を入力としてプログラムを実行する．

```
$ docker run -v ${PWD}/images:/images/ neuralart -s /images/munch.png -c /images/koala.png
--save_path /images/output.png
```

-v ${PWD}/images:/images/ で，現在のディレクトリの /images というディレクトリを，コンテナの /images/ というパスにマウントしている．また，**-s** でスタイル画像を指定し，**-c** でコンテンツ画像を指定する（パスはコンテナの内部から参照したときのものである点に注意）．

もし，ローカルの計算機に GPU が備わっており，nvidia-docker※4 の設定が済んでいるいるならば，次のコマンドにより GPU を使って計算を実行できる．

```
$ docker run --gpus all -v ${PWD}/images:/images/ neuralart -s /images/munch.png -c /images/
koala.png --save_path /images/output.png
```

このコマンドでは，**--gpus all** というパラメータが加わった．

※4 https://github.com/NVIDIA/nvidia-docker

プログラムの実行完了まで数分程度の時間がかかる．無事実行が完了すると，**images/output.png** というファイルに **Figure 15-4** で示したような画像が生成されているだろう．とてもクオリティの高いアート作品を人工的に生成することができた！

Figure 15-4. Neural style transfer によって生成された画像

Chapter 15-2 で述べたように，スタイル画像・コンテンツ画像のどちらの寄与を大きくするかをパラメータによってコントロールできる（式では α, β と表現されていた）．デフォルトでは **style_weight = 100000, content_weight=1** という値が使われる．パラメータを変更したい場合は，次のコマンドを用いる．

```
docker run -v ${PWD}/images:/images/ neuralart -s /images/munch.png -c /images/koala.png \
--save_path /images/output.png \
--content_weight 0.5 \
--style_weight 200000
```

パラメータをいくつか変えて，出力がどのように変化するか実験をしてみよう．

また，自分自身で用意した画像を用いて計算を走らせることも可能である．その場合は，先述したコマンドを参考に，ファイル名を入れ替えればよい．ここで注意点として，今回提供している Docker イメージは，画像の縦横比が等しい二つの画像が与えられることを前提として書かれている．この前提が守られない場合，エラーが出力される．クラウドにデプロイを行うときは，前処理として画像のサイズを調整する処理が追加されるので，Docker イメージには意図的に画像サイズ調整の処理が書かれていない．後ほどこの前処理については詳しく説明する．

Chapter 15-4

Step Functions

本ハンズオンでデプロイするアプリケーションの説明を行うにあたり，二つの新しい AWS のテクニックを導入する必要がある．まず，Step Functions※5 について説明しよう．Step Functions とは，AWS 上でステートマシンのモデルに基づきタスクのオーケストレーションを行うための仕組みである．オーケストレーションとは，タスクの実行順序を設定したり，エラー発生時の分岐を指定したりするなど，一連のフローを定義する操作を指す．

より具体的に，今回のハンズオンでデプロイする Step Functions の状態遷移図を見ていこう (**Figure 15-5**)．ここでは，Neural style transfer の計算を行うための一連の処理 (前処理・メインタスク・後処理・エラーハンドリング) を定義している．

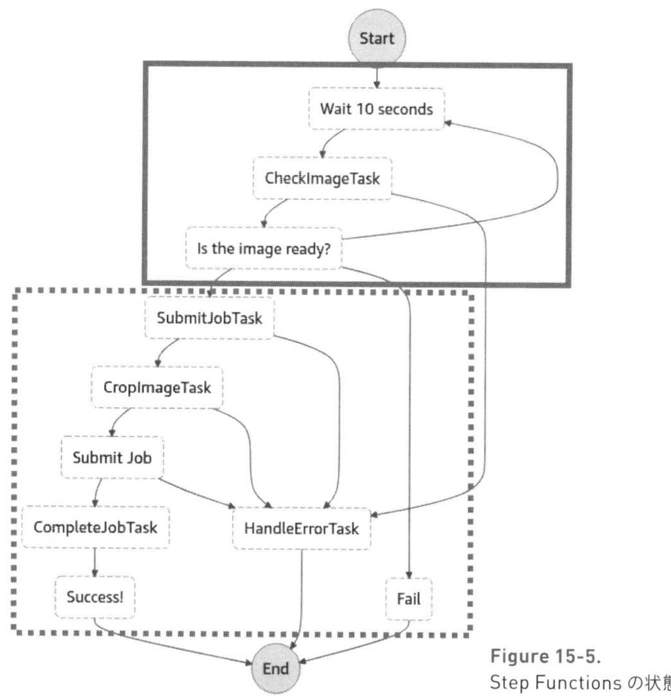

Figure 15-5.
Step Functions の状態遷移図

※5 https://aws.amazon.com/step-functions/?step-functions.sort-by=item.additionalFields.postDateTime&step-functions.sort-order=desc

まずは，実線で囲った領域を見てみよう．これは，ユーザーが画像のアップロードを完了したかを確認するためのループである．最初の **Wait 10 seconds** でワークフローは10秒間待機し，その後に **CheckImageTask** によって画像のアップロードが完了したか確認される．**CheckImageTask** は実体としては Lambda の関数で，あらかじめ設定しておいたコードが実行される．次の **Is the image ready?** が条件分岐になっており，もし画像の準備ができていない場合は **Wait 10 seconds** に戻る．画像の準備ができていれば **SubmitJobTask** に遷移する．さらに，このループではループの回数を **attempts** という変数に格納しており，カウンターが7回以上になると **Fail** に状態遷移するようになっている．これによって画像のアップロードが中断もしくは失敗した場合に対応している．

次に，点線で囲った領域を解説しよう．まず，**SubmitJobTask** で，DynamoDB のテーブルの書き換えを行う．これによりジョブの **status** が **preparing** から **processing** に書き換わる．次に，**CropImageTask** が実行される．これは，スタイル画像とコンテンツ画像の画像のサイズを揃える操作を行うルーチンである．Neural style transfer の Docker image が，画像のサイズが揃っていることを前提に書かれているため，この処理は必須である．画像のサイズを整える前処理が済んだ後，**Submit Job** によってメインの計算が実行される．ここでは，AWS Batch が起動し，GPU を使った計算が行われる．これが完了すると，**CompleteJobTask** が実行され，データベースの **status** が **completed** に書き換わる．これがタスクの最終ステップである．もし，いずれかのステップでエラーが発生すると，**HandleErrorTask** に遷移する．**HandleErrorTask** はデータベースの **status** を **failed** に書き換え，すべてのタスクを終了させる．

このように，Step Functions を利用することで，複雑なワークフローを見通しのよい状態遷移図として整理することが可能である（**Figure 15-5** で示したグラフィカルな状態遷移図も自動的に生成される！）．どのように Step Functions のワークフローをプログラムとして記述していくかについては後で詳しく見ていく．Step Functions には，Lambda・Batch・ECS・Fargate などを含めることが可能で，これらの異なる計算サービスを統合し，スムーズにデータのやり取りを行うことができる．Step Functions を使用するのに発生するコストは，基本的に1000回の状態遷移ごとに$0.025である※6．**Figure 15-5** の例では，一度のワークフローにつき8回（実行条件によって多少異なる）の状態遷移が起こるので，発生するコストは (0.025 / 1000) * 8 = $0.0002 である．ほとんど無視できるほど小さな金額である．

また，Step Functions ではタスクの間でバケツリレーのように変数を渡していくことが可能である．これによって，**Lambda や Batch などの異なる計算サービス間で効率的なデータのやり取り**を実現できる．Step Functions における変数のやり取りは奥深いテクニックなので，ここですべてを説明することはできないが，コアとなるアイディアを示したのが **Figure 15-6** である．

※6 https://aws.amazon.com/step-functions/pricing/

Step Functions では JSON テキストのフォーマットで変数がやり取りされる．**Figure 15-6** では，ワークフローの開始時に **job_id** というデータが与えられている．Step Functions ではタスクの実行ごとに，JSON データに要素を追加したり，既存の要素を書き換えたり，あるいは一部の要素を削除したりする，などの操作が設定できる．

たとえば，**Figure 15-6** では，**Task 1** が実行されると **image_ready** というデータが新たに追加される．つづく **Task 2** は **job_id** と **image_ready** の二つを入力として計算を実行する．Step Functions で変数にアクセスしたいときは **$.job_id**, **$.image_ready** などの記法を用いる．より詳細な情報は AWS 公式ドキュメンテーション "Input and Output Processing in Step Functions"※7 を参照いただきたい．

より専門的な言葉で表現するならば，Lambda などで構成されるサーバーレスクラウドは基本的にステートレス（Stateless）であるのに対し，Step Functions を用いることでステート（state）を保持することが可能になる．ステートレスであることはサーバーレスを実現するための一つの前提条件なのだが，アプリケーションによっては完全なステートレスなシステムは不都合な場合がある．Step Functions を導入することで，サーバーレスクラウドでステートの保持が可能になるのである．

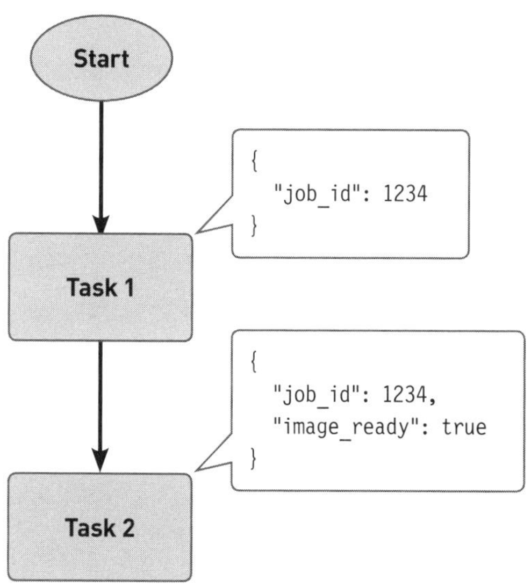

Figure 15-6. Step Functions における変数の受け渡し

これが Step Functions で行われている処理であったが，なんだか過剰に面倒ではないかという印象を受けた読者もいるかもしれない．すべての計算を単一の Lambda あるいは Batch に押し込むことはできない

※7 https://docs.aws.amazon.com/step-functions/latest/dg/concepts-input-output-filtering.html

だろうか？もちろん，そのような実装も可能ではある．しかし，Step Functions による設計を採用することで得られる利点は複数挙げられる．

第一に，"10 秒待つ"という機能をもし Lambda で実装したとすると，なにも有益な計算をしていない Lambda が 10 秒間も実行されてしまうことになり，コストの無駄である．一方，Step Functions で提供されている Wait 関数を使えば，無駄な計算が行われることなく，10 秒経過の合図がイベントとして伝えられ，下流のタスクが実行される．

第二に，小さなタスクへの分割を行うことで，**タスクごとに最適なサイズの計算リソースを使うことができる**点が挙げられる．たとえば，**Figure 15-5** で出てきた **CheckImageTask** は，単純に S3 にアクセスし，あるオブジェクトが存在するか否かを検知するだけなので，最小限のメモリー(128MB)で実行可能である．一方，**CropImageTask** はそれなりに大きな画像が与えられることも想定して，十分大きなメモリー(512MB 程度)を確保しておくのが安全だろう．さらに，メインの Neural style transfer のタスクは GPU を用いる必要がある．このように，タスクごとに必要な計算リソースの量は異なるが，Step Functions を利用して小さなタスクに分割することで，各タスクに最適な計算リソースを割り当てることができるのである．

第三の利点は，**開発や維持のしやすさ**である．アプリケーションを発展させていくにつれて，新たなロジックがワークフローに追加される場合はしばしば起こる．そのような場合に，Step Functions を利用していれば新たな状態遷移を途中に追加するだけでよく，最小限のコードの追加で済む．

このように，Step Functions を利用することで得られるベネフィットはとても大きい．使い方に一度慣れれば，複雑なデータ処理でも最適な計算リソースを選択しながら見通しよく構築することができる．

Chapter 15-5

Lambda layers

本章で導入する新しい AWS のテクニックの二つ目として，Lambda layers※8 を説明しよう．

これまでに書いてきた Lambda で実行される関数を振り返ってみると（Chapter 11, 12, 14 など），使用したライブラリは Python 標準ライブラリ（例：**os** モジュール）または boto3 のみであった．boto3 は Lambda の Python ランタイムには標準搭載されているので，とくにインストールの必要がなかった．Lambda で boto3 以外の，サードパーティによるライブラリを使用したい場合はどのようにしたらよいのだろうか？ たとえば，今回作成するアプリケーションでは，前処理として画像のサイズ調整を行う．それには，Python Image Library（PIL）※9 を使用する必要がある．

Lambda layers とは，Lambda から**外部のライブラリやその他のカスタムデータ**を使用するための機構である（**Figure 15-7**）．基本的な使い方は，必要なデータを一式すべて ZIP アーカイブに保存し，Lambda layer として登録する．そして，新たな Lambda 関数を作成するときに依存先として Lambda layer を指定することで，その関数から Lambda layers 内のデータを参照できるようになる．一つの layer は複数の Lambda 関数から参照することができるので，共通のライブラリなどを共有することが可能である．また，一つの Lambda 関数は五つまでの Lambda layers を参照することができるので，複数の Layer を組み合わせて所望のライブラリを構成することも可能である（**Figure 15-7**）．

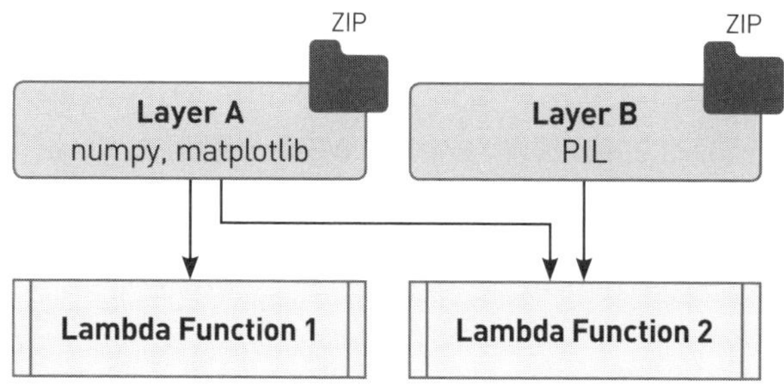

Figure 15-7. Lambda layers

※8　https://docs.aws.amazon.com/lambda/latest/dg/configuration-layers.html
※9　https://pillow.readthedocs.io/en/stable/

> Lambda layers に含めることのできる最大のファイルサイズがしばしば問題になる．執筆時点の仕様によると，ZIP を解凍後，Lambda 関数のコードと Lambda layers（複数ある場合は合算値）を合わせて 250MB が上限となっている．numpy, scipy, pytorch などのデータサイエンスでよく用いられるライブラリはビルド済みのバイナリファイルの容量が大きく，この上限に収まらないことがしばしばある．
>
> Lambda layers のサイズ上限が障害となる場合は，Lambda container images※10 が解決策となることがある．Lambda container images とは，Docker イメージを Lambda にて実行する仕組みである．執筆時点の仕様によると，イメージの最大サイズは10GBとあるので，ある程度容量の大きいライブラリをインストールする余裕がある．

さて，次に Lambda layers を作成する方法を解説しよう．基本的な流れは，使用するライブラリのコード（バイナリファイルまたは **.py** ファイル）を ZIP に保存するだけなのだが，注意点が一つある．Lambda で Python ランタイムを選択した場合，背後にある OS は Amazon Linux である．多くのライブラリには，特定の OS に専用にコンパイルされたバイナリファイルが含まれている．したがって，Lambda layers を作成するには，**Amazon Linux の環境に適合したライブラリ**が使用されなければならない．**pip** などのインストールツールは OS を自動的に検出して，適切なライブラリをインストールしてくれる．ここで，もし開発に使用しているコンピュータが Windows だった場合，ただ単に **pip install** を実行すると **Windows 環境向けのライブラリがダウンロードされてしまうことになり，Lambda layers を作成する点で問題**である．

この問題を簡単に解決する手段として，Docker を使用する方法がある．すなわち，**Amazon Linux** の Docker イメージを pull し，その**コンテナの内部で pip install を実行することで適切なライブラリを取得**する，という方法だ．ライブラリをダウンロードした後は，Docker のファイルマウントの仕組みを利用して，ダウンロードされたファイルをホストのマシンに移せばよい．

Docker を利用した Lambda layers の作成を行う目的で，便利なイメージが AWS から提供されている．AWS 公式技術ブロク "How do I create a Lambda layer using a simulated Lambda environment with Docker?"※11 に詳細な情報が記述されているので，そちらもあわせて参照いただきたい．

今回は Python 3.7 のランタイムを使用することを想定してライブラリのインストールを行う．Lambda layers の作成に関わるコードはハンズオンのディレクトリの handson/neural-style/lambda_

※10 https://docs.aws.amazon.com/lambda/latest/dg/images-create.html
※11 https://aws.amazon.com/premiumsupport/knowledge-center/lambda-layer-simulated-docker/

layer[※12] にある．まずは，このディレクトリに移動しよう．

```
cd handson/neural_style/lambda_layer
```

ディレクトリの内部に **requirements.txt** というファイルが見つかるはずである．この中に必要なライブラリが記述されている．今回は Python Image Library (PIL) の後継である Pillow のバージョン8.3 をインストールする．

```
$ cat requirements.txt
Pillow==8.3
```

ここまで確認できたところで，次のコマンドによってコンテナを経由して Amazon Linux の環境向けの PIL をダウンロードし，ホストマシンにコピーする．

```
$ docker run -v "$PWD":/var/task "public.ecr.aws/sam/build-python3.7" /bin/sh -c "pip install
-r requirements.txt -t python/lib/python3.7/site-packages/; exit"
```

ここでは Python 3.7 の例を示している．Python 3.6 や Node.js 14, 12, 10 などについてもイメージが提供されているので，同様の手順によって Lambda layer を作成することが可能である．

このコマンドを実行すると，ホストマシンに **python/** というディレクトリができ上がっており，その中に **PIL** がインストールされていることが確認できるだろう．

```
$ tree -L 5
.
├── python
│   └── lib
│       └── python3.7
│           └── site-packages
│               ├── PIL
│               ├── Pillow-8.3.0.dist-info
│               └── Pillow.libs
├── README.md
└── requirements.txt
```

※12 https://github.com/tomomano/learn-aws-by-coding-source-code/tree/main/handson/neural-style/lambda_layer

つづいて，次のコマンドによって **python/** のディレクトリ以下全体を，**layer.zip** という名前の ZIP アーカイブに保存しよう.

```
$ zip -r layer.zip python > /dev/null
```

これで Lambda layers にアップロードする ZIP アーカイブの準備ができた.

つづいて，CDK のコードで Lambda layer を Lambda 関数に付与する方法を見ていこう. handson/neural-style/sfn_task_stack.py※13 の次の行に注目してほしい.

```
❶
layer = _lambda.LayerVersion(
    self, "LambdaLayer",
    code=_lambda.Code.from_asset('lambda_layer/layer.zip'),
    compatible_runtimes=[_lambda.Runtime.PYTHON_3_7],
)
crop_image_lambda = _lambda.Function(
    self, "CropImageLambda",
    ❷
    layers=[layer],
    # ...skip
)
```

❶で，新しい Lambda layer を作成している. **code=_lambda.Code.from_asset ('lambda_layer/layer.zip')** によって，先ほど作成した ZIP アーカイブを参照している.

❷で，Lambda 関数に Lambda layer を付与している. 一つの Lambda 関数に最大で5個までの Lambda layers を付与することが可能である.

このようにして，Lambda layers の作成と，CDK を用いたデプロイを実行することができる.

※13 https://github.com/tomomano/learn-aws-by-coding-source-code/blob/main/handson/neural-style/sfn_task_stack.py

Chapter 15-6

アプリケーションの説明

前置きが長くなってしまったが，ここからアプリケーションのデプロイを行っていこう．最初に，本ハンズオンで構築するアプリケーションの概要を **Figure 15-8** に示す．

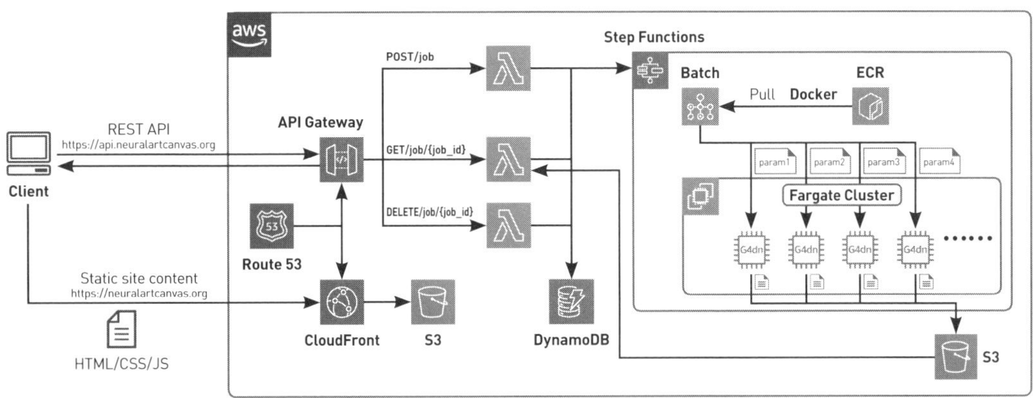

Figure 15-8. Neural Art Canvas アプリケーションの全体像

これまでで作成したアプリケーションの中では最も複雑なアーキテクチャになっていることが見て取れるだろう．アプリケーションの仕様は，次のとおりである．

- クライアントは API Gateway + Lambda の組み合わせにより構成された API を使用してジョブ（スタイル画像とコンテンツ画像のペア）を提出する
- ジョブの状態などを記録するため，DynamoDB でテーブルを作成する
- 画像データは S3 に保存する．画像データのアップロードおよびダウンロードには Presigned URL を用いる
- Neural style transfer のジョブの前処理・後処理などをスムーズに行うため，Step Functions を配置してタスクのオーケストレーションを行う
- Step Functions の中で，AWS Batch により起動された GPU 搭載型のインスタンスにより Neural style transfer の計算が行われる
- ウェブサイトの GUI コンテンツは S3 に格納される．S3 には CloudFront を配置する
- CloudFront には　Route 53 を使用することで https://neuralartcanvas.org というドメインを設

定する
- API Gateway には Route 53 を使用することで https://api.neuralartcanvas.org というドメインを設定する

さて，これらの要件を満たすためのデータベースと API の仕様を書き下そう．

まずは，**Table 15-1** に実装すべき API の仕様を示す． 今回は，最小限の構成として，**POST /job**, **GET /job/{job_id}**, **DELETE /job/{job_id}** の三つの API を用意する． より詳細な API の仕様定義は handson/neural-style/specs/swagger.yml※14 にあるので参考にしていただきたい．

Table 15-1. Neural Art Canvas プロジェクトで実装する API

Endpoint	Summary	Return
POST /job	新しいジョブを投入する	● **style_image_url** に，スタイル画像をアップロードするための S3 presigned URL が与えられる ● **content_image_url** に，コンテンツ画像をアップロードするための S3 presigned URL が与えられる
GET /job/{job_id}	{job_id} で指定されたジョブの情報を取得する	● **style_image_url** に，スタイル画像をダウンロードするための S3 presigned URL が与えられる ● **content_image_url** に，コンテンツ画像をダウンロードするための S3 presigned URL が与えられる ● **generated_image_url** に，アルゴリズムにより生成された画像をダウンロードするための S3 presigned URL が与えられる
DELETE /job/{job_id}	{job_id} で指定されたジョブを削除する	なし

次に，ジョブの状態を記録しておくために用いるデータベースの仕様を **Table 15-2** に示す． **job_id** には，ジョブに固有な ID が UUID4 アルゴリズムを使用して付与される． **status** にはジョブの状態が記録され，ジョブの実行前は **preparing**, ジョブの実行中は **processing**, ジョブが完了したときは **completed**, ジョブが失敗したときは **failed** の四つの状態をとることができる． **style_weight**, **content_weight** は先述したとおり，スタイル画像・コンテンツ画像の重みパラメータである． **created_at** にはジョブが作成された日時が記録される． より詳細なデータベースの仕様は handson/neural-style/specs/database.adoc※15 にあるので参考にしていただきたい．

※14 https://github.com/tomomano/learn-aws-by-coding-source-code/blob/main/handson/neural-style/specs/swagger.yml
※15 https://github.com/tomomano/learn-aws-by-coding-source-code/blob/main/handson/neural-style/specs/database.adoc

Table 15-2. Database 仕様

Name	Data type	Default
job_id	string	-
status	string	"preparing"
style_weight	float	100000
content_weight	float	1
created_at	string	-

最後に，画像データを格納しておくための S3 バケットについて，以下のような規約を設けておこう.

- **job_id** で与えられるジョブに対し，スタイル画像は **{job_id}/style.png** というキーで与えられる. コンテンツ画像は **{job_id}/style.png** というキーで与えられる
- Neural style transfer によって生成された画像は **{job_id}/generated.png** というキーで与えられる
- スタイル画像・コンテンツ画像ともに PNG 形式で与えられるものとし，それ以外の画像フォーマットは受け付けない

> ハンズオンでは実装をシンプルにするため PNG 形式のみを受け付けるという設計を行った. しかし，利便性の観点では JPEG などのほかの画像フォーマットを受け付けることが望ましい. このような拡張はよい練習となるので，読者の練習問題としてぜひ取り組んでもらいたい.

要件が明確に定義できたところで，プログラムのソースコードを見ていこう. ソースコードは handson/neural-style[※16] に置いてある.

まずは，メインのプログラムである app.py[※17] を見てみよう（次に示すコードは説明のためいくつかのパラメータが省略されている）.

※16 https://github.com/tomomano/learn-aws-by-coding-source-code/tree/main/handson/neural-style
※17 https://github.com/tomomano/learn-aws-by-coding-source-code/blob/main/handson/neural-style/app.py

```
app = core.App()

static_site_stack = StaticSiteStack(
    app, "StaticSiteStack",
    props=StaticSiteStackPrpos(
        domain_name=app.node.try_get_context('domain'),
        certificate_arn=app.node.try_get_context('certificate_arn')
    ),
)

db_bucket_stack = DbBucketStack(
    app, "DbBucketStack",
)

aws_batch_stack = AwsBatchStack(
    app, "AwsBatchStack",
    props=AwsBatchStackProps(
        bucket=db_bucket_stack.bucket
    ),
)

sfn_task_stack = SfnTaskStack(
    app, "SfnTaskStack",
    props=SfnTaskStackPrpops(
        bucket=db_bucket_stack.bucket,
        table=db_bucket_stack.table,
        job_def=aws_batch_stack.job_def,
        job_queue=aws_batch_stack.job_queue,
    ),
)

api_stack = ApiStack(
    app, "ApiStack",
    props=ApiStackPrpos(
        bucket=db_bucket_stack.bucket,
        table=db_bucket_stack.table,
        state_machine=sfn_task_stack.state_machine,
        domain_name=app.node.try_get_context('domain'),
        certificate_arn=app.node.try_get_context('certificate_arn'),
    ),
)
```

全体のアプリケーションは **StaticSiteStack**, **DbBucketStack**, **AwsBatchStack**, **SfnTaskStack**, **ApiStack** という五つのスタックから構成されている. コードをよく見ると, スタック間には **Figure 15-9** のような依存関係があることがわかるだろう. アプリケーションが複雑になるにつれて, スタックの依存関係も複雑になっていく. 依存関係にループが生じてしまうと, CDK はエラーを出力するので, そのような状況に陥らないように注意しながらスタックを設計するのがポイントである.

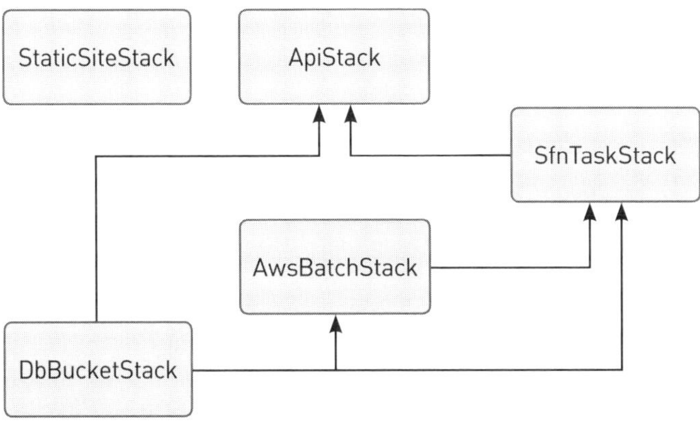

Figure 15-9. スタック間の依存関係

つづいて，それぞれのスタックの中身を詳しく見ていこう．

StaticSiteStack では，ウェブサイトの GUI をホストするための S3 と CloudFront が定義されている．また，Route 53 を使用することで，指定されたドメイン（ここでは **https://neuralartcanvas.org**）と CloudFront の紐付けを行っている．アプローチとしては Chapter 14-2-3 で説明したのと同様の方法であるので，改めてコードの解説は行わない．興味のある読者は handson/neural-style/static_site_stack.py[※18] にあるソースコードをお読みいただきたい．

DbBucketStack には，ジョブの状態を記録するための DynamoDB のテーブルと，画像データを保存するための S3 が定義されている（handson/neural-style/db_bucket_stack.py[※19]）．テーブルおよびバケットの仕様は仕様は先に定義していることに加え，実装はこれまでに繰り返し練習してきたものと同様なので，とくにここでは説明は行わない．

つづいて，**AwsBatchStack** のソースコードを見てみよう（handson/neural-style/aws_batch_stack.py[※20]）．**AwsBatchStack** では，AWS Batch を用いた Neural Style Transfer のメインの計算ジョブの定義を行っている．

※18 https://github.com/tomomano/learn-aws-by-coding-source-code/blob/main/handson/neural-style/static_site_stack.py
※19 https://github.com/tomomano/learn-aws-by-coding-source-code/blob/main/handson/neural-style/db_bucket_stack.py
※20 https://github.com/tomomano/learn-aws-by-coding-source-code/blob/main/handson/neural-style/aws_batch_stack.py

```
class AwsBatchStack(core.Stack):
    def __init__(self, scope: core.App, name: str, props: AwsBatchStackProps, **kwargs) ->
None:
        super().__init__(scope, name, **kwargs)

        vpc = ec2.Vpc(
            # ...skip
        )

        ❶
        managed_env = batch.ComputeEnvironment(
            self, "managed-env",
            compute_resources=batch.ComputeResources(
                instance_types=[
                    ec2.InstanceType("g4dn.xlarge")
                ],
                # skip...
            ),
            # skip...
        )

        ❷
        job_queue = batch.JobQueue(
            self, "job-queue",
            # skip...
        )

        ❸
        job_role = iam.Role(
            self, "job-role",
            assumed_by=iam.CompositePrincipal(
                iam.ServicePrincipal("ecs-tasks.amazonaws.com")
            )
        )
        props.bucket.grant_read_write(job_role)

        ❹
        repo = ecr.Repository(
            self, "repository",
            removal_policy=core.RemovalPolicy.DESTROY,
        )

        job_def = batch.JobDefinition(
            self, "job-definition",
            container=batch.JobDefinitionContainer(
                image=ecs.ContainerImage.from_ecr_repository(repo),
                  ❺
                  command=["-s", "Ref::style_image", "-c", "Ref::content_image", "--save_path",
"Ref::save_path", "--use_s3",
```

```
                                        "--style_weight", "Ref::style_weight", "--content_weight",
"Ref::content_weight"],
                vcpus=4,
                gpu_count=1,
                memory_limit_mib=12000,
                job_role=job_role,
                ❻
                environment={
                    "BUCKET_NAME": props.bucket.bucket_name
                }
            ),
            # ...skip
        )
```

コードの構成は Chapter 8-7 で示したものとほぼ同一である．とくに重要なポイントのみに絞って解説しよう．

❶で，Compute environment が定義されている．ここでは GPU を搭載した **g4dn.xlarge** インスタンスを使用するように指定している．

❷で Job queue を定義している．

❸では，ジョブの実行時に付与されるべき IAM を定義している．後の **props.bucket.grant_read_write (job_role)** の行により，ジョブによる バケットのデータの読み書きを許可している．

❹で，Neural style transfer がパッケージされた Docker イメージを格納するための ECR を用意している．

❺では，**docker run** が実行されたときに渡されるべきコマンドを定義している．**Ref::content_image** のように，**Ref::** で始まるパラメータは，後述の Step Functions により指定されるパラメータである．

❻では，ジョブから S3 バケットへのデータの読み書きができるよう，バケットの固有の名前を環境変数として渡している．

次に，**SfnTaskStack** の解説に移ろう(handson/neural-style/sfn_task_stack.py※21)．**SfnTaskStack** では，Step Functions を用いて **Figure 15-5** に示した Neural Style Transfer を実行するワークフローを定義している．

CDK を使用して Step Functions のワークフローを記述する方法を解説していこう．まず，Step Functions の構成要素となる"タスク"を定義する．**SfnTaskStack** のコードの中の，次の箇所に注目しよう．

※21 https://github.com/tomomano/learn-aws-by-coding-source-code/blob/main/handson/neural-style/sfn_task_stack.py

```
from aws_cdk import (
    core,
    aws_lambda as _lambda,
    aws_stepfunctions_tasks as tasks,
)
❶
check_image_lambda = _lambda.Function(
    self, "CheckImageLambda",
    code=_lambda.AssetCode('lambda'),
    handler='sfn_handlers.check_image',
    memory_size=128,
    timeout=core.Duration.seconds(10),
    **common_params
)
props.bucket.grant_read(check_image_lambda)
❷
check_image_task = tasks.LambdaInvoke(
    self, "CheckImageTask",
    lambda_function=check_image_lambda,
    payload_response_only=True,
    result_path="$.check_image",
)
❸
check_image_task.add_catch(handle_error_task, result_path="$.error")
```

このコードでは，**Figure 15-5** の中の **CheckImageTask** のタスクを定義している.

❶で，Lambda 関数を定義している.

❷で，❶の Lambda 関数を Step Functions のタスクとして定義している．Step Functions のタスクとして Lambda の関数の実行を登録するには，**tasks.LambdaInvoke ()** を使用する．**payload_response_only=True, result_path="$.check_image"** の箇所は，Chapter 15-4 で説明したタスク間の JSON 変数の受け渡しに関する設定である．詳しい説明はここでは省略する.

❸で，**add_catch()** メソッドを使用することで，エラー時の状態遷移を追加することができる．ここでは，エラーが起きたときにはコードの別の箇所で定義されている **handle_error_task** に遷移せよ，と指定している.

このようにして，Step Functions の中に Lambda によって実行される計算タスクを含めることができる．これを繰り返すことで，必要な数の Lambda の計算タスクを作成する．なお，Step Functions の各タスクで実行される Lambda 関数のソースコードは handson/neural-style/lambda/sfn_handlers.py[※22] にある．ここではとくに説明は行わないが，ぜひ目を通してもらいたい.

※22 https://github.com/tomomano/learn-aws-by-coding-source-code/blob/main/handson/neural-style/lambda/sfn_handlers.py

つづいて，Step Functions に AWS Batch による計算タスクを追加する方法をみていこう．**SfnTaskStack** のコードの中の次の行が該当する．

```
❶
batch_task = tasks.BatchSubmitJob(self, "Submit Job",
    job_definition_arn=props.job_def.job_definition_arn,
    job_name="NeuralStyleTransfer",
    job_queue_arn=props.job_queue.job_queue_name,\
    ❷
    integration_pattern=sfn.IntegrationPattern.RUN_JOB,
    ❸
    payload=sfn.TaskInput.from_object({
        "style_image": sfn.JsonPath.string_at('$.style_image'),
        "content_image": sfn.JsonPath.string_at('$.content_image'),
        "style_weight": sfn.JsonPath.string_at('$.style_weight'),
        "content_weight": sfn.JsonPath.string_at('$.content_weight'),
        "save_path": sfn.JsonPath.string_at('$.save_path'),
    }),
    result_path="DISCARD",
)
❹
batch_task.add_catch(handle_error_task, result_path="$.error")
```

❶ **tasks.BatchSubmitJob()** を呼ぶことで，AWS Batch によって実行される計算タスクを Step Functions に追加する．このとき，AWS Batch で作成した Job definition と Job Queue それぞれの ARN を渡す必要がある．

❷ 重要なパラメータの一つとして，**integration_pattern** がある．選択可能なオプションとしては **REQUEST_RESPONSE, RUN_JOB, WAIT_FOR_TASK_TOKEN** の三つがある．**REQUEST_RESPONSE** を選択した場合は，Step Functions はタスクの実行を開始後，タスクの完了を待たずに次のタスクへ遷移する．**RUN_JOB** を選択した場合は，Step Functions はタスクが完了するまでワークフローの進行を停止する．今回は，AWS Batch による計算が成功したのを確認してから先のタスクに進みたいので，**RUN_JOB** を選ぶのが適切である．**WAIT_FOR_TASK_TOKEN** は少しアドバンストな内容なので割愛する．詳細は公式ドキュメンテーション "Service Integration Patterns"※23 を参照のこと．

❸ これも重要な部分で，payload とは AWS Batch に渡されるパラメータのことである．**"style_image": sfn.JsonPath.string_at('$.style_image')** とあるが，これの読み方としては，Step Functions の変数（**$.style_image**）の値を，**style_image** という名前の変数として AWS Batch に渡せ，という意味である．これにより，先ほどの **AwsBatchStack** のコードで見た **Ref::style_**

※23 https://docs.aws.amazon.com/step-functions/latest/dg/connect-to-resource.html

image にジョブごとのパラメータが代入されるのである.

❹AWS Batch についても, Lambda のときと同様に, add_catch () メソッドによりエラー時の遷移を定義することができる.

このようにして, Lambda あるいは AWS Batch によって実行される一連のタスクを CDK で記述することができた. 次に, タスクの実行順序を定義してあげる必要がある. **SfnTaskStack** のコードの中の, 次の箇所に注目しよう.

```
from aws_cdk import (
    aws_stepfunctions as sfn,
)
❶
sfn_chain = sfn.Chain\
    ❷
    .start(waitX)\
    ❸
    .next(check_image_task)\
    .next(
        ❹
        sfn.Choice(self, "Is the image ready?")\
        .when(sfn.Condition.string_equals("$.check_image.state", "READY"),
            submit_job_task\
            .next(crop_image_task)\
            .next(batch_task)\
            .next(complete_job_task)\
            .next(sfn.Succeed(self, "Success!"))
        )\
          .when(sfn.Condition.number_greater_than("$.check_image.attempts", 6), sfn.Fail(self,
"Fail"))\
        .otherwise(waitX)\
    )
```

❶**sfn.Chain** によってタスクの実行順序を設定する.

❷まず, **.start ()** メソッドによって最初に実行されるタスクを指定する.

❸次に **.next ()** メソッドを呼ぶことによって次に実行されるタスクを指定する.

❹条件分岐は **sfn.Choice ()** を使用することで設定できる. **.when ()** で条件を記述し, その引数として条件を満たしたときのタスク (あるいはタスクのチェーン) を渡す. **.otherwise ()** は当てはまる条件が存在しなかった場合に実行される. **if … elif … else …** と同じ感覚で書いていけばよい.

ドットでメソッドを数珠つなぎにしていく記法は, Python ではあまり見かけないが, JavaScript (TypeScript) などの言語では一般的である. そのような影響で, このような記法が採用されているのだろう. いずれにせよ, とても直感的な方法でタスクの順序を記述することが可能だ.

個々のタスクを作成し，タスクの実行順序を定義し終えたら，最後に **StateMachine** オブジェクトを作成することで Step Functions の準備が完了する．

```
state_machine = sfn.StateMachine(
    self, "StateMachine",
    definition=sfn_chain,
    ❶
    state_machine_type=sfn.StateMachineType.STANDARD,
)
```

❶ **state_machine_type** により Step Functions の実行モードを選択することができる． 選択肢には **STANDARD** と **EXPRESS** が存在する． 多くのアプリケーションは **STANDARD** を選択しておけば問題ない． 詳しくは AWS 公式ドキュメンテーション "Standard vs. Express Workflows"※24 を参照のこと．

最後に，**ApiStack** を見ていこう． このスタックは，API Gateway と Lambda を使うことでサーバーレスな API エンドポイントを構成している． コードの構成は Chapter 12-2 で示したものとほぼ同一であるので，繰り返し説明は行わない． 興味のある読者は handson/neural-style/api_stack.py※25 を読んでいただきたい． ここではむしろ，API リクエストを受けて実行される Lambda の関数の中身を見ていこう． **POST /job** の API リクエストで実行される関数は handson/neural-style/lambda/api.py※26 の **post_job ()** という関数である． 少し長いが，この関数のコードをすべて掲載する．

```
def post_job(event, context):
    try:
        try:
            body = json.loads(event.get("body"))
        except Exception:
            body = {}
        style_weight = str(body.get("style_weight", 100000))
        content_weight = str(body.get("content_weight", 1))

        job_id = uuid.uuid4().hex
        s3_client = boto3.client('s3')
        ❶
        style_url = s3_client.generate_presigned_post(
            Bucket=bucket.name,
            Key=f"{job_id}/style.png",
```

※24 https://docs.aws.amazon.com/step-functions/latest/dg/concepts-standard-vs-express.html
※25 https://github.com/tomomano/learn-aws-by-coding-source-code/blob/main/handson/neural-style/api_stack.py
※26 https://github.com/tomomano/learn-aws-by-coding-source-code/blob/main/handson/neural-style/lambda/api.py

```
            ExpiresIn=120,
        )
        content_url = s3_client.generate_presigned_post(
            Bucket=bucket.name,
            Key=f"{job_id}/content.png",
            ExpiresIn=120,
        )

        item = {
            "job_id": job_id,
            "style_weight": style_weight,
            "content_weight": content_weight,
            "status": "preparing",
            "created_at": datetime.now(timezone.utc).isoformat(timespec="seconds")
        }
        ❷
        response = table.put_item(Item=item)

        ❸
        sfn = boto3.client("stepfunctions")
        params = {
            "job_id": job_id,
            "style_image": f"{job_id}/style.png",
            "content_image": f"{job_id}/content.png",
            "style_weight": style_weight,
            "content_weight": content_weight,
            "save_path": f"{job_id}/generated.png",
        }
        ❹
        sfn.start_execution(
            stateMachineArn=os.environ["STATE_MACHINE_ARN"],
            name=job_id,
            input=json.dumps(params),
        )

        status_code = 201
        ❺
        resp = {
            "job_id": job_id,
            "status": "preparing",
            "style_image_url": style_url,
            "content_image_url": content_url,
        }
    except Exception as e:
        status_code = 500
        resp = {"description": str(e)}
    return {
        "statusCode": status_code,
        "headers": HEADERS,
```

```
        "body": json.dumps(resp)
    }
```

❶では，スタイル画像・コンテンツ画像をそれぞれ S3 にアップロードするための Presigned URL を生成している．Presigned URL の生成方法については Chapter 13-2 で練習したとおりである．

❷では，データベースの新たなアイテムを初期化し，書き込みを行っている．

❸では，Step Functions に新しいジョブを投入する準備を行っている．**params** という変数にジョブの要件を規定するパラメータを格納している．

❹で，実際に Step Functions のジョブが開始される．

❺では，**job_id, style_image_url** などの情報を，API の返り値として出力している．

さて，比較的じっくりとアプリケーションのソースコードを読んできたが，ついてこられたであろうか？今回のソースコードの中には，文章では説明しきれなかった細かな工夫が多数隠れている．ソースコード自体は，これまで本書で学んできた知識があれば大きな苦労をすることなく読み解けるはずである．また，AWS のドキュメンテーションを参照しながらソースコードを読み解く作業はとてもよい勉強になる．読者の自主課題として，ぜひ自身で一度ソースコードを最初から最後まで読んでみることを推奨する．

Chapter 15-7

アプリケーションのデプロイ

ソースコードの理解が深まったところで，アプリケーションのデプロイを実行していこう．

前準備として，(1) Route 53 経由でウェブサービスをホストするためのドメインの取得と，(2) ACM 経由で証明書の取得，の二つのステップが完了していることが必要である． 手順はChapter 14（とくにChapter 14-2-1, 14-2-2で説明したもの）と同一である． 多くの読者は Chapter 14 で取得したドメインと証明書をそのまま使用するのがよいだろう． その場合は，シン・Bashoutter のアプリケーションはクラウドから完全に消去されている必要がある点に留意いただきたい． 本書では，**neuralartcanvas.org** というドメインを使用すると仮定して，説明を行っていく．

まずは，次のコマンドにより Python の依存ライブラリをインストールする．

```
# プロジェクトのディレクトリに移動
$ cd handson/neural-style

# venv を作成し，依存ライブラリのインストールを行う
$ python3 -m venv .env
$ source .env/bin/activate
$ pip install -r requirements.txt
```

つづいて，使用するドメイン名と，ACM で取得した証明書の ARN を環境変数に記録する． この操作について忘れてしまった場合は Chapter 14-2-4 を参照のこと．

```
$ export MY_DOMAIN=neuralartcanvas.org
$ export CERTIFICATE_ARN=XXXX
```

ここまでの準備ができたら，次のコマンドによってアプリケーションをデプロイする．

```
$ cdk deploy --all --require-approval never -c domain=$MY_DOMAIN -c certificate_arn=$CERTIFICATE_ARN
```

デプロイには5分から10分程度の時間がかかるので，しばらく待つ．

デプロイが完了したら，**追加の作業として，(1) Docker image のアップロードと (2) S3 バケットに GUI コンテンツの配置**の二つのステップを行う必要がある．

まずは，ECR に Docker image を配置しよう． 手順は Chapter 8-7 で説明したものと基本的に同一である． 改めて簡単に手順を述べよう． まず，AWS コンソールにログインし，ECR の画面を開く． Private というタブの下に，**awsbatchstack-repositoryXXXX** という名前のレポジトリが見つかるだろう． 名前をクリックすることでレポジトリの詳細画面に移る（**Figure 15-10**）． この時点ではレポジトリは空なので，なにも表示されない．

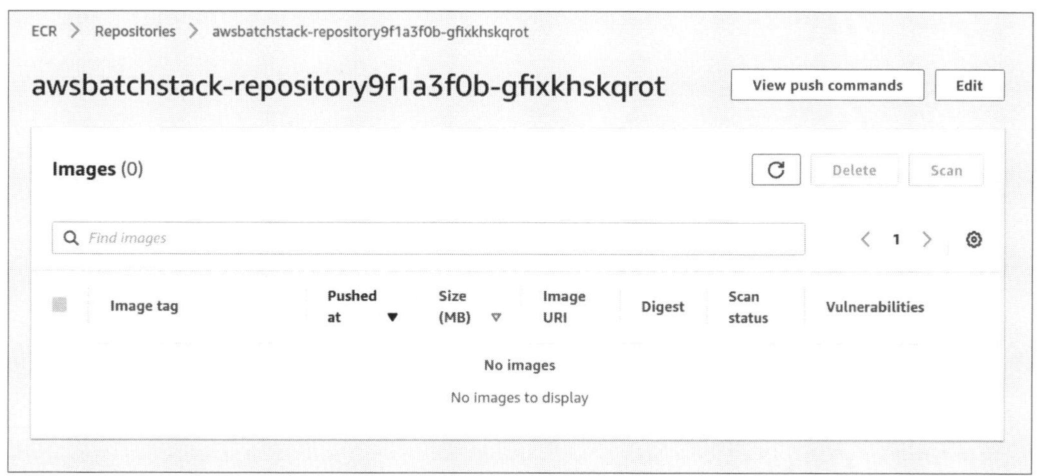

Figure 15-10. ECRの画面

つづいて，画面右上にある **View push commands** というボタンをクリックすると，ポップアップ画面が立ち上がる． ポップアップに表示された四つのコマンドを順次実行していくことで，イメージのアップロードが完了する． コマンドは，次に示すようなものであるはずだ（細かなパラメータはユーザーごとに異なる）．

```
$ aws ecr get-login-password --region ap-northeast-1 | docker login --username AWS --password-stdin XXXX.
dkr.ecr.ap-northeast-1.amazonaws.com
$ docker build -t awsbatchstack-repository9f1a3f0b-gfixkhskqrot .
$ docker tag awsbatchstack-repository9f1a3f0b-gfixkhskqrot:latest XXXX.dkr.ecr.ap-northeast-1.amazonaws.
com/awsbatchstack-repository9f1a3f0b-gfixkhskqrot:latest
$ docker push XXXX.dkr.ecr.ap-northeast-1.amazonaws.com/awsbatchstack-repository9f1a3f0b-gfixkhskqrot:latest
```

Docker image が無事アップロードできたら，つづいて S3 バケットに GUI のコンテンツをアップロードしよう． 手順は Chapter 14-2-5 で説明したものと基本的に同一であるので，ここではごく簡潔に手順を示す．

まず，Vue で書かれた GUI のソースコード（handson/neural-style/gui/src/main.js[※27]）を自分の設定に書き換える．このファイルから次の行を見つけ，**url** に続く文字列を自分の API のエンドポイントの URL に置き換える．

```
state: {
  url: "https://api.neuralartcanvas.org",
  jobId: "",
},
```

URL の書き換えを行ったうえで，GUI のビルドを行う．次のコマンドで Vue で書かれたアプリケーションのビルドを実行する．

```
$ cd gui/ # move to the gui directory
$ npm install
$ npm run build
```

このコマンドによって作成された **/dist** の中に GUI のコンテンツが入っている．最後に，これを S3 にアップロードする．次のコマンドを，**BUCKET_URI** を自分のバケットの URI に置き換えたうえで，実行する．

```
$ export BUCKET_URI=s3://staticsitestack-sitecontentbucket199761c4-iOo7hhr8q39v
$ aws s3 sync dist $BUCKET_URI --delete
```

これで，デプロイの作業は完了である．早速，デプロイしたアプリケーションでいろいろと遊んでみよう！

このアプリケーションでは，GUI をホストするためのバケットと，スタイル画像・コンテンツ画像を保存するためのバケットの二つがデプロイされている．前者は **staticsitestack-XXXX** のような名前がついており，後者は **dbbucketstack-XXXX** のような名前がついている．GUI コンテンツのデプロイのときは正しい S3 の URI を使うように注意しよう．

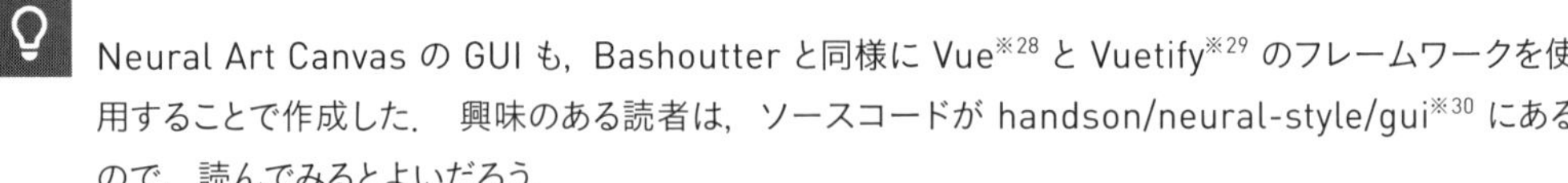

Neural Art Canvas の GUI も，Bashoutter と同様に Vue[※28] と Vuetify[※29] のフレームワークを使用することで作成した．興味のある読者は，ソースコードが handson/neural-style/gui[※30] にあるので，読んでみるとよいだろう．

※27　https://github.com/tomomano/learn-aws-by-coding-source-code/blob/main/handson/neural-style/gui/src/main.js
※28　https://vuejs.org/　　※29　https://vuetifyjs.com/en/
※30　https://github.com/tomomano/learn-aws-by-coding-source-code/tree/main/handson/neural-style/gui

Chapter 15-8

画像の生成（コマンドラインから）

これまで本書で何度も繰り返し行ってきたように，まずはコマンドラインから Neural Art Canvas に API リクエストを送ることで，画像生成のタスクを実行してみよう．

handson/neural-style/scripts/client.py※31 に，コマンドラインからジョブの提出を行うためのスクリプトが書かれている． このスクリプトで行われることは，最初に **POST /job** の API リクエストが送られ，レスポンスとして返ってくる Presigned URL を使用してスタイル画像・コンテンツ画像をアップロードする，というものである． 画像は **Figure 15-3** で用いたものと同じものが使用される．

まず，API のエンドポイントの URL を環境変数に設定しよう（自分がデプロイしたドメインに置き換えることを忘れずに）．

```
$ export ENDPOINT_URL="https://api.neuralartcanvas.org"
```

つづいて，**scripts/** のディレクトリに移動し，次のコマンドにより，新しいジョブを一つクラウドに提出しよう．

```
$ cd scripts/
$ python client.py -s munch.png -c koala.png single
```

実行すると，次のような出力が得られるだろう．

```
Job ID: fc947e1d233d4ee8b93ebcf70a3f4d8c
Upload style image success? True
Upload content image success? True
```

ジョブの進行状況を，AWS コンソールから確認してみよう． AWS コンソールにログインし，検索バーから Step Functions を見つけ，ウィンドウを開く． ステートマシンの一覧が表示されるので，その中から **StateMachineXXXX** という名前の項目を見つけクリックする． すると，実行されたタスクの一覧が表示される（**Figure 15-11**）． 先ほどコマンドラインから提出したジョブが **Running** となっていることが確認できるだろう．

※31　https://github.com/tomomano/learn-aws-by-coding-source-code/blob/main/handson/neural-style/scripts/client.py

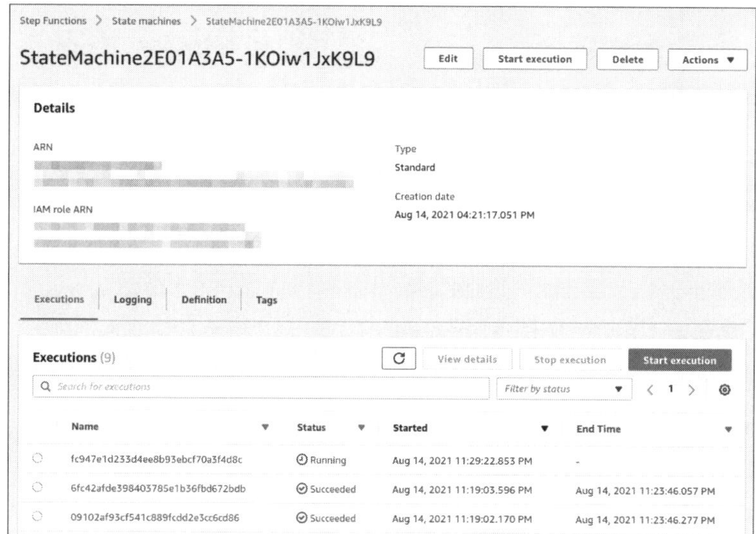

Figure 15-11. Step Functions の管理画面

Running となっているジョブをクリックして開いてみよう． すると，**Figure 15-12** のようなフローチャートが表示されるはずだ． このチャートから，タスクがどこまで進行しているのか，グラフィカルに確認できる． **Figure 15-12** では，メインのタスクである AWS Batch による Neural style transfer の計算が進行中であることが読み取れる． 数分待つと，タスクが完了し，すべてのボックスが緑色になる．

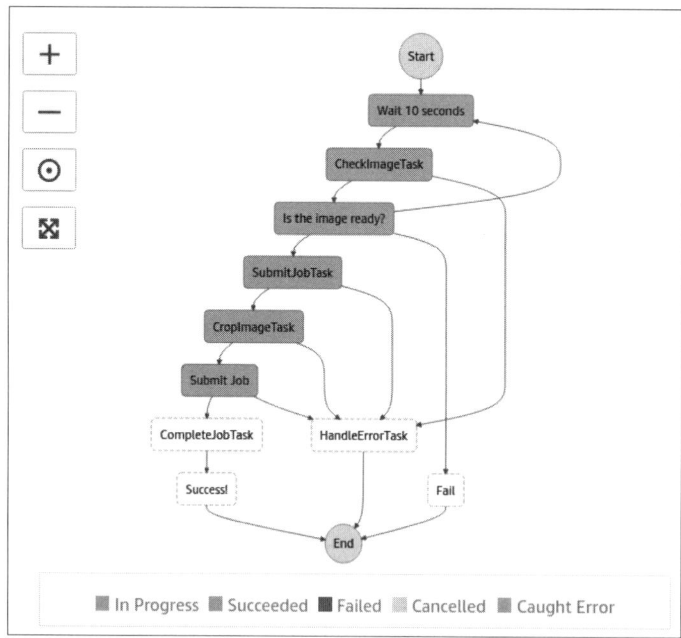

Figure 15-12. Step Functions のフローチャートででタスクの実行状況を確認

さて，きちんと画像が生成されたか，確認してみよう．そのためには，まずAWSコンソールからS3の管理画面に移動する．そして，**dbbucketstack-XXXX**と名前のついたバケットを開く．次に，コマンドラインからジョブを提出したときに返された**Job ID**の名前と同じフォルダを見つけ，開いてみよう．すると，**Figure 15-13**に示したように，**style.png, content.png, generated.png**という三つの画像が存在することが確認できるだろう．これがそれぞれスタイル画像・コンテンツ画像・生成された画像に相当する．**generated.png**をクリックし，ローカルにダウンロードした上で画像を閲覧してみよう．Chapter 15-3でローカル環境で試したときと同じ，美しいアート画像が確認できるだろう．

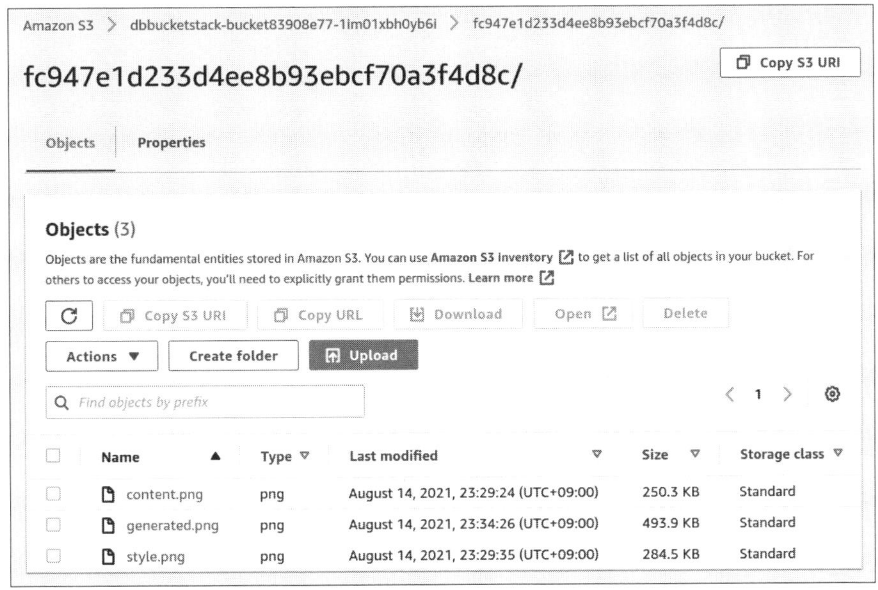

Figure 15-13. S3コンソールから画像データを確認

このようにして，単一の画像生成のジョブがクラウドで実行できていることが確認できた．次は，一度に大量のジョブを投入する実験を行ってみよう．このアプリケーションはAPIもStep Functionsの部分も，すべてサーバーレスアーキテクチャを採用し，フレキシブルに計算処理能力がスケールするようになっているので，大量のジョブが投入されてもそれらを並列で処理できる．

先ほどまで使っていたコマンドラインに戻って，次のコマンドを実行しよう．

```
$ python client.py -s munch.png -c koala.png many 30
```

コマンドの最後の**many 30**によって，30個のジョブが同時にクラウドに投入される．

AWS コンソールから Step Functions の管理画面に行こう．すると，**Figure 15-14** に示したように30個分のジョブが実行されているのが見て取れるだろう．

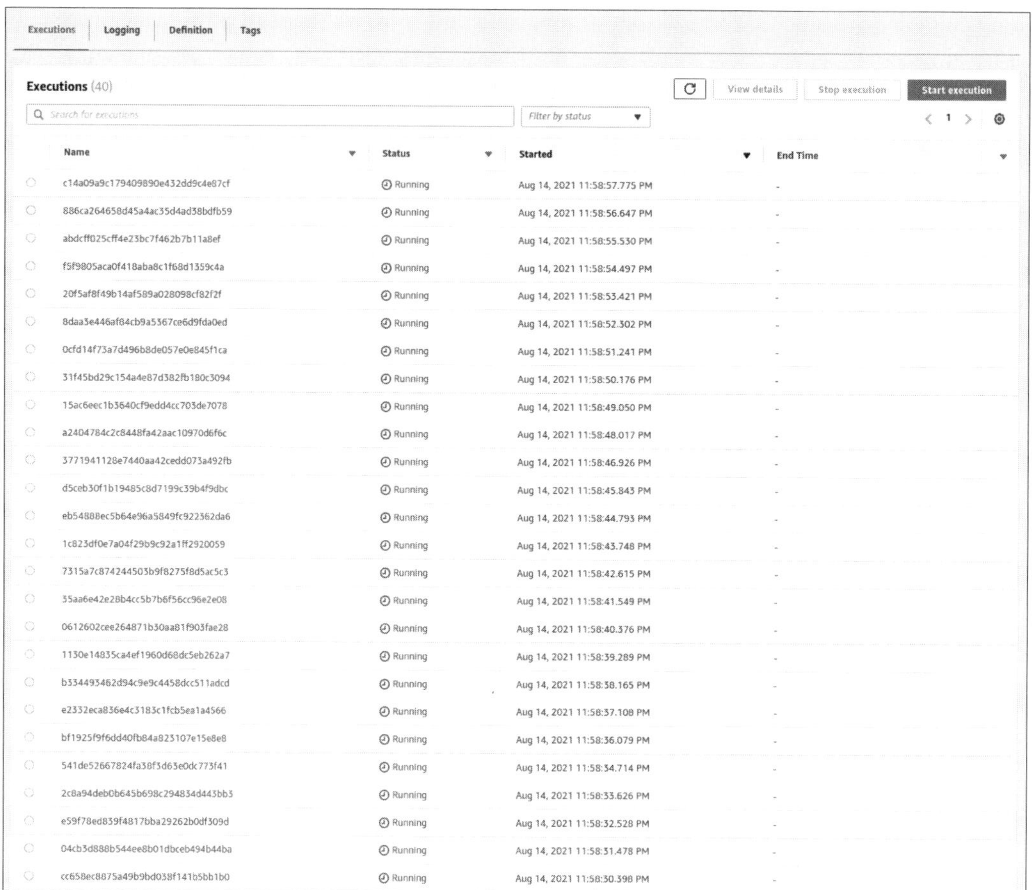

Figure 15-14. Step Functions の管理画面からタスクの実行状況を確認

また，Chapter 8-10 で行ったのと同一の手順で，Batch の管理画面からジョブの状況を確認してみよう（**Figure 15-15**）．Job overview の **RUNNING** が16になっているので，16個の GPU タスクが並列に実行されていることがわかる．ここで提供しているプログラムでは，GPU インスタンスの使い過ぎを防ぐため，Batch の Compute environment の **Maximum vCPUs** を64に設定している．**g4dn.xlarge** は1インスタンスあたり 4vCPUs を使用するので，最大で16台のインスタンスが同時に起動できる計算になる．

提出された30個のジョブのうち，同時に処理できるのは16個なので，16個ごとに処理が進んでいくことが観察できるだろう．16個を超えたジョブは，先に開始されたジョブが終わり次第順次実行されていくことも観察しよう．しばらく待って，すべてのジョブが完了するのを見届けよう．

このようにして，たくさんのジョブを投入した場合は，負荷に応じてインスタンスが起動し並列に処理が実行され，処理が終わった後は起動している無駄なインスタンスは0になることが確認できた．

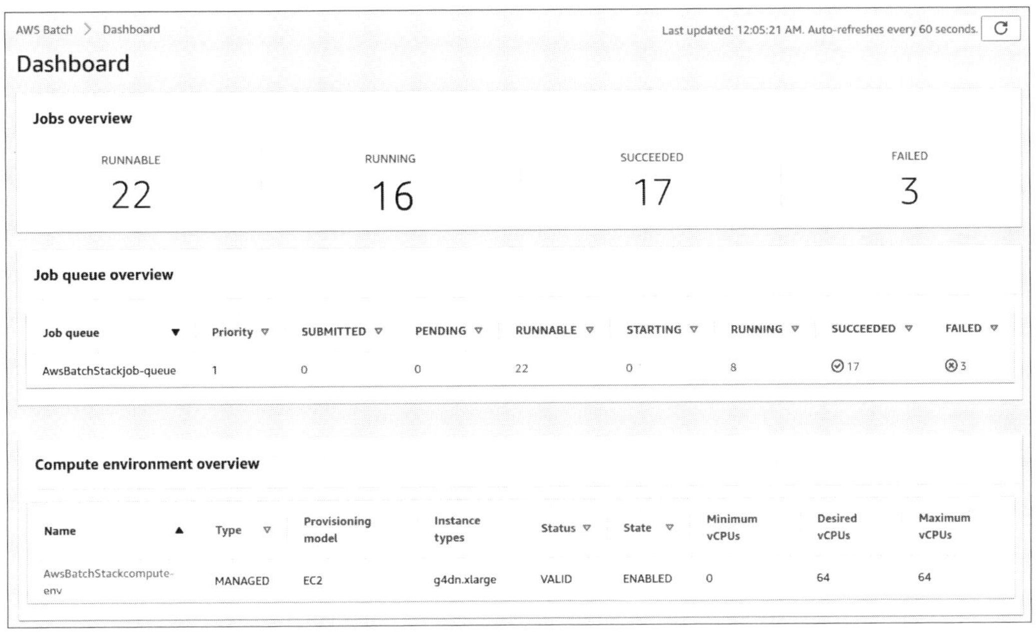

Figure 15-15. Batch のコンソール画面

> Chapter 8-7 でも述べたが，AWS では各アカウントごとに EC2 で起動できるインスタンスの上限が設定されている．**Running On-Demand All G instances** の上限が 64 vCPUs 以下の場合は，同時に実行されるタスクの数もそれに応じて減ってしまうので，留意しよう．

Chapter 15-9

画像の生成（GUI から）

最後の仕上げとして，ウェブブラウザの GUI からの画像のアップロードを実行してみよう．

Chapter 15-7 で行ったデプロイで，S3 バケットに GUI のコンテンツは配置済みである． GUI にアクセスするには，ウェブブラウザを開き，**https://neuralartcanvas.org** というアドレスにアクセスすればよい（自分のデプロイしたドメインに読み替えることを忘れずに）． すると，**Figure 15-16** に示したような画面が表示されるだろう． 画面の上半分の UI を使って，画像をクラウドへアップロードを行う． 下半分は，Job ID からジョブの実行結果をダウンロードするために使用する．

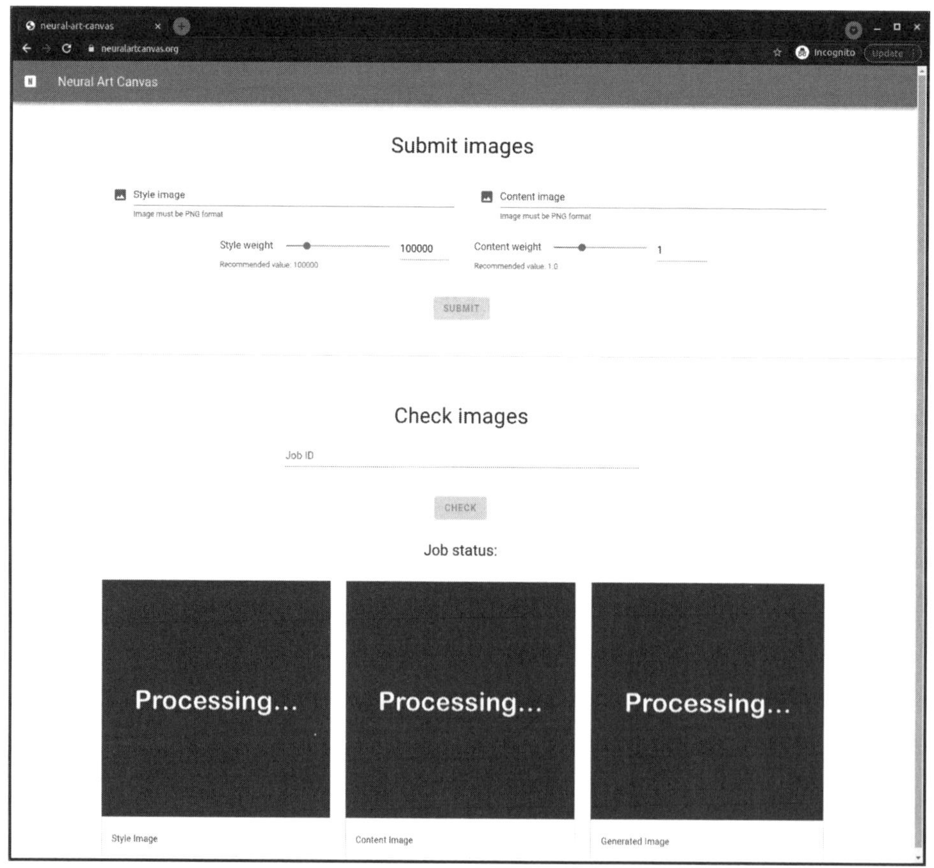

Figure 15-16. Neural Art Canvas の GUI

GUI から画像のアップロードを行ってみよう．Style image, Content image と書かれたインプットボックスをクリックすると，ファイルの選択画面が開くので，それぞれ自分の好きなファイルを指定する．次に，Style weight, Content weight を調整しよう．最初はデフォルトの値で問題ない．すべてのパラメータを指定し終わったら，**SUBMIT** ボタンを押すことでジョブをクラウドに提出する．無事画像のアップロードが完了すると，**Figure 15-17** に示したようなポップアップダイアログが立ち上がる．ダイアログで表示されている Job ID はあとで使用するのでメモしておこう．

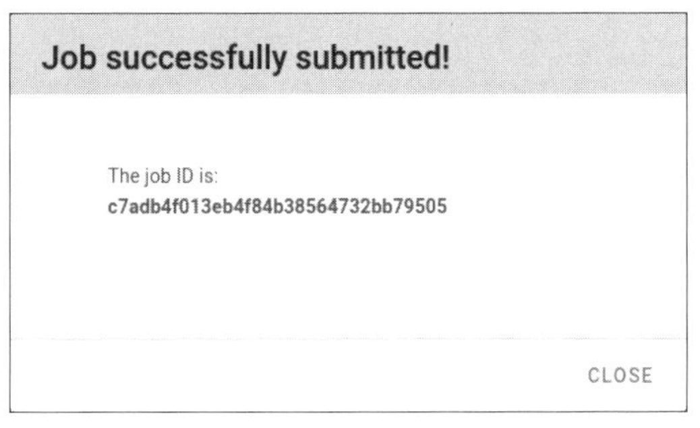

Figure 15-17.
ジョブの提出完了通知

ジョブの提出が完了したら，画面の下半分の UI を用いてジョブの実行結果を確認しよう．Job ID と書かれているテキストボックスに，先ほどダイアログで表示された Job ID を入力しよう（GUI では，ジョブを提出すると自動的にそのジョブの Job ID がテキストボックスに入力される仕様になっている）．Job ID を入力した上で，**CHECK** ボタンを押すことでジョブの確認ができる．**Figure 15-18** はその一例である．この場合は，ジョブの状態が "processing" であるので，（画像サイズ調整後の）スタイル画像と，コンテンツ画像のみが表示される．数分経ってジョブが完了した頃に再び **CHECK** ボタンを押すと，生成された画像が表示されるだろう（**Figure 15-19**）．おめでとう！これでめでたく Neural Art Canvas のプロジェクトが完成した！ここに，インターネットにアクセスできる世界中の誰もが，自分の好きな画像をアップロードし，アートを生成することのできるクラウドサービスが誕生したことになる．ぜひ，自分の画像で様々な実験をしたり，友人にリンクをシェアするなどして，この達成感を存分に味わおう．

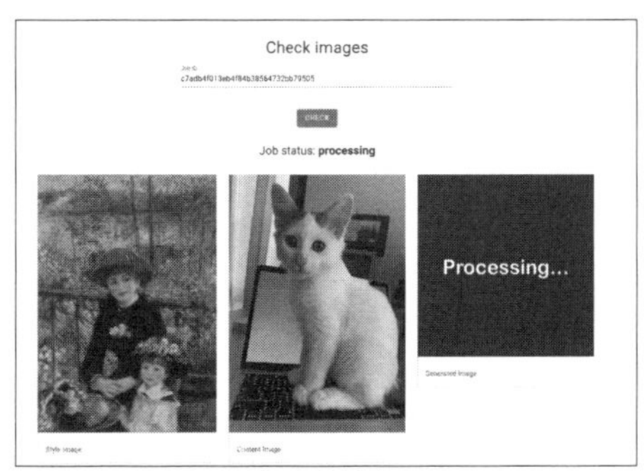

Figure 15-18. ジョブの実行途中

Figure 15-19. ジョブの実行が完了した

Chapter 15-10

アプリケーションの削除

これにて Neural Art Canvas のハンズオンは終了である． 苦労して作ったアプリケーションなので，大変名残惜しいが，遊び尽くしたあとはスタックを削除することを推奨する． なぜならば，このアプリケーションにはマルウェアやサーバー攻撃などに対しての防御策をなにも講じていないので，仮に悪意のある人にウェブサイトが見つかってしまった場合，大量のジョブを投入されるなどのいたずらを受けかねないからである． その場合，いたずらによる無駄な計算によって生じる AWS 料金を支払うのは読者自身になってしまうので，そのようなリスクは避けるべきである．

アプリケーションの削除には，いくつかのステップを踏まなければならない． まずは，画像データが格納されている S3 バケットのデータをすべて削除する必要がある（そうしないと，**cdk destroy** を実行したときにエラーが出てしまう）． 次のコマンドによって，データの削除を行う． **<bucket-name>** とある箇所は，自分のバケットの名前（**dbbucketstack-XXXX**）に置き換えることを忘れずに．

```
$ aws s3 rm s3://<bucket-name> --recursive
```

つづいて，ECR に配置されている Docker イメージを削除する． 手順は Chapter 8-12 で説明したものと同じである． AWS コンソールから行う場合は，ECR のコンソールに行き，イメージが配置されたレポジトリを開く． そして，画面右上の DELETE ボタンを押して削除する． あるいは，AWS CLI から同様の操作を行うには，次のコマンドを用いる（XXXX は自分の ECR レポジトリ名に置き換える）．

```
$ aws ecr batch-delete-image --repository-name XXXX --image-ids imageTag=latest
```

S3 バケットを空にする作業と，ECR のイメージの削除が完了したうえで，次のコマンドによってアプリケーションの削除を行う．

```
$ cdk destroy --all -c domain=$MY_DOMAIN -c certificate_arn=$CERTIFICATE_ARN
```

Appendix

環境構築

Appendix では，本書で提供しているハンズオンを実行するための環境構築の手順や，AWS アカウントの取得およびシークレットキーの設定の方法を紹介する．

A-1 本書で必要な計算機環境

本書を読み進めるにあたって，ハンズオンのプログラムを実行するための環境を自分のローカルマシンにセットアップしなければならない． ここでは，AWS やコマンドラインの初心者を想定して，本章で必要なソフトウェアやライブラリのインストールなどを簡単に解説する． 以下に簡単な目次を示そう． すでに環境構築が済んでいる場合は適宜読み飛ばしていただき，関係のある箇所のみ目を通せばよい．

- AWS アカウントの取得 (A-2)
- AWS シークレットキーの作成 (A-3)
- AWS CLI のインストール (A-4)
- AWS CDK のインストール (A-5)
- WSL のインストール (A-6)
- Docker のインストール (A-7)
- Python venv クイックガイド (A-8)
- ハンズオン実行用の Docker image の使い方 (A-9)

本書で何度か繰り返し述べているが，本書のハンズオンを実行するための Docker イメージ※1 を提供している． これを用いると，AWS CLI/CDK や Python の設定などをスキップできるので，Docker の使用方法を知っている読者には便利だろう． 詳しくは A-9 を参照いただきたい．

※1 https://hub.docker.com/repository/docker/tomomano/labc

A-2
AWS アカウントの取得

本書で提供するハンズオンを実際に自分で試すには，読者自身で AWS のアカウントの作成をする必要がある．詳しいアカウントの作成の手順は 公式のドキュメンテーション※2 に書かれているので，そちらも参照していただきたい．以下の手順に従ってアカウントの作成を行う．

まず，ウェブブラウザから AWS コンソール※3 にアクセスし，右上の **Create an AWS Account** をクリックする（**Figure A-1** で実線で囲った部分）．

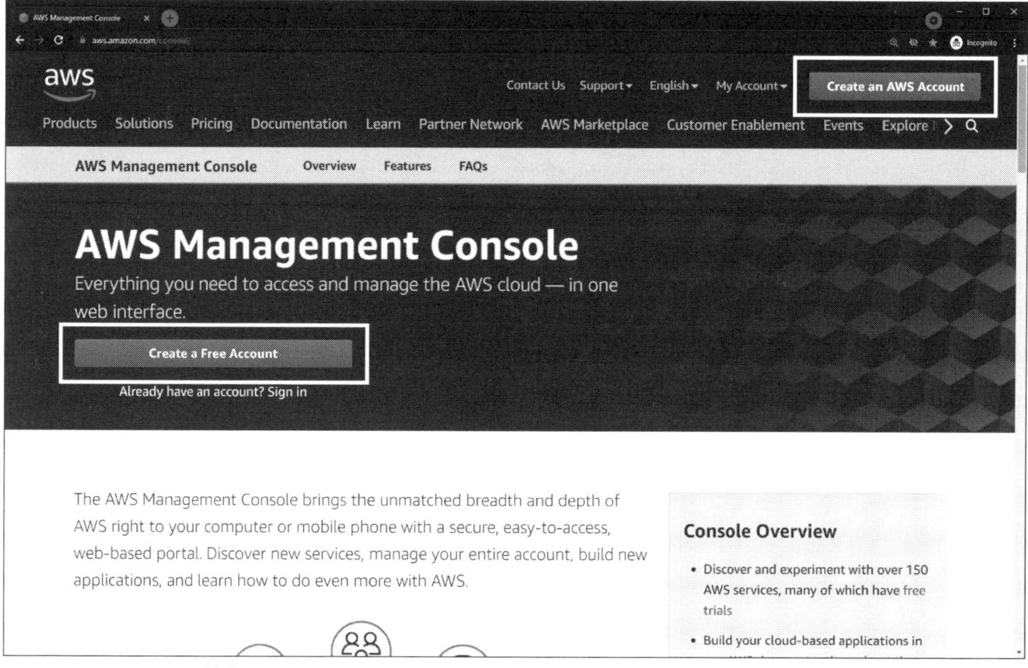

Figure A-1. サインアップ（1）：AWS コンソールにアクセス

次に，遷移した先のページでメールアドレスとパスワードなどの登録を行う（**Figure A-2**）．

※2　https://aws.amazon.com/jp/register-flow/
※3　https://aws.amazon.com/console/

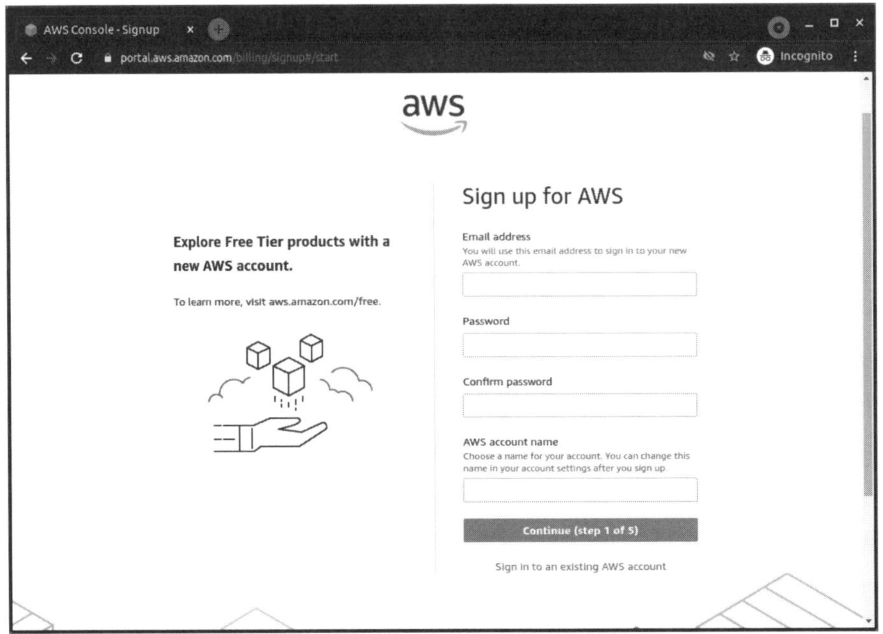

Figure A-2. サインアップ(2)：メールアドレス・パスワードなどの登録.

続いて，住所や電話番号などを訊かれるので，すべて入力しよう(**Figure A-3**).

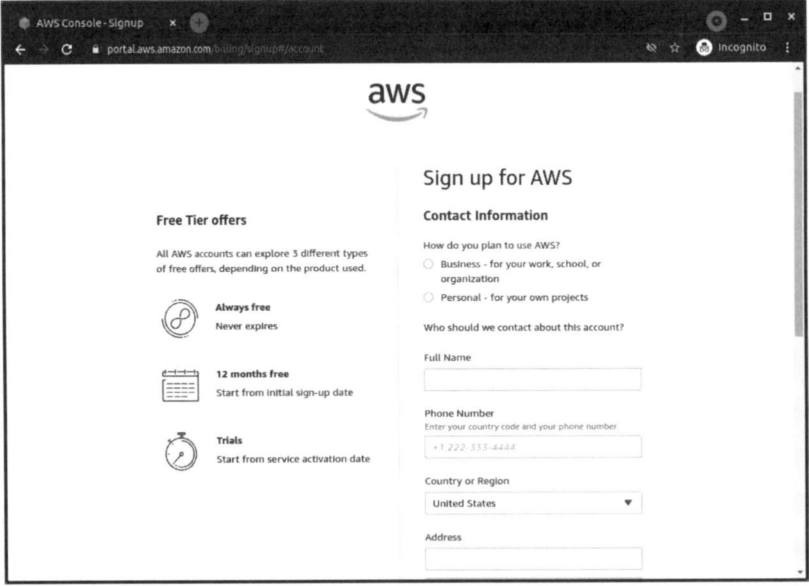

Figure A-3. サインアップ(3)：住所・電話番号の入力.

次に，クレジットカードの情報の登録を求められる(**Figure A-4**)．個人で AWS を利用する場合は，利用料金の請求はクレジットカードを経由して行われる．クレジットカードの登録なしには AWS を使い始めることはできないことに注意．

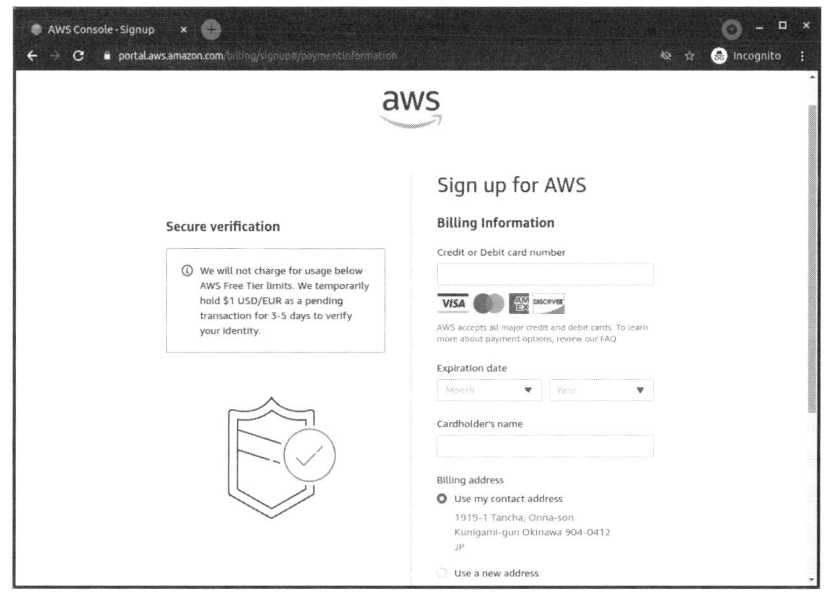

Figure A-4. サインアップ(4)：クレジットカードの登録

次の画面では，携帯電話の SMS またはボイスメッセージを利用した本人確認が求められる(**Figure A-5**)．希望の認証方法を選択し，自分の携帯電話番号を入力しよう．

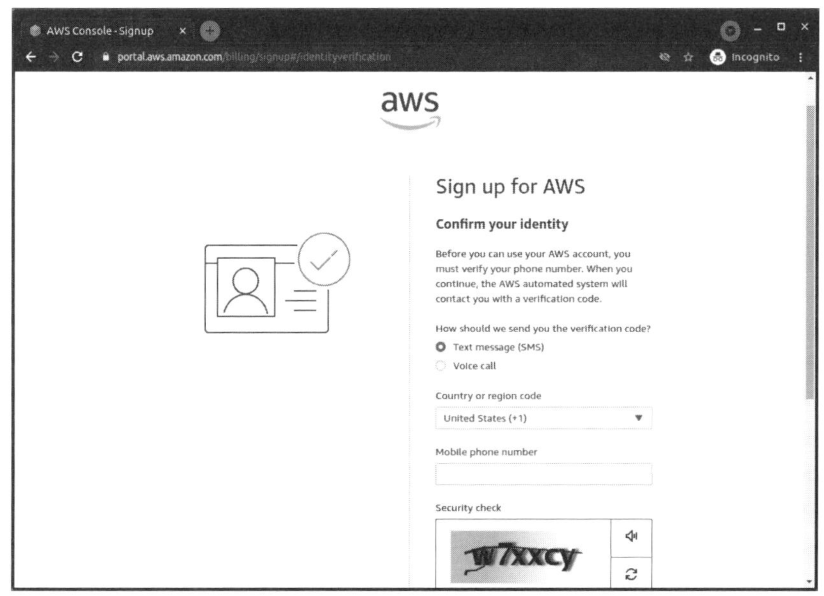

Figure A-5. サインアップ(5)：携帯電話による本人確認

無事に本人確認が完了すると，最後にサポートプランの選択を求められる（**Figure A-6**）．無料のBasic support を選択しておけば問題ない．

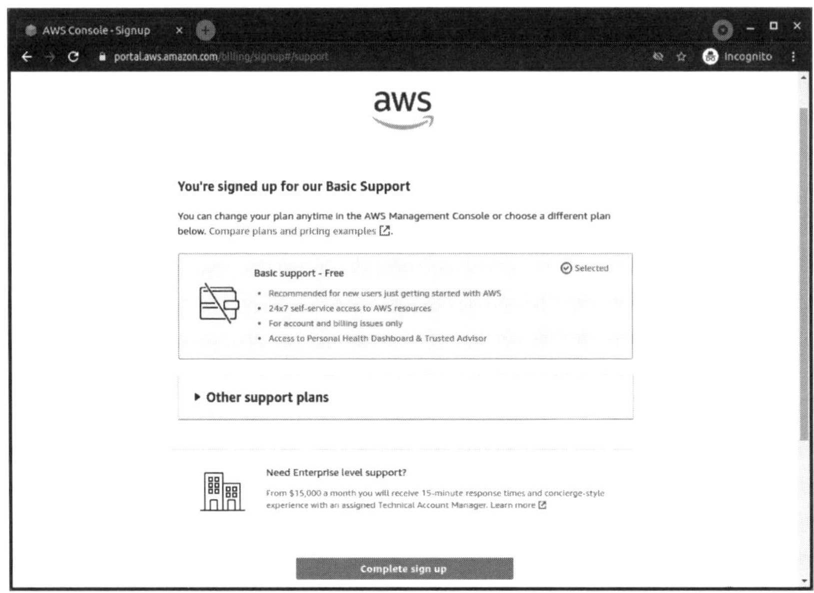

Figure A-6. サインアップ（6）：サポートプランの選択

以上のステップにより，アカウントの作成が完了する（**Figure A-7**）．早速ログインをして，AWS コンソールにアクセスできるか確認しておこう．

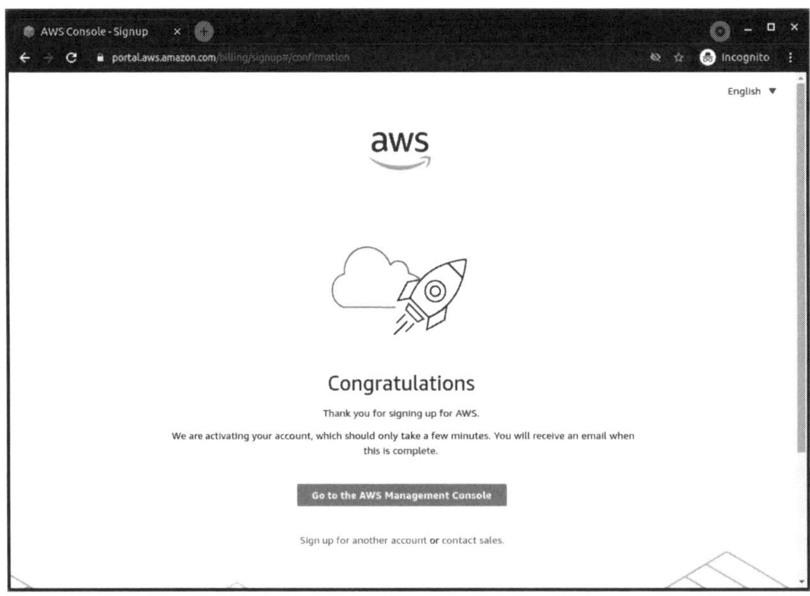

Figure A-7. サインアップ（7）：アカウントの作成が完了した．

A-3

AWS のシークレットキーの作成

AWS シークレットキーとは，AWS CLI や AWS CDK から AWS の API を操作するときに，ユーザー認証を行うための鍵のことである． AWS CLI/CDK を使うには，最初にシークレットキーを発行する必要がある． AWS シークレットキーの詳細は公式ドキュメンテーション "Understanding and getting your AWS credentials"※4 を参照．

1. AWS コンソールにログインする
2. 画面右上のアカウント名をクリックし，表示されるプルダウンメニューから "My Security Credentials" を選択（**Figure A-8**）
3. "Access keys for CLI, SDK, & API access" の下にある "Create accesss key" のボタンをクリックする（**Figure A-9**）
4. 表示された Access key ID, Secret access key を記録しておく（画面を閉じると二度と表示されない）
5. 鍵を忘れてしまった場合などは，同じ手順で再発行が可能である
6. 発行したシークレットキーは，**~/.aws/credentials** のファイルに書き込むか，環境変数に設定するなどして使う（詳しくは A-4）

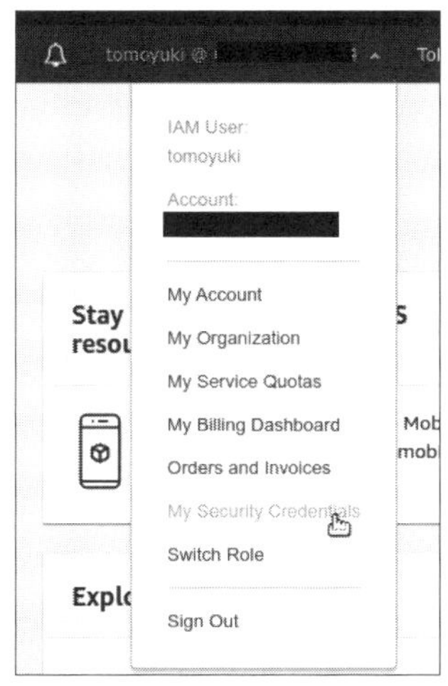

Figure A-8.
AWS シークレットキーの発行 1

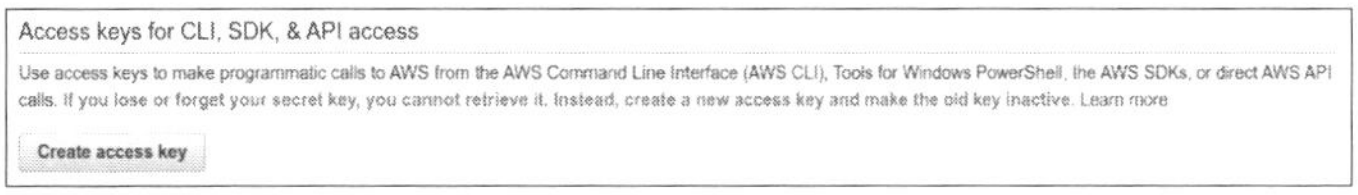

Access keys for CLI, SDK, & API access

Use access keys to make programmatic calls to AWS from the AWS Command Line Interface (AWS CLI), Tools for Windows PowerShell, the AWS SDKs, or direct AWS API calls. If you lose or forget your secret key, you cannot retrieve it. Instead, create a new access key and make the old key inactive. Learn more

Create access key

Figure A-9.
AWS シークレットキーの発行 2

※4 https://docs.aws.amazon.com/general/latest/gr/aws-sec-cred-types.html

AWS Educate Starter Account を用いる場合は，次の手順でシークレットキーを確認する．

- AWS Educate のコンソール画面から，**vocareum** のコンソールに移動する（**Figure A-10**）．
- **Account Details** をクリックし，続いて **AWS CLI: Show** をクリックする．
- **aws_access_key_id, aws_secret_access_key, aws_session_token** が表示される（**Figure A-11**）．ここで表示された内容を **~/.aws/credentials** にコピーする（A-4 参照）．**aws_session_token** の箇所も漏らさずコピーすること．
- つづいて，**~/.aws/config** というファイルを用意し，次の内容を書き込む．現時点では AWS Starter Account は **us-east-1** リージョンでしか利用できないためである．

```
[default]
region = us-east-1
output = json
```

- 上記の説明ではプロファイル名が **default** となっていたが，これは自分の好きな名前に変更してもよい．**default** 以外の名前を使用する場合は，コマンドを実行するときにプロファイル名を指定する必要がある（詳しくは A-4）．

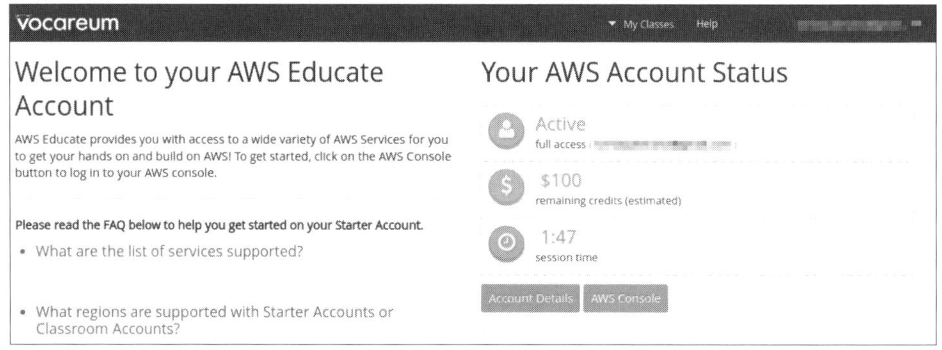

Figure A-10. vocareum コンソール

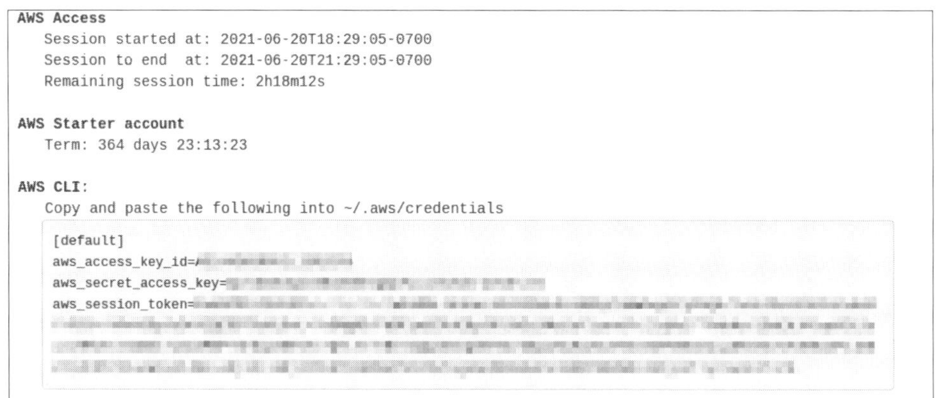

Figure A-11. vocareum から AWS シークレットキーの発行

A-4

AWS CLI のインストール

読者のために，執筆時点におけるインストールの手順（Linux 向け）を簡単に記述する．将来のバージョンでは変更される可能性があるので，常に公式のドキュメンテーション※5 で最新の情報をチェックすることを忘れずに．

```
$ curl "https://awscli.amazonaws.com/awscli-exe-linux-x86_64.zip" -o "awscliv2.zip"
$ unzip awscliv2.zip
$ sudo ./aws/install
```

インストールできたか確認するため，次のコマンドを打ってバージョン情報が出力されることを確認する．

```
$ aws --version
```

インストールができたら，次のコマンドにより初期設定を行う※6．

```
$ aws configure
```

コマンドを実行すると，**AWS Access Key ID**，**AWS Secret Access Key** を入力するよう指示される．シークレットキーの発行については A-3 を参照．コマンドは加えて，**Default region name** を聞いてくる．ここには自分の好きな地域（たとえば **ap-northeast-1 =東京リージョン**）を指定すればよい．最後の **Default output format** は **json** としておくとよい．

このコマンドを完了すると，**~/.aws/credentials** と **~/.aws/config** という名前のファイルが生成されているはずである．念のため，**cat** コマンドを使って中身を確認してみるとよい．

```
$ cat ~/.aws/credentials
[default]
aws_access_key_id = XXXXXXXXXXXXXXXXXX
aws_secret_access_key = YYYYYYYYYYYYYYYYYYYY

$ cat ~/.aws/config
[profile default]
```

※5　https://docs.aws.amazon.com/cli/latest/userguide/install-cliv2.html
※6　https://docs.aws.amazon.com/cli/latest/userguide/cli-chap-configure.html

```
region = ap-northeast-1
output = json
```

~/.aws/credentials には認証鍵の情報が，**~/.aws/config** には AWS CLI の設定が記録されている.

デフォルトでは，**[default]** という名前でプロファイルが保存される．いくつかのプロファイルを使い分けたければ，default の例に従って，たとえば **[myprofile]** などという名前でプロファイルを追加すればよい.

AWS CLI でコマンドを打つときに，プロファイルを使い分けるには，

```
$ aws s3 ls --profile myprofile
```

のように，**--profile** というオプションをつけてコマンドを実行する.

いちいち **--profile** オプションをつけるのが面倒だと感じる場合は，**AWS_PROFILE** という環境変数を設定するとよい.

```
$ export AWS_PROFILE=myprofile
```

あるいは，認証情報などを環境変数に設定するテクニックもある.

```
export AWS_ACCESS_KEY_ID=XXXXXX
export AWS_SECRET_ACCESS_KEY=YYYYYY
export AWS_DEFAULT_REGION=ap-northeast-1
```

これらの環境変数は，**~/.aws/credentials** よりも高い優先度をもつので，環境変数が設定されていればそちらの情報が使用される※7.

AWS Educate Starter Account は **us-east-1** のリージョンのみ利用可能である（執筆時点での情報）．よって，AWS Educate Starter Account を使用している場合は，default region を **us-east-1** に設定する必要がある.

※7 https://docs.aws.amazon.com/cli/latest/userguide/cli-chap-configure.html

A-5 AWS CDK のインストール

読者のために，執筆時点におけるインストールの手順（Linux 向け）を簡単に記述する．将来のバージョンでは変更される可能性があるので，常に公式のドキュメンテーション※8 で最新の情報をチェックすることを忘れずに．

Node.js がインストールされていれば，基本的に次のコマンドを実行すればよい．

```
$ sudo npm install -g aws-cdk
```

本書のハンズオンはAWS CDK version 1.100.0 で開発した．CDK は開発途上のライブラリなので，将来的にAPIが変更される可能性がある．APIの変更によりエラーが生じた場合は，version 1.100.0 を使用することを推奨する．

```
$ npm install -g aws-cdk@1.100
```

インストールできたか確認するため，次のコマンドを打って正しくバージョンが表示されることを確認する．

```
$ cdk --version
```

インストールができたら，次のコマンドによりAWS側の初期設定を行う．これは一度実行すればOK．

```
$ cdk bootstrap
```

cdk bootstrap を実行するときは，AWSの認証情報とリージョンが正しく設定されていることを確認する．デフォルトでは ~/.aws/config にあるデフォルトのプロファイルが使用される．デフォルト以外のプロファイルを用いるときは A-4 で紹介したテクニックを使って切り替える．

AWS CDK の認証情報の設定は AWS CLI と基本的に同じである．詳しくは A-4 を参照．

※8 https://docs.aws.amazon.com/cdk/latest/guide/getting_started.html

A-6

WSL のインストール

本書のハンズオンではコマンドラインから AWS CLI のコマンドを実行したり，Python で書かれたプログラムを実行する．コマンドは基本的に UNIX のターミナルを想定して書かれている．Linux や Mac のユーザーは OS に標準搭載されているターミナルを用いればよい．Windows を利用している読者は，Windows Subsystem for Linux (WSL) ※9 を利用することで，仮想の Linux 環境を構築することを推奨する．Cygwin※10 など Linux 環境をエミュレートするほかのツールでも構わないが，本書のプログラムは WSL でのみ動作確認を行っている．

WSL とは，Windows の OS 上で Linux の仮想環境を起動するための，Microsoft社が公式で提供しているソフトウェアである．Ubuntu など希望の Linux distribution が選択でき，基本的にすべての Linux 向けに作られたプログラム・ソフトウェアを使用することができる．

執筆時点では WSL 2※11 が最新版として提供されているので，以下では WSL 2 のインストール手順を簡単に説明する．細かな詳細などは，公式ドキュメンテーション※12 を参照のこと．

前提として，使用される OS は Windows 10 (Pro または Home エディション) でなければならない．さらに，使用している Windows 10のバージョンがWSLに対応するバージョンであるかを確認する．X64 のシステムでは Version 1903, Build 18362 以上でなければならない．バージョンが対応していない場合は、Windows のアップデートを行う．

まずは Administrator 権限で PowerShell を起動する (**Figure A-12**)．左下の Windows メニューの検索バーに powershell と入力すると，PowerShell のプログラムが見つかるはずである，これを右クリックし、Run as administrator を選択し起動する．

※9　https://docs.microsoft.com/en-us/windows/wsl/
※10　https://www.cygwin.com/
※11　https://docs.microsoft.com/en-us/windows/wsl/compare-versions#whats-new-in-wsl-2
※12　https://docs.microsoft.com/en-us/windows/wsl/install-win10

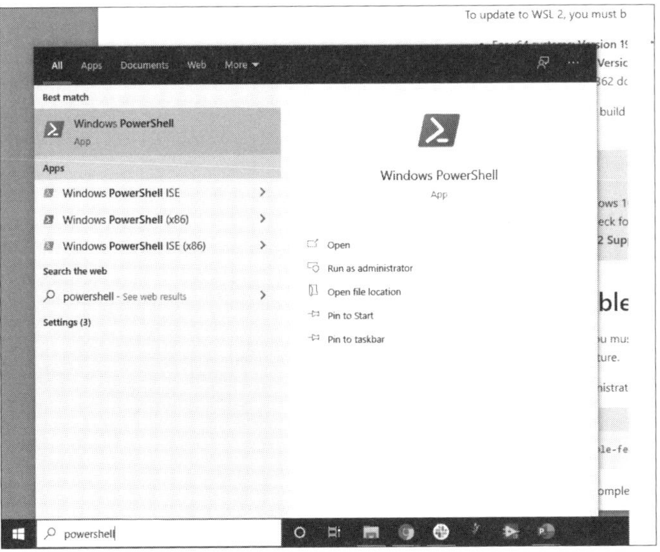

Figure A-12. 管理者権限での PowerShell の起動

PowerShell が起動したら、次のコマンドを実行する.

```
dism.exe /online /enable-feature /featurename:Microsoft-Windows-Subsystem-Linux /all /norestart
```

実行して、“The operation completed successfully.” と出力されるのを確認する. これで WSL が enable される.

次に, 先ほどと同じ Administrator 権限で開いた PowerShell で次のコマンドを実行する。

```
dism.exe /online /enable-feature /featurename:VirtualMachinePlatform /all /norestart
```

実行して, “The operation completed successfully.” と出力されるのを確認する. これが確認できたら、一度コンピュータを再起動する.

つづいて, Linux kernel update package を次のリンクからダウンロードする.
https://wslstorestorage.blob.core.windows.net/wslblob/wsl_update_x64.msi

ダウンロードしたファイルをダブルクリックして実行する. ダイアログに従ってインストールを完了させる.

そうしたら, 再び PowerShell を開き次のコマンドを実行する。

```
wsl --set-default-version 2
```

最後に、自分の好みの Linux distribution をインストールする．ここでは Ubuntu 20.04 をインストールしよう．

Microsoft store のアプリを起動し，検索バーに **Ubuntu** と入力する．Ubuntu 20.04 LTS という項目が見つかるはずなので，それを開き，"Get" ボタンをクリックする（**Figure A-13**）．しばらく待つと，Ubuntu 20.04 のインストールが完了する．

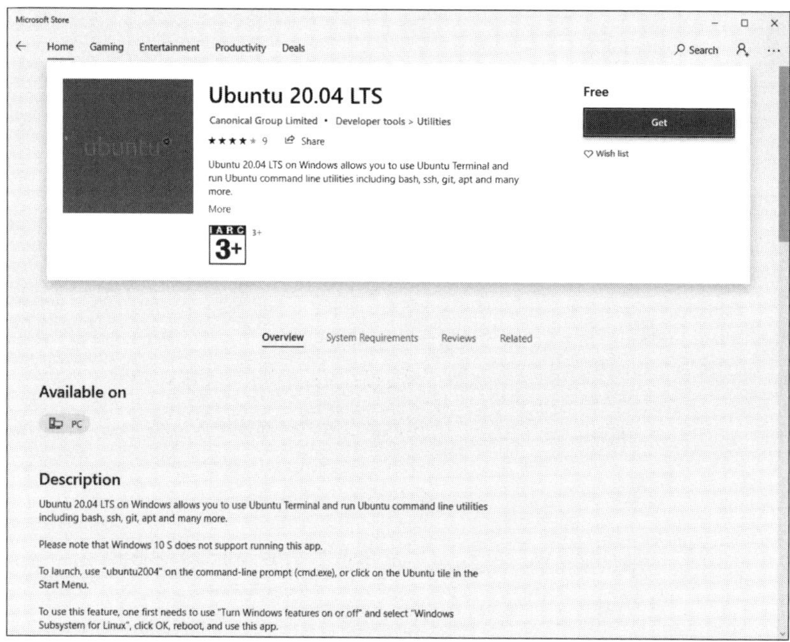

Figure A-13. Microsoft store から Ubuntu 20.04 をインストール

Ubuntu 20.04 を初回に起動すると，初期設定が自動で開始され，数分待つことになる．初期設定が終わると，ユーザー名・パスワードを設定するようプロンプトが出るので，プロンプトに従い入力する．

これで WSL2 のインストールが完了した．早速 WSL2 を起動してみよう．左下の Windows メニューの検索バーに Ubuntu と入力すると，Ubuntu 20.04 のプログラムが見つかるはずである（**Figure A-14**）．クリックして起動しよう．

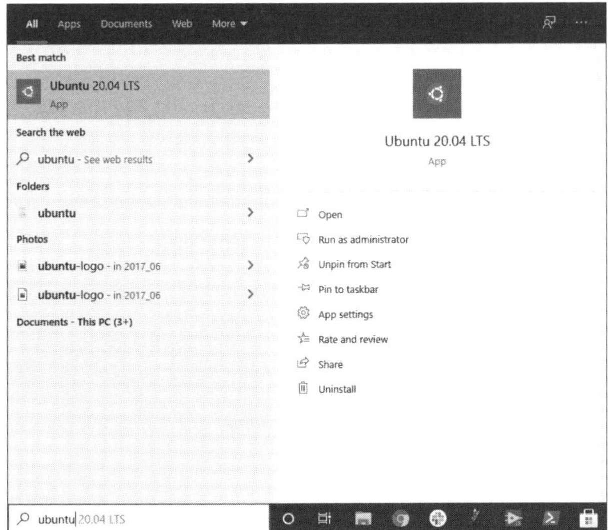

Figure A-14. Ubuntu 20.04 の起動

すると，ターミナルの黒い画面が立ち上がるだろう（**Figure A-15**）．**ls**, **top** などのコマンドを打ってみて，WSL がきちんと動作していることを確認しよう．

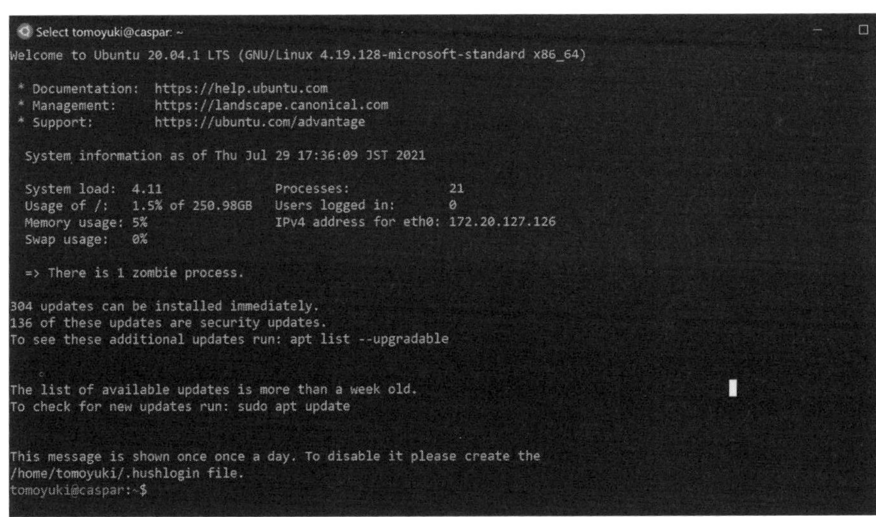

Figure A-15. WSL の起動画面

オプションとして，Windows Terminal[※13] というMicrosoft社から提供されているツールを使うと，より快適に WSL を使用することができる．興味のある読者はこちらのインストールも推奨する．

※13　https://docs.microsoft.com/en-us/windows/terminal/get-started

A-7 Dockerのインストール

Dockerのインストールの方法はOSによって異なる.

Macユーザーは, Docker Desktopをインストールする. インストールの方法は, Dockerのウェブサイト※14から, Mac版のDocker Desktopをダウンロードし, ダウンロードされたファイルをダブルクリックし, Applicationsのフォルダにドラッグするだけでよい. 詳細は 公式ドキュメンテーション※15を参照のこと.

Windowsのユーザーは, Docker Desktopをインストールする. そのとき, WSL 2が事前にインストールされていなければならない. 詳細は公式ドキュメンテーション※16を参照のこと. Docker Desktopをインストールすると, WSLからも**docker**コマンドが使用できるようになる.

Linuxユーザー(とくにUbuntuユーザー)については, インストールの方法はいくつかのアプローチがある. 公式ドキュメンテーション※17にいくつかのインストールの方法が示されているので, 詳しい情報はそちらを参照いただきたい.

最も簡単な方法は, Dockerが公式で提供しているインストールスクリプトを用いる方法である. この場合, 次のコマンドを実行することでDockerがインストールされる.

```
$ curl -fsSL https://get.docker.com -o get-docker.sh
$ sudo sh get-docker.sh
```

デフォルトのインストールでは, rootユーザーのみが**docker**コマンドを使用できる設定になっている. したがって, コマンドには毎回sudoを付け加える必要がある. これが面倒だと感じる場合は, 次のステップにより, 使用するユーザーを**docker**というグループに追加する(詳細は 公式ドキュメンテーション "Post-installation steps for Linux"※18を参照).

※14 https://docs.docker.com/docker-for-mac/install/
※15 https://docs.docker.com/docker-for-mac/install/
※16 https://docs.docker.com/desktop/windows/install/
※17 https://docs.docker.com/engine/install/ubuntu/
※18 https://docs.docker.com/engine/install/linux-postinstall/#manage-docker-as-a-non-root-user

まずは**docker**という名前にグループを追加する．インストールによっては，すでに **docker** グループが作られている場合もある．

```
$ sudo groupadd docker
```

次に，現在使用しているユーザーを **docker** グループに加える．

```
$ sudo usermod -aG docker $USER
```

ここまでできたら，一度ログアウトし，再度ログインする．これによって，グループの変更がターミナルのセッションに反映される．

設定が正しくできているかを確認するため，次のコマンドを実行してみる．

```
$ docker run hello-world
```

sudo なしでコンテナが実行できたならば，設定は完了である．

A-8 Python venv クイックガイド

他人からもらったプログラムで，numpy や scipy のバージョンが違う！などの理由で，プログラムが動かない，という経験をしたことがある人は多いのではないだろうか． もし，自分の計算機の中に一つしか Python 環境がないとすると，プロジェクトを切り替えるごとに正しいバージョンをインストールし直さなければならず，これは大変な手間である．

コードのシェアをよりスムーズにするためには，ライブラリのバージョンはプロジェクトごとに管理されるべきである． それを可能にするのが Python 仮想環境とよばれるツールであり，venv[※19]，pyenv[※20]，conda などがよく使われる[※21]．

そのなかでも，**venv** は Python に標準搭載されているのでとても便利である． **pyenv** や **conda** は，別途インストールの必要があるが，それぞれの長所もある．

venv を使って仮想環境を作成するには，

```
$ python -m venv .env
```

と実行する． これにより **.env/** というディレクトリが作られ，このディレクトリに依存するライブラリが保存されることになる．

この新たな仮想環境を起動するには

```
$ source .env/bin/activate
```

と実行する．

※19 https://docs.python.org/3/tutorial/venv.html ※20 https://github.com/pyenv/pyenv
※21 https://docs.conda.io/en/latest/

シェルのプロンプトに **(.env)** という文字が追加されていることを確認しよう (**Figure A-16**). これが, "いまあなたは venv の中にいますよ" というしるしになる.

Figure A-16. venv を起動したときのプロンプト

仮想環境を起動すると, それ以降実行する **pip** コマンドは, **.env/** 以下にインストールされる. このようにして, プロジェクトごとに使うライブラリのバージョンを切り分けることができる.

Python では **requirements.txt** というファイルに依存ライブラリを記述するのが一般的な慣例である. 他人からもらったプログラムに, **requirements.txt** が定義されていれば,

```
$ pip install -r requirements.txt
```

と実行することで, 必要なライブラリをインストールし, 瞬時に Python 環境を再現することができる.

> ⓘ venv による仮想環境を保存するディレクトリの名前は任意に選べることができるが, **.env** という名前を用いるのが一般的である.

A-9 ハンズオン実行用の Docker image の使い方

ハンズオンを実行するために必要な，Node.js, Python, AWS CDK などがインストールされた Docker image を用意した． これを使用することで，自分のローカルマシンに諸々をインストールする必要なく，すぐにハンズオンのコードが実行できる．

ハンズオンのいくつかのコマンドは Docker の外 = ローカルマシンのリアル環境で実行されなければならない． それらについてはハンズオンの該当箇所に注意書きとして記してある．

Docker イメージは Docker Hub[※22] においてある． Docker イメージのビルドファイルは GitHub の docker/Dockerfile[※23] にある．

次のコマンドでコンテナを起動する．

```
$ docker run -it tomomano/labc:latest
```

初回にコマンドを実行したときのみ，イメージが Docker Hub からダウンロード（pull）される． 二回目以降はローカルにダウンロードされたイメージが使用される．

コンテナが起動すると，次のようなインタラクティブシェルが表示されるはずである（起動時に **-it** のオプションをつけたのがポイントである）．

```
root@aws-handson:~$
```

この状態で **ls** コマンドを打つと，**handson/** というディレクトリがあるはずである． ここに **cd** する．

※22 https://docs.python.org/3/tutorial/venv.html
※23 https://docs.conda.io/en/latest/

```
$ cd handson
```

すると，各ハンズオンごとのディレクトリが見つかるはずである．

あとは，ハンズオンごとにディレクトリを移動し，ハンズオンごとの virtualenv を作成し，スタックのデプロイを行えばよい（Chapter 4-4 など参照）．ハンズオンごとに使用する依存ライブラリが異なるので，それぞれのハンズオンごとに virtualenv を作成するという設計になっている．

AWS の認証情報を設定することも忘れずに．A-4 で記述したように，**AWS_ACCESS_KEY_ID** などの環境変数を設定するのが簡単な方法である．あるいは，**ローカルマシンの ~/.aws/credentials** に認証情報が書き込まれているなら，このディレクトリをコンテナに**マウント**することで，同じ認証ファイルをコンテナ内部から参照することが可能である．この選択肢を取る場合は，次のコマンドで コンテナを起動する．

```
docker run -it -v ~/.aws:/root/.aws:ro tomomano/labc:latest
```

これにより，ローカルマシンの **~/.aws** をコンテナの **/root/.aws** にマウントすることができる．最後の **:ro** は read-only を意味する．大切な認証ファイルが誤って書き換えられないように，read-only のフラグをつけることをおすすめする．

/root/ がコンテナ環境におけるホームディレクトリである．ここで紹介した認証ファイルをマウントするテクニックは，SSH 鍵をコンテナに渡すときなどにも使える．

謝辞

本書を執筆するきっかけは，2020年と2021年に東京大学工学部で行われた "システム情報工学特論"（上田泰己教授担当）であった．このオムニバス形式の講義のうち，筆者は "AWS入門" と銘打った講義を四コマ分担当した．本書は，このとき作成された講義資料を増補・改訂して書籍としたものである．

2020年当時まだ大学院生だった筆者に，大学で講義をする機会を与えてくださった，東京大学の上田泰己教授にこの場を借りて感謝を申し上げたい．また，同講義を共に担当した史蕭逸氏にも多大なアドバイスをいただいた．加えて，研究室の同僚であった勝俣敬寛氏，香取真知子氏にはコードの動作確認などの協力をいただいた．

講義資料は，2020年の最初の回から，ウェブ上で世界に無料公開していた．それが，SNSなどのメディアで話題になり，多くの人に読んでいただけるという幸いに恵まれた．資料はコードに加えて本文の文章もGitHub（2020年時はGitLab）でオープンソースとして公開していたので，細かな誤植や記載の誤りの指摘をコミュニティの多くの方々からいただいた．オープンソースで本を書くという，現代の情報社会・インターネット社会だからこそ実現できた出来事であり，とてもありがたいと感じるとともに，新しい出版・情報公開の可能性に胸が躍らされた．そういった形で本書に貢献してくださったすべての方々に，この場を借りて心から感謝申し上げる．

著者紹介

真野 智之（Tomoyuki Mano）

情報理工学博士（東京大学大学院情報理工学系研究科システム情報学専攻）．2021年より日本学術振興会特別研究員（PD）（現職）．沖縄科学技術大学院大学（OIST）にてポスドク研究員として働く．現在の研究分野は神経科学・神経情報学．趣味は料理・ランニング・鉄道・アニメ，村上春樹の熱烈な愛読家．

連絡先 tomoyukimano@gmail.com

GitHub https://github.com/tomomano

Index

A〜E

F～J

K～P

Q～U

V～Z

あ行

か行

さ行

た行

な行

は行

ま行

や行

ら行

わ行

STAFF
ブックデザイン：三宮 暁子（Highcolor）
DTP：富 宗治
編集：畠山 龍次

AWSではじめる
クラウド開発入門

2021年9月28日 初版第1刷発行

著者　真野 智之
発行者　滝口 直樹
発行所　株式会社 マイナビ出版
〒101-0003　東京都千代田区一ツ橋2-6-3 一ツ橋ビル 2F
TEL：0480-38-6872（注文専用ダイヤル）
TEL：03-3556-2731（販売）
TEL：03-3556-2736（編集）
E-Mail：pc-books@mynavi.jp
URL：https://book.mynavi.jp
印刷・製本　シナノ印刷株式会社

ISBN978-4-8399-7760-3